TECHNISCHE FORTSCHRITTSBERICHTE

TECHNISCHE FORTSCHRITTSBERICHTE
FORTSCHRITTE DER CHEM. TECHNOLOGIE IN EINZELDARSTELLUNGEN
HERAUSGEGEBEN VON PROF. DR. B. RASSOW, LEIPZIG

BAND 52

DIE ORGANISCHEN FLUORVERBINDUNGEN

IN IHRER BEDEUTUNG FÜR DIE TECHNIK

VERLAG VON DR. DIETRICH STEINKOPFF
DARMSTADT 1951

DIE ORGANISCHEN FLUORVERBINDUNGEN
IN IHRER BEDEUTUNG FÜR DIE TECHNIK

VON

PROF. DR. GÜNTHER SCHIEMANN

DIREKTOR DES INSTITUTS FÜR TECHNISCHE CHEMIE DER UNIVERSITÄT ISTANBUL,
a. o. PROFESSOR AN DER TECHNISCHEN HOCHSCHULE HANNOVER

VERLAG VON DR. DIETRICH STEINKOPFF
DARMSTADT 1951

Softcover reprint of the hardcover 1st edition 1951

ISBN-13: 978-3-7985-0036-5 e-ISBN-13: 978-3-642-95940-0

DOI: 10.1007/ 978-3-642-95940-0

Verlag: Dr. Dietrich Steinkopff, Darmstadt.

Verfasser: Prof. Dr. Günther Schiemann, Institut für Technische Chemie der Universität Istanbul (Türkei).

Druck: Hof- und Waisenhaus-Buchdruckerei Kassel.

VORWORT

Das Manuskript dieses Buches hat ein etwas ungewöhnliches Schicksal gehabt. Es ist eng verbunden mit dem des Verfassers als eines deutschen Menschen dieser Zeit, der aus seiner Bahn gerissen wurde und in der Heimat viel verlor, aber niemals den Mut, der ihm nun auch ermöglicht, diese Arbeit vorzulegen als ersten Gruß aus der Ferne.

Bereits 1940 regte der Herausgeber der Sammlung Chemisch-Technischer Fortschrittsberichte an, einen Überblick über die industrielle Entwicklung der organischen Fluorverbindungen zu schreiben; denn ein solcher war aus den Originalarbeiten allein und der erheblichen Zahl von Patenten dem Fernerstehenden schon damals nicht leicht gemacht. Die Niederschrift mußte dann ausschließlich in „Mußestunden" des Verfassers nach anstrengender Tagesarbeit im Fabrikbetriebe erfolgen. Daß er sie überhaupt durchführen durfte, dankt er seinen damaligen Arbeitgebern, besonders den Chemischen Werken Albert, Wiesbaden-Biebrich. Im Mai 1943 war das Manuskript im wesentlichen fertig, und im Oktober 1943 lag alles zum Druck bereit. Aber infolge der Zeitumstände konnte mit diesem nicht sogleich begonnen werden, und schließlich fiel das Manuskript dem Bombenkriege und den Verlagerungen von Zentralbehörden, deren Druckerlaubnis sich hinzog, zum Opfer.

Nach dem Kriege setzte sich der Verlag für die Herausgabe des Buches trotz vieler Schwierigkeiten in dankenswerter Weise ein, und aus den geretteten Unterlagen konnte der Verfasser im Januar 1948 wiederum das druckfertige Manuskript vorlegen. Dabei wurde die inzwischen bekannt gewordene ausländische Literatur hineingearbeitet, insbesondere wurden die von amerikanischer Seite vorliegenden sehr zahlreichen Arbeiten und Patente mit aufgenommen. Auch die Abbildungen konnten wiederbeschafft und später noch vermehrt werden. Aber die Drucklegung stieß erneut auf große Schwierigkeiten, die erst nach Monaten überwunden werden konnten. Während sich die Fertigstellung der Druckarbeiten hinzog, bemühten wir uns, die neuesten Ergebnisse aus den inzwischen bekannt werdenden Arbeiten noch einzuarbeiten, sodaß der Text diese nun bis etwa Ende 1949 berücksichtigt.

Auch die Neugestaltung des Manuskriptes konnte nur „nebenbei" geschehen, während der Verfasser ganz andere Tagesarbeit bei der Schramm Lack- & Farbenfabriken AG., Offenbach am Main, zu leisten hatte. Dieser Firma dankt er daher besonders für die Genehmigung dieser Nebentätigkeit.

Die ursprünglich vorgesehene Einteilung konnte beibehalten werden. Der I. Hauptteil über das Technische Interesse an organischen Fluorverbindungen blieb mit etwa 40 Kapiteln im Vordergrunde der Betrachtung. Auch der II. Hauptteil mit wissenschaftlichen Ergänzungen, insbesondere laboratoriumsmäßigen Darstellungsverfahren, wurde auf neuen Stand gebracht und schließlich der III. Hauptteil mit den Patent- und Schrifttumsnachweisen sorgfältig überarbeitet. Leider bedingten die Herstellung des Buches im Zeilendruck und die Sonderanfertigung der Formelbilder weitere Schwierigkeiten bei den Korrekturen, vor allem die Notwendigkeit, für den Zusammenhang zwischen Text und am Schluß angegebener Literatur etwas ungewöhnliche Wege zu gehen. Der Leser findet daher manche Arbeiten im Text nur kurz gestreift, die unter der betreffenden Kapitelbezeichnung im Teil III mit kennzeichnendem Stichwort wiedergegeben sind. Das Namensverzeichnis enthält die zugehörige Seitenzahl des Textes, auch wenn dort der betreffende Autor nicht ausdrücklich genannt ist. Auf diese Weise wurde versucht, dem für bestimmte Fragen interessierten Leser auch die neueste Literatur noch zu nennen, selbst wenn sich diese beim Fortschreiten der Drucklegung nicht mehr im Text bringen ließ. Die Band- und Seitenzahlen des Chemischen Zentralblattes beziehen sich nach 1945 auf die Berliner Ausgabe. Die letzten Korrektur- und Registerarbeiten haben sich leider durch die Übersiedlung des Verfassers an seine neue Wirkungsstätte nochmals verzögert.

Dem Herausgeber der Sammlung, Herrn Professor Dr. B. Rassow, sei Dank für manche freundlichen Hinweise gesagt, Herrn Dr. K. Kraft, Ludwigshafen, für Überlassung von Literatur, und Herrn Dr. O. Scherer, Frankfurt/Main-Höchst, für die wertvollen Ergänzungen bei der Durchsicht einiger Korrekturbögen auf Vollständigkeit.

Möge das Buch die Kenntnis der organischen Fluorverbindungen einem größeren Kreise von Chemikern vermitteln helfen und zur Beschäftigung mit dieser Körperklasse anregen, deren technische Möglichkeiten sicher noch nicht erschöpft sind.

Istanbul,
Institut für Technische Chemie der Universität.

Hannover,
Institut für Organische Chemie der Technischen Hochschule.

Herbst 1950.

G. Schiemann

An den Arbeiten des Verfassers über aromatische Fluorverbindungen in den Jahren 1927 bis 1935 am Institut für Organische Chemie der Technischen Hochschule Hannover waren beteiligt:

Dr. Ing. Günther B a l z
Dr. Ing. Erwin B a e s l e r
Dipl. Ing. Hans Georg B a u m g a r t e n
Dipl. Ing. Einar B o l s t a d
Dr. Ing. Heinz D ä t h e r
Dr. phil. nat. habil. Walter F a b e r
Dr. Ing. Werner G u e f f r o y
Professor Dr. Wilhelm K l e m m
Frau Dr. Li K l e m m †
Dr. Ing. Sigurd K ü h n e
Dr. Ing. Eduard L e y
Dipl. Ing. Tiän Bau M i a u
Dr. Ing. Robert P i l l a r s k y †
Dr. Ing. Wilhelm R o s e l i u s
Dozent Dipl. Ing. Dr. Muwaffak S e y h a n
Dr. Ing. Wolfgang W i n k e l m ü l l e r.

In dankbarer Erinnerung an die Zusammenarbeit widmet der Verfasser ihnen dieses Buch.

INHALT

III. Hauptteil: Patentverzeichnis

EINLEITUNG

Die organischen Fluorverbindungen nehmen unter den Halogenverbindungen eine Sonderstellung ein. Bei den Verbindungen der anderen Halogene, also den organischen Chlor-, Brom-, und Jodverbindungen interessiert besonders, wie ihr Halogen reagiert, das heißt bei irgendwelchen chemischen Umwandlungen gegen andere Atomarten oder Gruppen ausgetauscht wird. Sie sind damit hauptsächlich als Zwischenprodukte bei Umsetzungen im Laboratorium oder in der chemischen Technik charakterisiert. So dienen Methylchlorid und Methylbromid in großem Umfange als Methylierungsmittel, auch Methyljodid wird als solches vielfach im Laboratoriumsmaßstabe benutzt, alle Alkylhalogenide der drei Halogene werden z. B. bei Grignardierungen oder zu Umsetzungen nach Friedel-Crafts als Alkylierungsmittel oft verwendet. Schließlich werden Verbindungen, die Chlor, Brom oder Jod am aromatischen Kern enthalten, ebenfalls vielfach zu Umsetzungen gebraucht, bei denen das Halogen ausgetauscht wird. Dagegen treten die Fälle an Zahl und vielfach an Bedeutung zurück, in denen die Verbindungen dieser drei Halogene als Endprodukte Verwendung finden. Hier ist besonders an die einfachen Verbindungen: Tetrachlorkohlenstoff, Trichloraethylen oder Chloroform und Jodoform oder an p-Chlor-m-kresol zu erinnern, deren Gebrauch als Lösungsmittel oder in der Pharmazie allgemein bekannt ist. Auch Chloropren (2-Chlor-1,3-butadien) ist z. B. ein großtechnisch hergestelltes Zwischenprodukt zur Gewinnung synthetischer Kautschukarten. Hier sei auch das ebenfalls in großem Maßstabe hergestellte Vinylchlorid erwähnt, das Ausgangsverbindung zu Kunststoffen wie besonders zur P. C.-Faser ist und zu Umsetzungen für andere Polyvinylverbindungen dient; es ist heute infolge seiner Herstellung aus Azetylen und Salzsäure einer der billigsten Ausgangsstoffe der organisch-chemischen Technik.

So interessant in Einzelfällen die Frage ist, wie das am Kohlenstoff organischer Verbindungen gebundene Fluor zu reagieren vermag, so haben allgemein die organischen Fluorverbindungen keine Bedeutung als Zwischenprodukte organisch-chemischer Synthesen erlangt. Einfache aliphatische Fluorverbindungen wie die Alkylfluoride tauschen nämlich unter Bedingungen, die bei Alkylchloriden, -bromiden und besonders -jodiden ohne Schwierigkeiten zum Austausch des Halogens führen, ihr Fluor nicht gegen irgendwelche Atomgruppen der Reaktionsteilnehmer aus. Noch schwieriger ist naturgemäß Fluor an aromatischen Kernen zu Austauschreaktionen zu zwingen. Dies ist nicht besonders merkwürdig, wenn man sich vor Augen hält, daß z. B. unter den Alkylhalogeniden die Jodverbindungen am leichtesten unter Abgabe ihres Jods reagieren, Alkylbromide bereits etwas schwerer und Chlorverbindungen noch weniger leicht zum Brom- bzw. Chloraustausch zu bringen sind. Die Festigkeit der Bindung C—Halg. nimmt eben allgemein in der Reihe der Halogene von Jod über Brom und Chlor zu Fluor zu.

Zahlenmäßig läßt sich dies durch die Trennungsarbeit für die Bindung C—Halg. ausdrücken.

Diese beträgt bei einfachen aliphatischen Verbindungen:

Für:	C-H	C-F	C-Cl	C-Br	C-J	
	93	114	72	59	45	Kal.
Diff.:	21	42	13	14		Kal.; d. h. sie beträgt
		122	77,5	63,5	48,5	% von 93 Kal., d. h. der Trennungsarbeit C-H.

Die Sonderstellung des Fluors geht besonders aus der letzten Zeile klar hervor, da nur C-F mit 122% über C-H (100%) liegt.

Fluor unterscheidet sich ferner von den anderen drei Halogenen durch das erheblich kleinere Atomvolumen.

Während in den Zahlen für die Atomgewichte:

F	Cl	Br	J
19,0	35,46	79,92	126,92

und ihren Differenzen:

16,5	44,4	47,0

nicht klar zum Ausdruck kommt, daß in den Eigenschaften der größte Sprung zwischen Fluor und Chlor ist, ergibt sich dieses aus den Atomvolumina ganz deutlich; denn der Unterschied des Atomvolumens beträgt

zwischen	H und F,	F und Cl,	Cl und Br,	Br und J
rund	+3	+8	+3	+5 ccm.

Dasjenige des Fluors steht also dem des Wasserstoffs viel näher, als dies bei den anderen Halogenen der Fall ist.

Daher sind viele physikalische Eigenschaften, in denen sich gerade das Atomvolumen auswirkt, bei organischen Fluorverbindungen sehr ähnlich denen der „Grundkörper".

Unter Grundkörpern sollen diejenigen Verbindungen verstanden werden, die anstelle von Fluor Wasserstoff enthalten. Z. B. wird für diese Betrachtungen Methan CH_4 als Grundkörper zu Methylfluorid CH_3F bezeichnet. Als weitere Beispiele dafür, was unter Grundkörpern gemeint ist, seien folgende Stoffpaare genannt:

Tabelle 1

Grundkörper		Fluorverbindung	
Methylenchlorid	CH_2Cl_2	Fluordichlormethan	$CHFCl_2$
		Difluordichlormethan	CF_2Cl_2
Chloroform	$CHCl_3$	Fluorchloroform = Fluortrichlormethan	$CFCl_3$
Essigsäure	H_3C-COOH	Fluoressigsäure	FCH_2 COOH
		Difluoressigsäure	F_2CH-COOH
		Trifluoressigsäure	F_3C-COOH
Benzol	C_6H_6	Fluorbenzol	C_6H_5F
		o-, m-, p-Difluorbenzol	$C_6H_4F_2$
Benzoesäure	C_6H_5-COOH	o-, m-, p-Fluorbenzoesäure	C_6H_4F-COOH
Anilin	C_6H_5-NH_2	o-, m-, p-Fluoranilin	C_6H_4F-NH_2
Anthrachinon	$C_{14}H_8O_2$	Fluoranthrachinone	$C_{14}H_7F\ O_2$
Malachitgrün	$C_{19}H_{25}N_2Cl$	Fluormalachitgrün	$C_{19}H_{24}N_2FCl$

Dem Grundkörper sehr ähnlich sind in den meisten Fällen außer den Molrefraktionen die Siedepunkte und bei Verbindungen mit größerem Kohlenstoffgerüst der Geruch, während für die Schmelzpunkte keine allgemeinen Regelmäßigkeiten angegeben werden können. In einem Sonderfall konnten beispielsweise die tiefen Schmelzpunkte von o-Trifluormethyl-phenol oder -anilin durch H-Brückenbindung erklärt werden. Bei anderen Eigenschaften zeigen sich auch die organischen Fluorverbindungen als typische Halogenverbindungen, was im einzelnen zu zeigen sein wird; auch wird z. B. bei physiologischen Eigenschaften von besonderen Wirkungen einzelner Fluorstoffe die Rede sein.

Die Sonderstellung der organischen Fluorverbindungen ergibt sich also erstens dadurch, daß sie nicht Zwischenprodukte für chemische Synthesen sind, ihre Herstellung also Endzweck ist. Zweitens ähneln sie in vieler Beziehung ihren Grundkörpern. Noch ein dritter Grund ist für ihre praktische Verwendung in der Technik maßgebend. Zur Darstellung der organischen Fluorverbindung ist man nämlich im allgemeinen an die präparativen und apparativen Besonderheiten gebunden, die für die Handhabung von elementarem Fluor und von Fluorwasserstoff, besonders wasserfreier Flußsäure nötig sind. Da auch für einfache anorganische Fluoride, die ihr Fluor möglichst leicht an organische Reaktionsteilnehmer abgeben sollen, ähnliche Bedingungen eingehalten werden müssen, gilt auch für ihre Verwendung das gleiche. Danach handelt es sich bei der Darstellung organischer Fluorverbindungen meist um Bedingungen, wie sie bei sonstigen organisch-chemischen Arbeiten sowohl des Laboratoriums wie des Betriebes ungewohnt sind.

So verbietet sich im allgemeinen für Laboratoriumsarbeiten Glas, für den Betrieb Eisen als Gefäßmaterial bei Umsetzungen mit Fluor oder Fluorwasserstoff. Immerhin läßt sich letzterer in gußeisernen Drehöfen herstellen, auch kann man beispielsweise Diazotierungen in wasserfreier Flußsäure bei niedriger Temperatur in eisernen Behältern vornehmen. Auch kann man Fluor in Glasgefäßen auf Substanzen einwirken lassen, in denen etwa entwickelter Fluorwasserstoff schwer löslich ist, weil dann Glas nur langsam angegriffen wird. Allgemein aber kommen nur Stoffe wie Kupfer, Nickel und Monelmetall, aus denen auch Fluorgeneratoren gebaut werden, in Frage. Hier sei auch auf einen Vorschlag der I. G. im Belg. P. 417 441 (D. P. 20. 9. 35) **(237)** hingewiesen. Nach diesem wird ein Schutz von Apparaten zur Fluorherstellung erreicht durch Pappe oder Asbest, die mit Stoffen wie Wachs, Leinöl, Azetylzellulose, Kautschuk oder dergl. imprägniert werden, wobei die Imprägnierstoffe zuvor mit Fluor behandelt werden. Für chemische Umsetzungen, bei denen Fluorwasserstoff oder aggressive Fluoride auftreten, haben sich im Laboratorium außerdem Platin und Silber, für wasserfreie Flußsäure auch Quarzglas bewährt, letzteres vor allem für kleine, kurz dauernde Versuche. Bei Maschinenaggregaten wie Pumpen oder Kühlern hat sich Graphit, der mit Kunstharzen imprägniert und dadurch für Flüssigkeiten undurchlässig gemacht worden ist, d. h. die sogenannten Karbate, bewährt. Dieser Werkstoff ist gegen Fluorwasserstoff bis zu Konzentrationen von 65 % sowie gegen Säurefluoride beständig.

Die heutige Technik, die ja auch gelernt hat, mit elementarem Fluor und wasserfreier Flußsäure in größerem Maßstabe zu arbeiten, ist mit den angedeuteten Schwierigkeiten fertig geworden. Aber es braucht nicht zu verwundern, daß dies erst in den letzten etwa 15 Jahren erreicht worden ist. Seit der ersten Darstellung einer organischen Fluorverbindung sind über 100 Jahre vergangen. Eine umfangreichere wissenschaftliche Durchforschung der aliphatischen Fluorverbindungen begann immerhin schon vor rund 50 Jahren und war nach etwa 30jähriger Forschertätigkeit des Meisters auf diesem Gebiete, des Belgiers F. Swarts, im wesentlichen abgeschlossen. Die aromatischen Fluorverbindungen sind in den 80er Jahren des vorigen Jahrhunderts erstmalig von O. Wallach und später wiederum von F. Swarts sowie von holländischen Chemikern bearbeitet worden, aber erst vor rund 20 Jahren durch das Borfluoridverfahren von G. Balz und G. Schiemann und weitere Arbeiten des letzteren bequemer darstellbar geworden. Neuerdings gewinnt die Technik sie auch mit wasserfreier Flußsäure.

Zur Vereinfachung der Nomenklatur sind neuerdings zwei Vorschläge gemacht worden, von denen sich der erste sicherlich durchsetzen wird und auch der andere durchaus zweckmäßig erscheint. Für vollständige Substitution aller Stellen des Kohlenstoffgerüstes durch Fluor soll demnach die Bezeichnung „Perfluor" gewählt werden. Ferner soll das Symbol Φ, d. h. der große griechische Buchstabe entsprechend der Elementbezeichnung für Fluor, zum Ausdruck bringen, daß in der ihm folgenden Verbindung vollständige Substitution aller am C gebundenen H-Atome durch Fluor vorliegt, z. B. Φ — Benzoesäure = Pentafluorbenzoesäure C_6F_5—COOH.

Diejenigen Verbindungen, in denen Fluor nicht an Kohlenstoff, sondern an andere Atomarten gebunden ist, wie beispielsweise die von amerikanischer Seite als Sarine bezeichneten Fluorphosphonate sind streng genommen keine „organischen" Fluorverbindungen. Sie stellen durch organische Reste substituierte anorganische Fluorverbindungen dar und sollen daher nicht mitbehandelt werden. An passender Stelle werden sie erwähnt, wenn ihre Bedeutung dies erforderlich macht.

Das praktische Interesse, das einige organische Fluorverbindungen heute gewonnen haben und das in steigendem Maße der gesamten Stoffklasse entgegengebracht wird, rechtfertigt eine Sonderbesprechung des ganzen Gebietes, bei der gerade diese technisch-praktische Seite in den Vordergrund der Betrachtung gestellt werden soll.

Über die gewählte Einteilung des recht umfangreich gewordenen Tatsachenmaterials sei folgendes vorausgeschickt. Eine Zweiteilung ergibt sich dadurch, daß zunächst im Hauptteil I vom technischen Interesse an organischen Fluorverbindungen und erst später in einem kürzeren Hauptteil II von rein wissenschaftlichen Ergebnissen die Rede sein soll, soweit sie zur Ergänzung des I. Abschnittes nötig erscheinen. Der I. Hauptteil gliedert sich nach 1) Aliphatisch und 2) Aromatisch gebundenem Fluor. Bei den aliphatischen Verbindungen werden A) diejenigen mit rein aliphatisch gebundenem Fluor, B) die aromatischen Verbindungen mit fluorhaltigen Seitenketten besprochen. In jedem dieser Hauptabschnitte werden als Teil 1 die Herstellung der Fluorverbindungen, als Teil 2 ihre Haupteigenschaften und im I. Abschnitt jeweils als Teil 3 ihre technischen Verwendungen behandelt. Eine Patentübersicht und eine Literaturzusammenstellung sollen den letzten, III. Hauptteil bilden und das ganze übersichtlich machen. Dadurch wird dem Leser auch ein weiteres Eindringen in Einzelheiten ermöglicht. In die Liste von chemischen Einzelarbeiten aus dem wissenschaftlichen Schrifttum wurden nur die im Text besprochenen aufgeführt, die in dem Buch von Bockemüller aus dem Jahre 1936 nicht oder nur nebenbei erwähnt sind; ferner sollen dadurch die in den Tabellen der Hauptteile I und II enthaltenen Angaben und Zahlenwerte durch die zugehörigen Zitate belegt werden.

Im ganzen hofft der Verfasser, durch die folgenden Kapitel einen Überblick über den heutigen Stand der Chemie und besonders der industriellen Chemie der organischen Fluorverbindungen gegeben zu haben. Dabei wird an verschiedenen Stellen des Buches zum Ausdruck kommen, daß die Aussichten für eine Erweiterung der Anwendung solcher Verbindungen recht beträchtlich sind. Schon jetzt helfen sie, Sonderaufgaben der technischen Chemie erfolgreich zu lösen.

I. HAUPTTEIL

Technisches Interesse an organischen Fluorverbindungen

Die Forschungen auf dem Gebiete der organischen Fluorverbindungen wurden zunächst mit rein wissenschaftlicher Zielsetzung durchgeführt. Das gilt im aliphatischen Gebiete von den Arbeiten der ersten Darsteller von Alkylfluoriden: Dumas und Péligot (1835), Fremy (1854), Young (1881), Seubert (1885) und Moissan (1888/90) sowie von denjenigen von Meslans (1889/96) und besonders von den zahlreichen eingehenden Untersuchungen der verschiedensten aliphatischen Fluorverbindungen durch F. Swarts (ab 1892) wie auch von den Arbeiten von O. Dimroth und W. Bockemüller (1929), die die Einwirkung von Fluor auf organische Verbindungen näher untersuchten. Dem letzteren verdanken wir die erste buchmäßige Zusammenfassung über Organische Fluorverbindungen. Die Einführung des Fluors in organische Verbindungen nimmt hier den größten Raum ein, aber die technischen Verfahren sind entsprechend dem damaligen Stande (1935) nicht wesentlich hervorgehoben. Ebenso wurden die aromatischen Fluorverbindungen mit wissenschaftlicher Fragestellung untersucht, so von Wallach (1883/85) und später M. und A. F. Holleman (1904), Swarts (ab 1908), Rinkes (1911/19) sowie dem Verfasser (1927/37) mit ihren Mitarbeitern, von Hodgson (ab 1930) und einer Anzahl amerikanischer Autoren.

Nachdem durch diese Untersuchungen Eigenschaften und Reaktionsweise vieler organischer Fluorverbindungen bekannt geworden waren und das ganze Gebiet besser zugänglich wurde, gewann es auch in der industriellen Praxis immer mehr Interesse. Bei den außerordentlich zahlreichen neueren Arbeiten gerade von nordamerikanischen Forschungskreisen sind rein wissenschaftliche Fragestellungen vielfach mit Fragen der technischen Anwendung so eng verknüpft, daß beide nur noch schwer voneinander zu trennen sind.

Ohne Rücksicht auf die geschichtliche Entwicklung können wir nach der heutigen praktischen Bedeutung der ganzen Verbindungsklasse die Besprechung einteilen nach der Stellung des Fluors am C aliphatischer Verbindungen, an aliphatischen Seitenketten aromatischer Ringverbindungen und in unmittelbarer Bindung an aromatischen Ringen.

1. Technisches Interesse an aliphatischen Fluorverbindungen

A. Rein aliphatische Fluorverbindungen

Verbindungen mit aliphatisch gebundenem Fluor dienen jetzt als Kältemittel in Kältemaschinen sowie zur Schädlingsbekämpfung. Ob die eine oder andere auch als Lösungsmittel eine Rolle spielen wird, muß sich noch erweisen. In neuester Zeit sind Fluorverbindungen der aliphatischen Reihe ferner für Sonderzwecke wie für die Darstellung von Kunststoffen, oder als Feuerlöschmittel vorgeschlagen worden.

Teil 1

Herstellung aliphatischer Fluorverbindungen

Die Einführung von Fluor in aliphatische Verbindungen erfolgt in der Technik nicht durch elementares Fluor, obwohl auch dieses jetzt industriell hergestellt wird und zur Verfügung steht. Fast ausschließlich wird in aliphatischen Chlorverbindungen dieses Halogen durch Fluor ausgetauscht, wofür in erster Linie Fluorwasserstoff Verwendung findet. Dieser wird wasserfrei oder mit nur geringer Wasserbeimengung verwendet. Bei seiner Umsetzung mit aliphatischen Chlorverbindungen müssen zur Erzielung des gewünschten Austausches Cl → F Katalysatoren zugegen sein. Außer Fluorwasserstoff kommen Metallfluoride, besonders des Antimons oder Quecksilbers, neuerdings auch des Kobalts, als Überträger ihres Fluors auf die organischen Reaktionsteilnehmer zur Anwendung. Für die Technik sind natürlich nur leicht darstellbare und möglichst wenig luftempfindliche Fluoride hierfür brauchbar. Sie werden allgemein aus Fluorwasserstoff hergestellt, sodaß dieser auch für diese Verfahren der Ausgangsstoff ist.

Kapitel 1

Herstellung von wasserfreiem Fluorwasserstoff

Als Ausgangsmaterial für wasserfreie Flußsäure dient der aus Flußspat und Schwefelsäure hergestellte technische Fluorwasserstoff. Dieser wird nach Verlassen der älteren Verfahren von Eckelt u. Meyer nach H. B. Bishop in kontinuierlicher Arbeitsweise gewonnen (DRP. 262 505) **(5)**. Die Umsetzung erfolgt hierbei in einem gußeisernen Drehrohr von 4 m Länge und 1 m ⌀. An seinem Kopfende fließt das Gemenge von gut gemahlenem Flußspat und H_2SO_4 zu, das Entleerungsende ist mittels einer durch Gegengewicht betätigten Austragsklappe geschlossen, die sich für einen Augenblick öffnet, wenn das Gewicht des gebildeten Gipses den Widerstand des Gegengewichtes überwindet.

Das beste Verfahren zur Herstellung von wasserfreier Flußsäure ist der I. G. durch F. P. 741 966 **(300)**, E. P. 387 614 (D. P. 2. 9. 31) **(251)***) geschützt. Danach wird der aus Flußspat und H_2SO_4 entwickelte, etwa 5% Wasser und 5% SO_2, SiF_4 und H_2SO_4 enthaltende HF durch kalte konzentrierte oder rauchende H_2SO_4 geleitet. Diese absorbiert nur die Flußsäure selbst und Wasser, während SO_2 und SiF_4 hindurchgehen. Die so erhaltene Mischung von Flußsäure und Schwefelsäure wird bei einem Gehalt von etwa 50% HF mäßig erwärmt, und der entweichende Fluorwasserstoff wird gekühlt.

Nach dem A. P. 2 088 048 (30. 7. 32) **(127)** von H. B. Bishop wird das HF-Gas zur Reinigung zunächst durch eine Schicht grobstückigen Flußspates, der mit verdünnter wässriger Flußsäure berieselt wird, geleitet und dann durch einen Kühler geführt, in dem die HF-Gase von einem Kondensat wässriger Flußsäure geschieden werden. Letztere dient zur Berieselung des ersten Reinigers. Das Gas wird dann durch einen zweiten Reiniger mit Holzkohle geschickt und komprimiert. Darauf wird erst in einem Kaltwasserkühler ein Kondensat von wasserfreier Flußsäure gewonnen und schließlich in einem mit Kühlsole tiefgekühlten Kondensator das Gas entspannt.

Ähnlich wird nach dem DRP. 558 132 (31. 1. 30) **(15)** der gleichen Firma die Entkieselung von über 40%iger Flußsäure durch Destillation, Kondensation und Rückleitung des Kondensates zur Waschung der HF-Gase durchgeführt, während das DRP. 553 501 (16. 2. 27) **(14)** der Rütgerswerke A. G. die Trennung von SiF_4 bzw. H_2SiF_6 ebenfalls durch Kühlung der möglichst wasserfreien rohen HF-Gase vorschlägt. Die Zusatzpatente DRP. 558 293 (1. 3. 27) **(16)** und 558 294 (25. 4. 28) **(17)** nehmen die Flußspatzersetzung mit rauchender, also SO_3 enthaltender H_2SO_4 vor und waschen das HF-Gas mit H_2SO_4, Oleum oder geeigneten Sulfaten oder entwässern es durch stufenweise Kühlung.

Wasserfreie Flußsäure ist heute in Stahlflaschen im Handel und als 96—100%ige Flußsäure zu haben.

Aus der neueren Patentliteratur zur Darstellung wasserfreier Flußsäure sei ferner folgendes erwähnt:

Durch das A. P. 1 842 092 (19. 2. 25) **(56)** ist der Harshaw Chemical Co. ein Zersetzungsapparat für den Umsatz von Flußspat mit Schwefelsäure geschützt, der die Form einer Kugelmühle hat. Kugeln oder Stücke aus Eisen sollen den Flußspat zerkleinern und die Oberfläche vom gebildeten Gips befreien.

Das Russ. Pat. 45 596 (7. 10. 35) **(341)** von T. D. Awerbuch und N. I. Chaidukow verwendet zur Zersetzung von Flußspat mit

*) Die fetten Zahlen in Klammern verweisen auf das Patentverzeichnis am Schluß des Buches.

Schwefelsäure einen rotierenden Ofen, der durch Heizgase von innen erwärmt wird.

Nach dem A. P. 2 018 397 (13. 8. 33) **(91)** der Du Pont, übertragen von W. S. Calcott und L. C. Holt, wird durch eine Kolonne destilliert und durch Temperaturregler (19—20° für die austretenden Gase, 110° im untersten Teil der Kolonne) die Entwässerung vorgenommen.

Das E. P. 373 424 (29. 9. 30) **(248)** der I. G. stellt wasserfreie Flußsäure her durch Behandeln von wasserhaltiger Flußsäure oder von Fluoriden mit Fluor.

Im A. P. 1 851 652 (D. P. 31. 1. 28) **(57)** der I. G. mit H. Söll und F. Schnell wird die Trennung von SiF_4 dadurch erreicht, daß das Gas auf 5 bis —50° gekühlt und dadurch der Fluorwasserstoff praktisch vollständig kondensiert wird.

Den gleichen Zweck erreicht W. S. Jatlow im Russ. Pat. 30 268 (29. 5. 32) **(338)** durch Überleiten des Gases über festes Natriumfluorid bei Temperaturen von 200—500° oder der gleiche Patentnehmer zusammen mit J. G. Riss im Russ. P. 36 392 (20. 10. 33) **(339)** durch Überleiten des Gases über saures Natriumfluorid bei 100°. Den Hauptteil der Kieselsäure kann man nach den Angaben des F. P. 708 139 (19. 12. 30) **(290)** der I. G. bereits durch Anwendung eines Überschusses von H_2SO_4 bei der Flußspatzersetzung bei 70—120° vorweg als SiF_4 abtreiben.

A. N. Katschulkow wäscht nach dem Russ. P. 43 468 (14. 12. 33) **(340)** die rohe Flußsäure mit Wasser, das auf 70—100° erwärmt wird. Dadurch soll ein Fluorwasserstoff erhalten werden, der frei von H_2SO_4 und SiF_4 ist.

Kapitel 2

Einwirkung wasserfreien Fluorwasserstoffs auf aliphatische Verbindungen, besonders Austausch aliphatisch gebundenen Chlors durch Fluor mittels Fluorwasserstoff

a) ohne Katalysatoren

Allgemein erfolgt ein Austausch von Chlor gegen Fluor nicht ohne weiteres, wenn Flußsäure auf aliphatische Chlorverbindungen einwirkt. So sind die einfachen Alkylchloride ebenso wie die Bromide und Jodide nur wenig in wasserfreier Flußsäure löslich. Wenn Umsetzung gasförmiger Alkylchloride mit Fluorwasserstoff bei erhöhter Temperatur an Metallfluoriden als Kontakt erfolgt, so wirken letztere als Fluorierungsmittel, worüber der nächste Abschnitt handeln soll. Dagegen werden 2 Chlor und mehr am selben Kohlenstoff aliphatischer Verbindungen durch Fluorwasserstoff unmittelbar gegen Fluor ausgetauscht. Insbesondere kann nach dem DRP. 670 130 **(35)**, entspr.

F. P. 798 421 **(313)** und E. P. 466 509 (D. Pr. 29. 11. 34) **(271)** der I. G. aus aliphatischen Verbindungen mit mindestens 2 Cl am selben C dieser Austausch nicht nur durch Antimontrifluorid (s. Kap. 5 ff), sondern auch mit Fluorwasserstoff allein bewirkt werden.

Wird z. B. Methylchloroform $H_3C—CCl_3$ mit praktisch wasserfreier Flußsäure bei 150°, also unter Druck, behandelt, so erhält man je nach der angewandten Menge Fluorwasserstoff Mono-, Di- oder Trifluorierung, also die Verbindungen

$$H_3C—CFCl_2, \quad H_3C—CF_2Cl \quad \text{und} \quad H_3C—CF_3.$$

Besondere Bedeutung hat diese einfache Umsetzung $—CCl_3 \rightarrow —CF_3$ für die Gewinnung technisch wichtiger Verbindungen mit der Trifluormethyl-Gruppe $—CF_3$ am aromatischen Kern, worüber im Kapitel 17 näheres gesagt werden wird.

Ein weiteres Patent über die Verwendung von Fluorwasserstoff zum Halogenaustausch ohne Katalysatoren ist das A. P. 2 443 630 (10. 8. 43) **(228)** der Purdue Research Foundation, übertragen von E. T. Mc. Bee und Z. Welch, das die Fluorierung von Tetrachlorkohlenstoff mittels wasserfreiem Fluorwasserstoff unter Druck und bei mindestens 300° beschreibt. Fluordichlormethan und Difluordichlormethan sollen danach in guter Ausbeute entstehen. Auch J. H. Brown und W. B. Whalley beschrieben eingehend nicht katalysierte Fluorierungen von Chlorkohlenwasserstoffen wie Tetrachlorkohlenstoff, Pentachloraethan oder Hexachlorpropylen u. ä. mittels Fluorwasserstoff in besonderer Apparatur.

Die Umwandlung der Trichlormethyl-Gruppe $—CCl_3$ in die Trifluormethyl-Gruppe $—CF_3$ mittels Fluorwasserstoff gelingt auch, wenn diese an sulfidischen Schwefel organischer Verbindungen gebunden ist. Nach dem F. P. 820 796 (18. 4. 36) **(329)** der I. G. wirkt Flußsäure auf Trichlormethylphenyl-sulfid ein, wodurch Trifluormethyl-phenyl-sulfid $C_6H_5—S—CF_3$ und seine Substitutionsprodukte in 90%iger Ausbeute zugänglich sind. Von ihrer Oxydation zu Sulfonen soll im Kapitel 21 noch die Rede sein.

Daß man schließlich mit Fluorwasserstoff allein auch Carbonsäurechloride in Säurefluoride überführen kann, sei nur kurz erwähnt. Näheres wird hierüber im Kapitel 41 berichtet.

Auch Organosiliziumfluoride lassen sich aus entsprechenden Organosiliziumchloriden und wasserfreiem Fluorwasserstoff bei Raumtemperatur oder darunter erhalten, z. B. Methyl-trifluorsilan H_3CSiF_3 oder Dialkyl- oder Diaryl-difluor-silane wie Di-n-butyl-difluor-silan, Phenyltrifluor- oder Diphenyl-difluor-silan, die auf diese Weise von J. H. Simons und Mitarbeitern dargestellt wurden.

Kapitel 3

Einwirkung wasserfreien Fluorwasserstoffs auf aliphatische Verbindungen, besonders Austausch aliphatisch gebundenen Chlors durch Fluor mittels Fluorwasserstoff

b) bei Gegenwart von Katalysatoren

In Gegenwart von Katalysatoren ist Fluorwasserstoff zum Ersatz von aliphatisch gebundenem Chlor gegen Fluor allgemein verwendbar. Bereits F. Swarts machte die Beobachtung, daß Fluorwasserstoff in Anwesenheit von Antimonpentachlorid fluorierend wirkt.

Ob im einzelnen Falle rein katalytische Wirkung vorliegt oder, wie bei Antimonhalogeniden wahrscheinlich, Fluoride wie SbF_3 oder SbF_3Cl_2 intermediär gebildet werden und ihrerseits ihr Fluor abgeben, sei dahingestellt. Es kommt hier mehr auf die präparativen Bedingungen als auf den Reaktionsmechanismus an.

Heute liegen Patente über derartige Fluorierungen in größerer Zahl vor, von denen in erster Linie diejenigen der Kinetic in Amerika genannt seien.

Das A. P. 2 005 710 (Can. P. 20. 5. 31) **(80)** dieser Firma, übertragen von H. W. Daudt und M. A. Youker, ist recht umfassend. Als Katalysatoren bei der Umsetzung von azyklischen Verbindungen, die ein oder mehrere Halogene außer Fluor enthalten, mit Fluorwasserstoff werden Antimonhalogenide wie $SbCl_3$, $SbCl_5$, $SbBr_3$ usw. und PCl_5 genannt.

Die Reaktionen können bei den verschiedensten Temperaturen und Drukken durchgeführt werden. Als Gefäßmaterial werden Chromstahl-Legierungen, Chrom-Nickel-Stähle, Monelmetall oder auch Kupfer genannt. Ferner werden die Dämpfe von Halogenverbindungen wie Tetrachlorkohlenstoff, Chloroform, Trifluor-trichlor-äthan oder anderen chlorierten Äthanen zusammen mit Fluorwasserstoff über Kontakte von Kohle oder dieser mit 10% $CuCl_2$, von Al_2O_3 und VCl_5 geleitet. Als Katalysatoren dieser Umsetzungen mit Fluorwasserstoff, der auch geringe Mengen von Wasser oder anderen Verunreinigungen enthalten darf, werden angegeben Halogenverbindungen der Metalle der 1., 2., 5., 6., 7. und 8. Gruppe des Periodischen Systems wie Cu, Ag, K, Cd, Ca, Zn, Hg, V, Sb, U, Mn, Fe, Co, Ni oder Pt. Die Temperaturen richten sich jeweils nach den Ausgangsstoffen oder den gewählten Katalysatoren und liegen in dem Bereich von 0 bis 550°. Es kann unter normalem, vermindertem oder erhöhtem Druck gearbeitet werden.

Über die angegebenen Beispiele unterrichtet die Tabelle 2 auf der nächsten Seite.

Daß das gleiche Patent auch die Anlagerung von Fluorwasserstoff an Doppelbindungen und den Chloraustausch in araliphatischen Chlorverbindungen schützt, wird in den Kapiteln 10 und 18 behandelt werden.

Tabelle 2

Übersicht über die Beispiele des A. P. 2005710

Ausg.	HF	Temp.	Katalysator	Produkt	Bemerkungen
CCl_4	trocken	60°	$SbCl_5$	$CFCl_3$, CF_2Cl_2	
C_2Cl_6	„	100°, dann 150°	„	$C_2F_3Cl_3$, $C_2F_2Cl_4$	
C_2Cl_4	zunächst in $SbCl_5$	75°, dann 100°	„	$C_2F_2Cl_4$, $C_2F_3Cl_3$	Abdestillieren bei 150°
C_2Cl_4	„ „ „	80°	„ $+Cl_2$	$C_2F_2Cl_4$, C_2FCl_5	
C_2Cl_4	„ „ $SbCl_3+SbCl_5$	100°, dann 140°	$SbCl_3+SbCl_5$	$C_2F_3Cl_3$, $C_2F_4Cl_2$	
$CHBr_3$	zus. eingeleitet	105°	$SbBr_3+Br_2$	CHF_2Br	unter Druck
$C_4H_6Cl_4$	zunächt in $SbCl_3+SbCl_5$	125°	$SbCl_3+SbCl_5$	$C_4H_2F_2Cl_6$	
$C_2H_2Cl_4$	„ „ „	125°	$SbCl_3+SCl_5$	$C_2H_2F_2Cl_2$, $C_2H_2F_3Cl$ $C_2HF_3Cl_2$	durch HCl-Abspaltung
CCl_4	eingeleitet, 70°	400°	granul. C	CF_2Cl_2, $CFCl_3$	
$CHCl_3$	„ „	300°	„ „	CF_2Cl_2, $CHFCl_2$	
$C_2F_3Cl_3$	Dämpfe	500 bis 600°	„ „	$C_2F_4Cl_2$, C_2F_5Cl	
$C_2H_4Cl_2$	„	300 bis 400°	aktiv. C	C_2H_4FCl, $C_2H_4F_2$ auch C_2H_3F, C_2H_3Cl	durch HCl-Abspaltung
CCl_4	„	250°	C+10% $CuCl_2$	CF_2Cl_2, $CFCl_3$	CCl_4 z. T. unverändert
CF_2Cl_2	„	350 bis 450°	„ „	CF_2Cl_2, CF_3Cl	
$C_2F_3Cl_3$	„	500°	geschmolz. $Al_2O_3+VCl_5$	$C_2F_4Cl_2$, C_2F_5Cl	
$CHCl_3$	Gas	120 bis 135°	$SbCl_3+Cl_2$ über Kohletürme	$CHFCl_2$, CHF_2Cl	

Sehr ähnlich lautet der Schutz im A. P. 2 062 743 (16. 6. 35) **(121)**, der gleichen Patentnehmer in dem ebenfalls Phosphorpentachlorid oder Halogenide der Metalle der 1., 2., 5., 6., 7. und 8. Gruppe des Periodischen Systems als Katalysatoren genannt sind.

Ein hierher gehöriges DRP. 552 919 (A. P. 20. 9. 30) **(13)**, also 3/4 Jahr früher als das erstgenannte A. P., vergl. auch F. P. 720 474 **(292)**, schützt die Herstellung von Fluorverbindungen aliphatischer Kohlenwasserstoffe oder deren Halogenverbindungen durch Austausch von Chlor gegen Fluor mittels Fluorwasserstoff.

1) in Gegenwart einer Antimon-Halogenverbindung als Katalysator unter beliebigem Druck, gegebenenfalls bei höherer Temperatur,
2) in Gegenwart von Antimonpentachlorid mit oder ohne Antimontrichlorid und Chlor,
3) in Gegenwart einer Antimon-Halogenverbindung, die mittels eines indifferenten Stoffes gelöst und dadurch in flüssigem Zustand gehalten wird. Als solcher indifferenter Stoff kann eine zuvor fluorierte, bei der angewandten Temperatur flüssige Verbindung benutzt werden.

Die Umsetzung kann in Apparaturen erfolgen, die nach folgendem Schema eingerichtet sind:

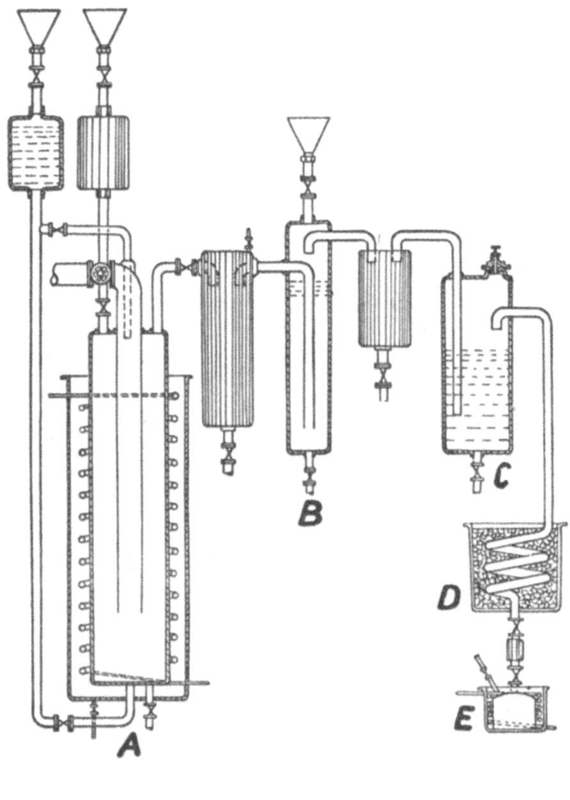

Abb. 1

Schema 1 der Fluorierungen organischer Halogenverbindungen nach DRP. 552 919 **(13)** der Kinetic mittels Fluorwasserstoff.

In einem Reaktionsgefäß A wird ein Teil oder der gesamte nicht aus Fluor bestehende Halogengehalt der organischen Verbindung durch Fluor ersetzt. Das erhaltene gasförmige, fluorierte Produkt wird zusammen mit etwa gebildetem oder vorhandenem Halogenwasserstoff in einen Wäscher geleitet, der mit einem für die Entfernung des Halogenwasserstoffes geeigneten Stoff gefüllt ist. Dies ist zweckmäßig ein mit Alkalilauge, Kalkmilch oder dergl. gefüllter Behälter B. Gegf. kann man das Gasgemisch vor dem Passieren des Halogenwasserstoffabsorbers noch durch einen Wäscher leiten, der etwas von der zu behandelnden aliphatischen Verbindung enthält. Dieser Wäscher dient dazu, Teile der Antimonverbindung zurückzuhalten, die etwa aus dem Reaktionsgefäß entwichen sind. Dieser Wäscher kann auch eine weitere Einwirkung der an der Reaktion teilnehmenden Stoffe aufeinander ermöglichen.

Im Falle der Verwendung wässriger Waschflüssigkeiten zur Entfernung der Halogenwasserstoffe aus dem fluorierten Produkt kann das bis dahin trockene Gas sich mit Wasserdampf mischen. Es wird danach zweckmäßig mittels eines Trockenwäschers C getrocknet, der für gewöhnlich Schwefelsäure, Alkali in Stangen oder dergl. enthält. Zum Zwecke der Lagerung und des Transportes kann das erhaltene trockene, neutrale fluorierte Produkt verflüssigt werden. Diese Verflüssigung läßt sich bewerkstelligen, indem man das gasförmige Produkt durch einen Kühler D leitet, worauf man das verflüssigte Produkt in Lagerbehälter wie E laufen läßt.

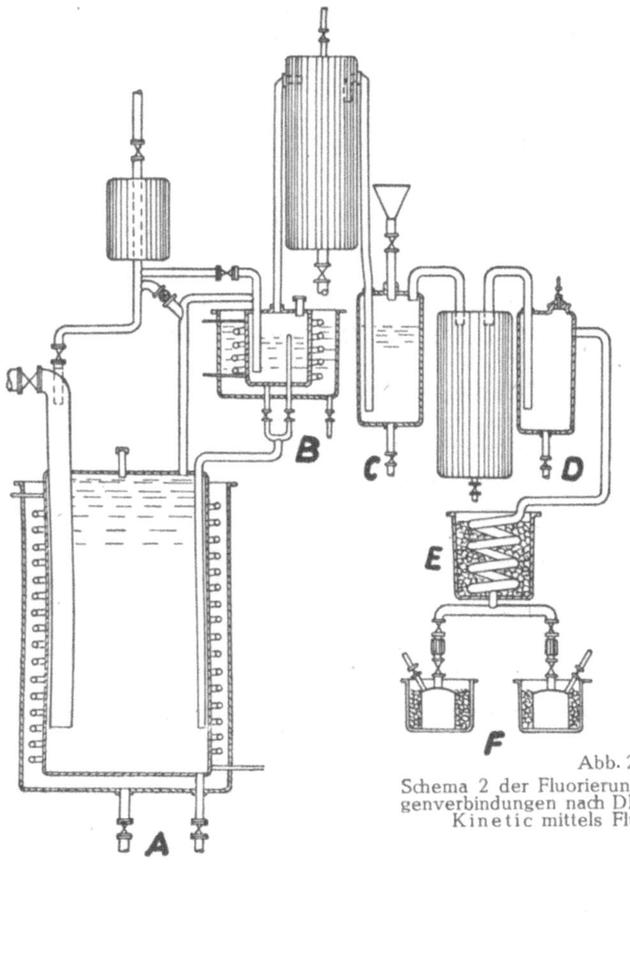

Abb. 2

Schema 2 der Fluorierung organischer Halogenverbindungen nach DRP. 552 919 (13) der Kinetic mittels Fluorwasserstoff.

Unter gewissen Bedingungen verursacht beim Arbeiten mit der in Abb. 1 dargestellten Apparatur die Verflüssigung von Antimonhalogenverbindungen eine Verstopfung des Ableitungsrohres am Reaktionsgefäß A. Diese Schwierigkeit ist durch eine in Abb. 2 veranschaulichte Ausführungsform des Apparates überwunden. Zu den wesentlichen Kennzeichen dieses gehören Mittel zur Entfernung der verflüchtigten Antimonhalogenverbindungen. Das Gasgemisch strömt vor dem Eintritt in den Abscheider noch durch einen Wäscher B. Dieser besteht aus einem inneren Behälter, der, umgeben von einem Kühlbad und einer Kühlschlange, am Deckel einen durch eine Kappe verschlossenen Stutzen trägt. Während der Umsetzung ist der innere Behälter mit der jeweils behandelten aliphatischen Halogenverbindung, beispielsweise mit Tetrachlorkohlenstoff gefüllt.

Diese Halogenverbindung läßt man in das Reaktionsgefäß A gleichzeitig mit dem Fluorwasserstoff eintreten. Das erhaltene Fluorierungsprodukt sowie der Chlorwasserstoff entweichen aus dem Gefäß A und werden im Wäscher B durch die darin befindliche Halogenverbindung gewaschen. Danach treten sie in die darauf folgenden, den in Abb. 1 wiedergegebenen Teilen B bis E entsprechenden Teile C bis F der Apparatur.

Auf diese Weise kann z. B. Tetrachlorkohlenstoff mit 90%iger Ausbeute in ein Gemisch von Fluor-trichlor-methan und Difluor-dichlormethan übergeführt werden, die im Verhältnis 40:60 gebildet werden. Als beste Bedingungen zur Herstellung von Difluor-dichlormethan wurden bei der kontinuierlichen Fluorierung mit Fluorwasserstoff in Gegenwart von $FeCl_3$ und Aktivkohle ermittelt: 300°, 0,5 Atm., als Geschwindigkeit des Gases 5 l/Stde. und ein Verhältnis HF : CCl_4 wie 1 : 8, wobei nur 5 % des CCl_4 unumgesetzt blieben und 90 % des HF-Gases verwertet wurden.

Als Zusatz zu dem genannten F. P. 720 474 wurde das F. P. 43 972 (A. P. 10. 8. 32 bzw. 21. 8. 32) **(287)** erteilt.

In diesem ist der Schutz beansprucht für die Fluorierung aliphatischer (und araliphatischer, s. Kap. 17 ff) halogenierter Kohlenwasserstoffe mittels Fluorwasserstoff in Gegenwart eines im wesentlichen festen, nicht flüchtigen Katalysators, bestehend aus einer oder mehreren Metallhalogenverbindungen — mit Ausnahme der Antimonverbindungen, die das Hauptpatent schützt, besonders Chloriden von Ag, Cu, Au, Na, Cd, Ca, Zn, Hg, V, Mg, Fe, Ni, Co, Pt und/oder C. Es sind also etwa die beim A. P. 2 005 710 genannten Metalle.

Auch dieses Patent verwendet die Katalysatoren auf Trägern wie Kohle oder geschmolzener kristallisierter Tonerde (Alundum) bei hohen Temperaturen oder hohem Druck, auch in flüssiger Phase, und gibt an, daß man sie bei relativer Flüchtigkeit ($SbCl_5$) in Dampfform über feste Körper wie Kohle leiten kann (s. obige Tabelle, letzte Zeile). Erwähnt wird noch der Ersatz des Wasserstoffs durch Fluor bei Halogen-Anwesenheit.

Als Apparaturmaterial werden Chrom- und Molybdän-Stahl genannt.

Auch die A. P. 2 005 707 (31. 8. 32) **(73)** und 2 005 709 (7. 10. 33) **(75)** der Kinetic, übertragen von H. W. Daudt und M. A. Youker, ergänzen das genannte A. P. 2 005 710, wenn auch unwesentlich. Die gleiche Firma nahm das DRP. 657 068 **(32)** und das E. P. 428 361 (Am. P. 10./31. 8. 32) **(258)**. Ihr A. P. 2 005 708 (24. 8. 33) **(78)** ist auf hochfluorierte Aethanverbindungen beschränkt, zu deren Darstellung halogenierte Aethanverbindungen mit Fluorwasserstoff bei Temperaturen über 95 ⁰ unter Druck in Antimonhalogenide ($SbCl_5$, $SbCl_5$ + Cl_2 oder + $SbCl_3$) eingeleitet werden. Das F. P. 46 349 (17. 6. 35) **(288)**, das dieselbe Firma als weiteres Zusatzpatent zum oben genannten F. P. 720 474 nahm, erweitert diese „Hochfluorierung" aliphatischer Halogenkohlenwasserstoffe mit Fluorwasserstoff in Gegenwart eines Antimonhalogenids mit 10—21 % Fluór bei Temperaturen über 120 ⁰ und Drucken über 2,7 Atm., auch in Gegenwart von freiem Chlor. Nach den Beispielen gewinnt man so aus CCl_4 CF_3Cl und CF_2Cl_2, aus Hexachloräthan oder Tetrachloräthylen ein Gemisch von $C_2F_4Cl_2$ und $C_2F_3Cl_3$. Und das A. P. 2 005 711 **(81)** (15. 6. 34 und gleiche Can. P. 20. 5. 31 wie A. P. 2 005 710) **(80)** der gleichen Patentinhaber behandelt die Herstellung von Fluormethanen aus Dihalogenmethanen des Chlors, Broms oder Jods mittels Fluorwasserstoff bei 70—100 ⁰ in Gegenwart der oben aufgezählten Metallhalogenide, gegebenenfalls auf Trägern. S. auch A. P. 2 005 709 (7. 10. 33) **(78)**.

Im A. P. 2 024 095 (20. 6. 33) **(95)** der Kinetic, übertragen von H. W. Daudt, M. A. Youker und H. H. Reynauds, wird mit Fluorwasserstoff in Gegenwart eines Antimonkatalysators von konstantem Fluorgehalt gearbeitet. So ergibt Chloroform mit einer Mischung von Fluorwasserstoff mit Antimonpentachlorid und Antimontrifluorid bei einem Fluorgehalt von 8—12% Mono- und Difluorierung, also $HCFCl_2$ + HCF_2Cl, Tetrachlorkohlenstoff bei einem gleichartigen Katalysator mit nur 6—10% Fluor ebenfalls Mono- und Difluorierung, d. h. $CFCl_3$ und CF_2Cl_2.

Die gleiche Firma nahm schließlich noch ein Patent, in dem betont wird, daß mit gasförmigem Fluorwasserstoff fluoriert wird, das A. P. 2 058 453 (7. 10. 33) **(118)**, übertragen von L. C. Holt, M. A. Youker und R. F. Laird. Die Antimonkatalysatoren sollen flüssig sein, die Reaktionsmischung wird rundgeführt, es kann bei normalem, erhöhtem oder vermindertem Druck gearbeitet werden, und als Gefäßmaterial wird wiederum Chromnickelstahl angegeben.

Diesen Verfahren mit Fluorwasserstoff und Antimon-Halogenid-Katalysatoren ist gemeinsam, daß als Überträger des Fluors auf die organischen Halogenverbindungen gemischte Fluorhalogensalze des

Antimons wirken. Dadurch ist ihre Abgrenzung in einzelnen Fällen schwer durchzuführen gegenüber den Angaben, die im Kapitel 5 über Antimonfluorid als Fluorierungsmittel gemacht werden sollen.

In Ergänzung zu diesen Methoden, nach denen offenbar auch die später beschriebenen Kühlmittel in Amerika hergestellt werden, seien noch Patente der englischen Firma I. C. I. angeführt:

Nach dem A. P. 2 110 369 (21. 12. 36) **(129)**, übertragen von F. D. Leicester, werden niedrigmolekulare aliphatische Fluorkohlenwasserstoffe hergestellt durch Behandeln der Halogenverbindungen in Dampfform mit Fluorwasserstoff bei höheren Temperaturen in Gegenwart einer Chromhalogenverbindung wie $CrCl_3$, CrF_3, gegebenenfalls auch gemischt mit Cr_2O_3. Das entsprechende E. P. 468 447 (3. 1. 36) **(272)** derselben Patentinhaber beschränkt den Schutz auf Halogenkohlenwasserstoffe mit höchstens drei Kohlenstoffen im Molekül, nennt als Temperaturen 400—550° und wendet die genannten Chromverbindungen für sich oder auf Trägern an.

Die Fluorierung von n-Heptan in halbtechnischem Maßstabe wurde von Babcock, Beanblossom und Wojcik eingehend beschrieben. Vergl. S. 68.

Dabei wurde das Heptan in erster Reaktionsstufe chloriert, wonach das erhaltene Polychlorheptan mit Antimonpentachlorid und Fluorwasserstoff behandelt wurde. Bei 40 bis 70° wurde so ein Fluorchlorheptan erhalten, das mit Silber- oder Kobaltfluorid zu Ende fluoriert wurde.

Ein A. P. 2 439 299 (26. 7. 46) **(220)** der Phillips Petroleum Co., übertragen von R. S. Hovey und P. H. Carnell, betrifft die Herstellung von Fluor-halogen-kohlenwasserstoffen mittels Fluorwasserstoff und Titantetrafluorid aus Halogenverbindungen wie Tetrachlorkohlenstoff, Chloroform usw., wobei in einer Bombe aus Monelmetall und bei 50 bis 200° gearbeitet wird.

Mit Fluorwasserstoff kann man auch aliphatische OH- und NH_2-Gruppen durch Fluor ersetzen und beispielsweise die einfachen Alkohole in Methyl- und Aethylfluoride mittels Fluorwasserstoff in Gegenwart von Katalysatoren umwandeln, was früher nur mit dem technisch unbrauchbaren Silberfluorid gelang. Diese einfachen Alkylfluoride haben jedoch aus den in der Einleitung genannten Gründen keine technische Bedeutung erlangt.

Fluorwasserstoffsaure quartäre Ammoniumsalze sind gelegentlich durch thermische Zersetzung in organische Fluorverbindungen übergeführt worden. So stellte Collie Methylfluorid aus Tetramethylammoniumfluorid dar. Aber auch diese Methode, die im Kapitel 4 nochmals berührt werden wird, hat keine technische Bedeutung.

Die gleichzeitige Einwirkung von wasserfreier Flußsäure und Quecksilberoxyd, aus denen sich Merkurifluorid bildet, soll im Zusammenhang mit dem letzteren als Fluorierungsmittel beschrieben werden (s. Kap. 4, S. 22).

Gegenüber den Methoden der unmittelbaren Einwirkung von Fluorwasserstoff auf organische Verbindungen treten im Gebiete einfacher aliphatischer Fluorverbindungen alle anderen Verfahren an Bedeutung zurück. Besonders ist Fluor selbst für die Technik schlecht zu handhaben sowie vor allem wegen des Apparaturmaterials teuer. Von den Metallfluoriden ergänzt den Fluorwasserstoff nur das vielfach vorgeschlagene Antimontrifluorid. Daher sollen die Verfahren, die dieses benutzen, in besonderen Kapiteln näher besprochen werden.

Kapitel 4

Technische Verfahren zum Austausch aliphatischen Chlors, Broms oder Jods gegen Fluor mittels Metallfluoriden

Auch bei der Einwirkung von Metallfluoriden handelt es sich wie bei den Methoden des vorigen Abschnittes um aliphatische Halogen-, insbesondere Chlorverbindungen, in denen der Austausch Chlor → Fluor, Brom → Fluor oder auch Jod → Fluor durchgeführt wird. Von den Metallfluoriden, die nicht nur als Katalysatoren bei Fluorierungen benutzt werden, sondern als einziger Fluor abgebender Reaktionsteilnehmer ihr Fluor auf Kohlenstoff übertragen und selbst dabei in Metallchlorid (Bromid oder Jodid) übergehen, ist das wichtigste das Antimontrifluorid. Andere Schwermetallfluoride sind in wissenschaftlichen Untersuchungen vielfach probiert worden. Insbesondere lag nahe, Silberfluorid dafür zu benutzen, weil ja Silbersalze oft ihr Anion an organische Halogenverbindungen abgeben können. So sind aliphatische Fluorverbindungen in größerer Zahl erstmalig aus Silberfluorid und Bromverbindungen erhalten worden (Ruff, Buch, S. 38). Auch Jodzusatz zum Silberfluorid wurde nach dem Vorschlage von Swarts (1921) mehrfach angewendet (Desreux 1929/1934). Aber für Arbeiten in technischem Maßstabe läßt sich diese Methode nicht anwenden, wie ohne weiteres verständlich ist. Daher soll erst der II. Hauptteil, Kap. 43, des Buches einiges hierüber berichten.

Immerhin wurden Valentiner und Schwarz zwei Patente zur Herstellung von Fluoroform aus Jodoform und Silberfluorid erteilt. Nach dem DRP. 105 916 (5. 1. 99) **(2)** wurden beide Verbindungen mit Sand,

Glaspulver oder ähnlichen Beimischungen umgesetzt, wobei ab 40° Reaktion eintrat und ohne weiteres Anheizen ein ruhiger Gasstrom entwickelt wurde. Auch unter Wasser ließ sich die Umsetzung nach DRP. 106 513 (26. 2. 99) **(3)** durchführen, um das Fluoroform luftfrei zu gewinnen. Vergl. hierzu Kap. 44, S. 142.

Allgemein ist das Ergebnis der älteren Versuche über die Einwirkung von Metallfluoriden mit dem Ziele der Darstellung aliphatischer Fluorverbindungen, daß vielfach keine Umsetzung eintrat und, wenn diese erfolgte, die Ausbeuten wenig befriedigten.

Dies gilt auch für die Umsetzungen von Dimethylsulfat mit Kaliumfluorid, die Dumas und Péligot (1835) vornahmen, und der ersten Darstellung von Alkylfluoriden nach:

$$C_nH_{2n+1}OSO_3K + KF.HF \rightarrow C_nH_{2n+1}F + K_2SO_4 + HF$$

durch Seubert. Alkalifluoride sind auch im A. P. 2 013 062 der Frigidaire Corp. genannt, s. S. 29.

Hier sei erwähnt, daß in neuerer Zeit für Zwecke der Atomgewichtsbestimmung von Fluor reines Methylfluorid durch Einwirkung von Kaliummethylsulfat $H_3C—O—SO_3K$ auf Kaliumfluorid nach Moles und Batuecas durch Patterson, Whytlow-Gray und Cawood dargestellt wurde. In der letzteren Arbeit ist übrigens auch die Gewinnung von Methylfluorid durch thermische Zersetzung von Tetramethylammoniumfluorid beschrieben (s. auch oben, S. 18).

In neuerer Zeit war eine DRP-Anm. H 150 046 (23. 6. 36, ausgelegt 20. 8. 42) **(48)** von B. Helferich und A. Gnüchtel bekannt geworden. Nach dieser sollten Alkylhalogenide mit Alkalifluoriden, Ammoniumfluorid oder Fluoriden von Aminen in Gegenwart von Lösungsmitteln wie besonders wässrigem Methylalkohol zwecks Herstellung aliphatischer Fluorkohlenwasserstoffe, die auch substituiert sein können, umgesetzt werden. In allgemeiner Form ist dieses Verfahren sicherlich nicht auf alle Alkylhalogenide oder ihre Substitutionsverbindungen anwendbar. Die Anmeldung ist inzwischen auch zurückgezogen worden.

Dagegen wurde denselben Anmeldern das DRP. 710 129 (24. 12. 36) **(43)** erteilt. Es betrifft die Herstellung fluorierter aliphatischer Kohlenwasserstoffe und deren Substitutionsprodukte durch Umsetzung von aliphatischen Estern der echten Sulfonsäuren mit den oben genannten Fluoriden. Als Beispiele sind u. a. n-Butylfluorid aus p-Toluolsulfonsäure-n-butylester und Kaliumfluorid (KF, 2aq) oder Zyklohexylfluorid aus Methansulfonsäure-zyklohexylester mit dem gleichen Mittel aufgeführt.

Im Jahre 1931 erhielt die Du Pont das F. P. 730 874 (22. 7. 31) **(297)** und E. P. 390 191 **(253)**, wonach Chlorverbindungen (z. B. Tetrachlorkohlenstoff) beim Überleiten über einen Kontakt von Kalziumfluorid bei höheren Temperaturen, z. B. 500°, teilweise Fluorierung erfahren, im gewählten Beispiel entsteht CF_2Cl_2. Ein späteres Can. P. 353 775 der gleichen französischen Priorität **(239)** der Canadian Industries Ltd. und Lacy nennt für die gleiche Umsetzung als Temperatur 350⁰. Aber auch hierbei scheint die Ausbeute nicht an die in den vorigen Abschnitten geschilderten Methoden des Austausches CCl → CF mittels Fluorwasserstoff oder an diejenigen mittels Antimonfluoriden heranzukommen. Daher werden diesen besondere Kapitel gewidmet, die zunächst die Darstellung des wasserfreien Antimontrifluorids selbst (Kap. 5) sowie dessen Umsetzungen mit aliphatischen Chlorverbindungen (Kap. 6 und 7) behandeln sollen.

Ferner wurde Thalliumfluorid als Mittel zum Austausch aliphatischen Halogens gegen Fluor vorgeschlagen, und zwar von dem Inder D. C. Ray und seinen Mitarbeitern.

Sie erhielten z. B. Fluorameisensäureester aus den Chlorameisensäureestern, die sich mit Silber- oder Antimonfluoriden nicht umsetzen ließen, sowie Fluorazeton aus Jodazeton, während Chlorazeton nicht mit Thalliumfluorid reagierte. Möglicherweise ist es mit Vorteil anzuwenden, wenn Halogen in Verbindungen, die gegen Oxydationsmittel empfindlich sind, gegen Fluor ausgetauscht werden soll.

Als allgemeines Fluorierungsmittel hat sich Thalliumfluorid allerdings ebenfalls nicht durchsetzen können.

Auch Quecksilberfluoride sind für Arbeiten mit wissenschaftlicher Zielsetzung zur Einführung von Fluor in aliphatische Verbindungen viel verwendet worden. Insbesondere werden die Arbeiten von F. Swarts hierüber im Teil II noch zu besprechen sein. Während er Merkurofluorid verwendete, haben in neuerer Zeit H. L. Henne und Mitarbeiter Merkurifluorid empfohlen. Dieses hat sich in einzelnen Fällen den anderen Fluorierungsmitteln überlegen gezeigt, insbesondere beim Austausch von aliphatisch gebundenem Brom oder Jod gegen Fluor. Es ist aber wie die vorher genannten Metallfluoride für industrielle Anwendung deshalb weniger brauchbar, weil es nicht in wässriger Lösung erhalten werden kann, sondern mit elementarem Fluor aus Merkurofluorid oder wenigstens durch dessen Erhitzen im Chlorstrome dargestellt werden muß.

Gegen Wasser ist es sehr empfindlich. Es bildet sich damit ein Dihydrat, das nicht mehr reaktionsfähig ist und daher wohl als formuliert werden sollte.

$$\left[\begin{matrix} F & & H_2O \\ & Hg & \\ H_2O & & F \end{matrix}\right]$$

Das A. P. 2 192 143 (7. 5. 38) **(137)** schützt der Kinetic dieses Fluorierungsverfahren mit Merkurifluorid. Es ist übertragen von Th. Midgley und A. L. Henne. Als Beispiel ist die Umsetzung von 1 Tl. Difluordibrommethan mit 1,8 Tln. Merkurifluorid unter Kühlung mit Kohlensäureschnee in einer Rückflußapparatur angegeben. Unter Aufrechterhaltung eines Druckes von etwa 12 Atm. läßt man Raumtemperatur erreichen und gewinnt so Fluoroform in 80%iger Ausbeute. Auch Alkylfluoride sollen entsprechend erhalten werden können, Äthylfluorid sogar aus Äthylalkohol mit Merkurifluorid.

Anstatt die umzusetzende Halogenverbindung mit dem schwer zugänglichen Merkurifluorid zu behandeln, kann man dieses aus Quecksilberoxyd und wasserfreiem Fluorwasserstoff frisch entstehen lassen. Denn bei der Umsetzung $HgO + 2HF = HgF_2 + H_2O$ bildet sich nur 1 H_2O, sodaß kein Dihydrat auftritt, bevor das Merkurifluorid in statu nascendi in Reaktion getreten ist.

Es wird also in eine Suspension von rotem Quecksilberoxyd in der flüssigen oder gelösten organischen Halogenverbindung, vornehmlich von Brom oder Jod, aber auch von Chlor, wasserfreier Fluorwasserstoff solange eingeleitet, bis die rote Suspension weiß geworden ist. Dabei wird gekühlt und vorteilhaft in Nickelgefäßen gearbeitet. Die Ausbeuten sind meist recht gut, besonders bei tieferen Temperaturen, z. B. —20°, und es wurde auch bei Methylenchlorid und Chloroform Umsetzung erzielt, mit denen beispielsweise fertiges Merkurifluorid nicht reagierte.

Die Fluorierung mittels Merkurifluorid dürfte insbesondere in ihrer zuletzt beschriebenen Ausführung auch für die Technik eine Zukunft haben; denn aus den anfallenden Quecksilberhalogeniden ist die Regenerierung des Quecksilbers leicht durchzuführen.

Im Anschluß an den Halogenaustausch mittels Metallfluoriden sei noch auf 2 Italienische Patente der S. A. Processi Privative Industriali hingewiesen, in denen Berylliumfluorid zum Austausch alkoholischer OH-Gruppen durch Fluor behandelt ist. Nach dem It. P. 350 412 (17. 4. 37) **(333)** zeigt wasserfreies Berylliumfluorid BeF_2 die Neigung, in Oxyfluorid überzugehen. Diese kann nach dem It. P. 343 035 (15. 6. 36) **(332)** für die Umsetzung:

$$R—CH_2—OH + 3BeF_2 + 2NaHF_2 \rightarrow R—CH_2F + BeO—BeF_2 + Na_2BeF_4 + 3\ HF$$

ausgenützt werden. Dabei wird also in Anwesenheit von saurem Alkalifluorid oder auch von HF gearbeitet und eine erhebliche Menge Berylliumfluorid gebraucht.

Im Vorstehenden sind nur diejenigen Metallfluoride erwähnt, deren Anwendung in der Technik erwogen worden ist, während über die laboratoriumsmäßige Verwendung von anorganischen Fluoriden zur Einführung von Fluor in organische Verbindungen allgemein erst der II. Hauptteil Auskunft geben soll. Wie bereits zu Beginn dieses Kapitels gesagt wurde, sind die hier besprochenen Metallfluoride von wesentlich geringerer Bedeutung als die Fluoride des Antimons, insbesondere das wasserfreie Antimontrifluorid. Über dieses und die technischen Verfahren, die sich auf den Austausch aliphatisch gebundenen Chlors durch Fluor mittels Antimontrifluorid gründen, sei daher in den folgenden 3 Kapiteln Näheres mitgeteilt.

Kapitel 5

Darstellung von Antimontrifluorid

Antimontrifluorid wird in der Färbereitechnik als leicht lösliche Antimonbeize vielfach gebraucht und ist ein billiges Handelsprodukt. Es wird durch langsames oder nach Ruff rasches Verdampfen einer Lösung von Antimontrioxyd in Flußsäure hergestellt und bildet tafelförmige, zerfließliche Kristalle (Oktaeder). Bei einem Überschuß an Flußsäure entstehen kleine glänzende Kristalle von H [SbF_4]. Wegen der technischen Wichtigkeit, insbesondere der meist wohl ausgebildeten, farblosen und luftbeständigen Doppelsalze mit einfachen Alkalihalogeniden und -sulfaten, ist die Patentliteratur hierüber recht umfangreich. Es sei dafür auf Ullmann's Enzyklopädie der techn. Chemie, 4. Aufl., Band I, S. 541/42 verwiesen.

Für den Austausch von Chlor gegen Fluor ist nur wasserfreies Antimontrifluorid brauchbar. Dies läßt sich dadurch erklären, daß im Hydrat die Fluoratome nicht frei reagieren können.

Während beispielsweise das Trichlorid mit Wasser Oxyd- bzw. Oxychlorid-Abscheidung gibt, löst sich Antimontrifluorid leicht in Wasser mit saurer Reaktion. Entsprechend den Anschauungen A. Werners über Hydratbildung sei dafür die Formel:

$$\left[Sb\,{}^{F_3}_{OH}\right]^{-} H^{+}$$

angenommen mit 3-wertigem Sb und der Koordinationszahl 4. Nach den sonstigen Erfahrungen an Fluor als dem elektronegativsten und kleinsträumigen Halogen leuchtet ein, daß dieser Komplex sehr beständig ist. Auch Antimontrichlorid wird zwar durch wenig Wasser klar aufgelöst, aber mehr Wasser scheidet sogleich Oxychlorid aus, woraus die wesentlich geringere Beständigkeit des dem obigen Fluorid analogen komplexen, chlorhaltigen Anions hervorgeht:

$$\left[Sb\,{}^{Cl_3}_{OH}\right]^{-} H^{+} \xrightarrow{H_2O} SbOCl + 2\,HCl + H_2O.$$

Die Tatsache, daß nur wasserfreies Antimontrifluorid sein Fluor auf Kohlenstoffverbindungen übertragen kann, das Hydrat dazu jedoch nicht befähigt ist, findet in der gegebenen Komplexformel ihre Erklärung.

Das wasserfreie Antimontrifluorid gewinnt man durch Destillation des Handelsproduktes oder des rohen Kristallisates. Die Destillation macht keine Schwierigkeiten und kann in Kupferapparaturen vorgenommen werden. Der Siedepunkt des reinen wasserfreien Antimontrifluorids liegt bei 319°.

Aus neuerer Zeit sind für die Herstellung von wasserfreiem SbF_3 aus $SbCl_3$ und Fluorwasserstoff zwei fast gleichzeitige Patente der Kinetic und der General Motors Co. zu erwähnen:

Das F. P. 720 589 (A. P. 18. 2. 31) **(293)** der ersteren Firma schützt die Herstellung mit gasförmigem oder flüssigem Fluorwasserstoff, der vorzugsweise auf das Halogenid (z. B. $SbCl_3$) in geschmolzenem Zustande zur Einwirkung kommt. Auch kann die Umsetzung in Lösungsmitteln, besonders organischen wie z. B. Nitrobenzol, vorgenommen werden.

Nach dem A. P. 2 024 008 (26. 2. 31) **(94)** der General Motors Co., übertragen von Th. Midgley jun., A. L. Henne und R. R. Mc Nary wird ebenfalls geschmolzenes $SbCl_3$ mit Fluorwasserstoff umgesetzt, wobei vollständige Umsetzung SbF_3 liefert, teilweise Umsetzung ein Produkt, das man als Gemisch von SbF_3 mit unverändertem $SbCl_3$ oder als Mischhalogenid aus Sb und sowohl F wie Cl ansehen kann und das für die Fluorierungen besonders vorteilhaft verwendbar ist. Über diese Mischhalogenide wird weiter unten (s. S. 26) noch die Rede sein.

Die Entwässerung von Antimontrifluorid behandelt das A. P. 2 082 161 (30. 1. 31) **(124)** der gleichen Firma, übertragen von A. L. Henne. Danach wird das wasserhaltige Antimontrifluorid mit einem Stoff destilliert, der mit Wasser eine azeotrope Mischung bildet, wie Gasolin, Benzol, Tetrachlorkohlenstoff oder Chloroform. Der Sdp. dieses Stoffes soll unter 100° liegen. Schließlich gehört hierher noch das Ital. P. 386 239 (22. 11. 40) **(334)** von C. Randaccio über die Herstellung von Fluoriden, besonders Antimonfluoriden aus Antimonhalogeniden und gas- oder dampfförmigem Fluorwasserstoff.

Kapitel 6

Fluorierung mit Antimontrifluorid

a) beim Übergang: $>CCl_2 \rightarrow >CF_2$ und $-CCl_3 \rightarrow -CF_3$.

Im wesentlichen wird Antimontrifluorid zum Austausch von aliphatischem Chlor oder Brom durch Fluor in Gegenwart eines Zusatzes benutzt, der in den Patenten des nächsten Kap. 7 allgemein als Katalysator bezeichnet wird. Ohne solche Zusätze kann Antimontrifluorid allein solche Verbindungen fluorieren, die mindestens 2 Cl am gleichen C haben.

So lautet das F. P. 798 421 (D. Pr. 29. 11. 34) **(313)** der I. G. ebenso auf die Verwendung von Antimontrifluorid wie von Fluorwasserstoff. Unter den Beispielen wird Methylchloroform mit SbF_3 bei 150° umgesetzt und liefert je nach der Menge des Fluorierungsmittels Mono-, Di- oder Trifluorierung:

$$H_3C{-}CCl_3 \rightarrow H_3C{-}CFCl_2 \text{ oder } H_3C{-}CF_2Cl \text{ oder } H_3C{-}CF_3.$$

Es ist bemerkenswert, daß weder die Beispiele noch der Patentanspruch des diesem franz. Patent entsprechenden DRP. 670 130 **(35)** Antimontrifluorid, sondern nur wasserfreien Fluorwasserstoff als Fluorierungsmittel angeben.

Auch das A. P. 2 082 161 (s. S. 24) der General Motors Co., übertragen von A. L. Henne, erwähnt die Umsetzung aliphatischer Halogenkohlenwasserstoffe mit Antimontrifluorid allein. Von den anderen, für die Umsetzung von aliphatischen Chlorverbindungen mit Fluorwasserstoff genannten Patenten erwähnt Antimontrifluorid als ebenso wirksames Fluorierungsmittel noch das A. P. 2 005 709 (s. S. 17).

A. L. Henne benutzt auch bei seinen Arbeiten über Fluorderivate von Aethan und Aethylen Antimontrifluorid (s. T. II, S. 136). Z. B. erhielt er mit E. C. Ladd aus Pentachloräthan verschiedene Fluorchloräthane. Ferner wird nach den Arbeiten von H. S. Booth Trichlordimethyläther $H_3C—O—CCl_3$ mittels Antimontrifluorid in Difluorchlor- und Trifluor-dimethyläther übergeführt. So lautet das A. P. 2 066 905 (23. 3. 35) **(123)** der Westinghouse Electric & Manufacturing Co., übertragen von H. S. Booth, auf Halogenieren von Dimethyläther. Hiernach wird letzterer zunächst mit Chlor behandelt, für höher chlorierte Produkte unter Lichteinwirkung. Darauf werden die Chlorierungsprodukte durch Fraktionierung getrennt und nun am Rückfluß mittels Antimontrifluorid fluoriert. Nach Waschen mit Wasser wird die entstandene Salzsäure neutralisiert und schließlich über Bariumoxyd getrocknet. Nach den Angaben des Patentes werden aus Trichlor-dimethyläther Difluor-chlor- und Trifluor-dimethyläther, aus Tetrachlor-dimethyläther Trifluor-chlor-dimethyläther und ein Nebenprodukt vom Sdp. 61^0, das noch nicht näher aufgeklärt wurde, erhalten. Diese Körper sollen sich als Kühlmittel eignen, doch ist über ihre tatsächliche industrielle Verwendung vorläufig nichts weiter bekannt geworden.

Ob die gleichen Produkte auch durch Einwirkung von Fluorwasserstoff erhalten werden können, scheint noch nicht untersucht worden zu sein.

Sonst haben die Angaben dieses Kapitels gezeigt, daß Antimontrifluorid in seiner Wirkung dem Fluorwasserstoff ähnlich ist. So kann man mit Antimontrifluorid auch Karbonsäurechloride in Säurefluoride überführen. Zur Addition an Doppelbindungen kann es ebenfalls wie Fluorwasserstoff benutzt werden, was bei Besprechung des A. P. 2 090 772 (s. S. 36) näher behandelt werden wird.

Kapitel 7

Fluorierung mit Antimontrifluorid

b) in Gegenwart von Chlor, Brom, deren Salzen mit 5-wertigem Antimon oder sonstigen Zusätzen

Wichtiger als die Einzelfälle, in denen Antimontrifluorid ohne andere Zusätze als Mittel zum Austausch aliphatisch gebundenen Chlors gegen Fluor benutzt werden kann, ist die Anwendung von SbF_3 bei gleichzeitiger Gegenwart von 5-wertigem Antimon. Diese kann man durch Zugabe von Verbindungen wie $SbCl_5$ oder $SbBr_5$ zu dem Fluorierungsmittel SbF_3 erreichen, ebenso natürlich durch die Halogene Chlor, Brom oder Jod selbst. Als erster wandte F. Swarts (1892) diese Gemische auf aliphatische Chlorverbindungen an. Er formulierte die dabei wirkenden Verbindungen als gemischte Halogenide, z. B. SbF_3Cl_2. Auch heute findet man noch vielfach diese Formulierung, so in den Arbeiten von A. F. Henne und Mitarbeitern. Das F. P. 732 320 (A. Pr. 30. 1., 9. 2. und 5. 6. 31) **(298)** der Frigidaire Corp. sowie das zugehörige A. P. 1 984 480 (5. 6. 31) **(71)**, der General Motors Corp., übertr. von A. L. Henne, in denen durch Einwirkung von Chlor, Brom oder Jod auf Lösungen von Antimontrifluorid in Antimontri- oder -pentachlorid oder Antimontribromid Doppelhalogenide hergestellt werden, wählten gleichfalls diese Formel SbF_3X_2, worin X das zur Umsetzung benützte Halogen bedeutet. Aber es kommt darin nicht die Wechselwirkung der gleichzeitigen Gegenwart von 3- und 5-wertigem Sb zum Ausdruck, die offenbar wesentlich für die bessere Austauschwirkung des Gemisches von SbF_3 mit $SbCl_5$ gegenüber derjenigen von SbF_3 allein verantwortlich zu machen ist. Auch zeigten Ruff und Mitarbeiter in eingehenden Untersuchungen, daß wahre Doppelhalogenide vorliegen, z. B. bildet sich aus SbF_3 und Chlor leicht $(SbF_5)_2 . SbCl_5$. Mit Wasser werden diese unter starker Wärmeentwicklung zersetzt, und Chlor und das am Chlor gebundene Antimon werden schon in der Kälte quantitativ abgeschieden, während Fluor und das an Fluor gebundene Antimon erst nach Zerstörung des Komplexes als Einzelionen vorliegen. Wie $SbF_3 . SbF_5$ als Doppelhalogenid zu verstehen ist, so existiert offenbar auch z. B. $SbF_3 . SbCl_5$ in dieser Form.

Die Erklärung von Booth und Swinehart für die Reaktionsweise des 5-wertigen Antimonhalogenids aus der Tatsache, daß z. B. $SbCl_5$ koordinativ ungesättigt ist, kann noch nicht voll befriedigen. Immerhin lassen sich ihre Überlegungen heranziehen, um die Tatsache verständlich zu machen, daß nur solche organischen Halogenverbindungen mit Fluor-Chlorverbindungen des 5-wertigen Antimons reagieren, *die mindestens zwei Halogenatome am selben Kohlenstoff tragen.*

W. *Bockemüller* gibt in seinem Buch, S. 51, die Überlegungen der genannten Amerikaner folgendermaßen wieder: „Verbindungen vom Typus des Antimonpentachlorids sind koordinativ ungesättigt, dies zeigt sich nicht allein darin, daß in Salzen das stabile Ion $(SbCl_6)^-$ auftritt; außer diesen Verbindungen mit koordinativ 6-wertigem Antimon-Zentralatom existieren aber noch Verbindungen des Sb^V mit *neutralen* Komplexen, bei welchen das Sb^V *zwei* Moleküle koordinativ bindet, wie z. B. die Verbindung $SbCl_5.2Cl_2$, welcher man wohl auch die von *Ruff* (s. o.) dargestellte Verbindung $(SbF_5)_2SbCl_5$ an die Seite stellen kann. Wenn man für die Verbindung $SbCl_5.2Cl_2$ die Konstitution I annimmt und weiterhin postuliert, daß Komplexe dieser Art als Zwischenprodukte bei der Swarts-Reaktion aus SbF_3Cl_2 und beispielsweise CCl_4 nach II auftreten, so kann man sich wohl vorstellen, daß solche Komplexe sich dann am leichtesten bilden, wenn die beiden als Additonszentren nötigen Halogenatome durch die Struktur $=C<^{X}_{X}$ in passender Weise dargeboten werden.

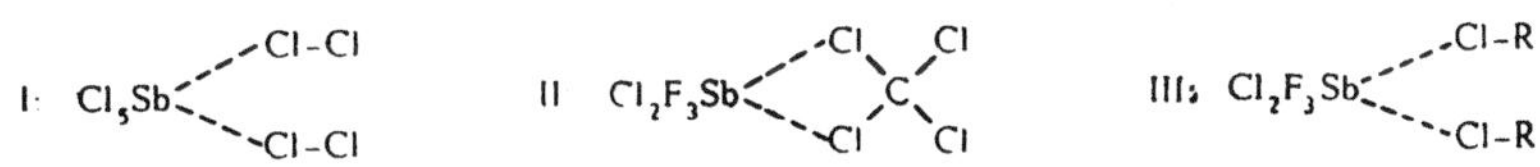

Wenn diese Ansicht richtig ist, dann ist aus der Indifferenz der Alkylhalogenide zu schließen, daß Komplexe wie III nicht existenzfähig sind."

Der Halogenaustausch würde mit $SbCl_5.2SbF_5$ etwa so zu erklären sein:

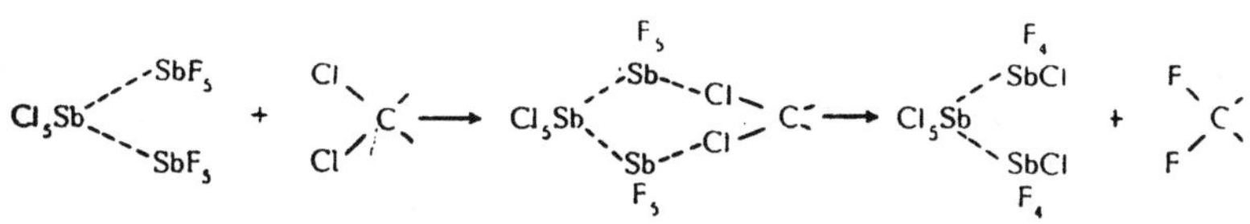

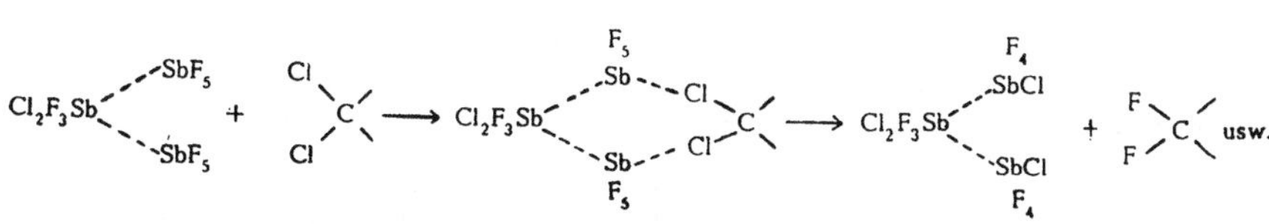

Die letzte Reaktionsstufe würde sich noch viermal wiederholen können, bis alles SbF_5 in $SbCl_5$ übergeführt ist. Immerhin müßte danach SbF_5 allein ebenso gut mit zwei Cl am selben Kohlenstoff reagieren nach:

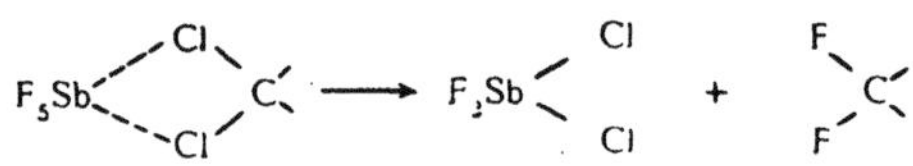

Die Fluorwasserstoffumsetzungen mit gleichen Zusätzen nehmen einen entsprechenden Verlauf. Maßgebend ist jedenfalls das intermediäre Auftreten von Komplexen mit koordinativ abgesättigtem Metall-Zentralatom und Wiederzerfall dieser Zwischenstufen unter Platzwechsel F $\rightarrow$ Cl innerhalb der Komplexe. Nach diesem Platzwechsel zerfallen sie, wobei F am Kohlenstoff festgehalten wird.

In wissenschaftlichen Arbeiten ist dieses Swartssche Verfahren zur Darstellung aliphatischer Fluorverbindungen aus den entsprechenden Chlorverbindungen das am häufigsten angewandte, wie im Tl. II, S. 136 noch ausgeführt werden soll. Hier interessiert besonders die Patentliteratur über diese Methode des Austausches

$$>C(Halg.)_2 + SbF_3 \xrightarrow{Sb^V} >CFHalg. \text{ oder } >CF_2.$$

Zunächst sei ein Patent der Kinetic an die Spitze gestellt, das A. P. 2 005 713 (2. 2. 33) **(83)**, übertragen von L. C. Holt und E. L. Mattison. Es wendet zum Austausch von Halogen durch Fluor in aliphatischen Verbindungen Fluorwasserstoff und gemischte Fluorchlorverbindungen des 5-wertigen Antimons an. Als Beispiel wird auch nach diesem Patent Chloroform in ein Gemisch von Difluor-chlor-methan und Fluor-dichlor-methan übergeführt, aus Tetrachlorkohlenstoff Fluortrichlormethan und aus Hexachloräthan in Trifluor-trichloräthan-Lösung bei 30^0 Fluor-pentachlor-äthan und Difluor-tetrachlor-äthan erhalten. Das Verfahren ist den im Kap. 3 (S. 17) erläuterten Fluorierungen mittels Fluorwasserstoff und Antimon-Katalysatoren ähnlich.

Der Frigidaire Corp. ist durch F. P. 701 324 (30. 7. 30, A. P. 5. 4. 30) **(289)** die Umsetzung halogenierter aliphatischer Kohlenwasserstoffe mittels Antimontrifluorid in Gegenwart von Antimonpentachlorid zum Ersatz von mindestens 1 Halogenatom durch Fluor geschützt.

Die gewünschte Fluorverbindung wird zur Vermeidung der Ueberfluorierung aus der Reaktionsmischung kontinuierlich abdestilliert, während die noch nicht genügend fluorierten Anteile aus dem angeschlossenen Dephlegmator in das Reaktionsgefäß zurückfließen. Die Apparatur ähnelt der auf S. 15 für die Umsetzung mit Fluorwasserstoff abgebildeten. Je nach Einstellung von Druck und Temperatur können verschiedene Fluorverbindungen erzeugt werden, z. B.

aus $HCCl_3$: $FCHCl_2$ oder F_2CHCl.
aus CCl_4 : $FCCl_3$, F_2CCl_2 oder F_3CCl,

Auch chlorierte Derivate von Äthan, Äthylen, Propan oder Butan sind so in entsprechende Fluor-Chlor-Verbindungen überzuführen. Dabei gelingt es offenbar ebenso wenig wie mit Fluorwasserstoff, Verbindungen mit nur einem Cl am C umzusetzen oder auch das letzte Cl in mehrfach chlorierten Verbindungen durch F zu ersetzen.

Das A. P. 2 013 062 (26. 2. 31) **(89)** derselben Firma, übertragen von Th. Midgley jun. und A. L. Henne, schützt die Herstellung aliphatischer Fluor-halogen-verbindungen aus aliphatischen mehrfach halogenierten Kohlenwasserstoffen und Metallfluoriden wie Kaliumfluorid oder Kalziumfluorid in Gegenwart von Antimonsalzen, von denen $SbCl_3$, auch $Sb_2(SO_4)_3$ genannt sind.

Bei den höheren Temperaturen, die zur Anwendung kommen, ist wohl auch in diesen Fällen ein Gemisch von primär sich bildendem Antimonfluorid mit Antimonsalzen wirksam.

Inhaltlich einander sehr ähnlich sind die beiden Am. PP. der General Motors Comp. mit der gleichen Prior. 30. 1. 31; beide sind von A. L. Henne übertragen:

Im A. P. 1 978 840 **(68)** wird das Gemisch Antimontrifluorid und Antimonpentachlorid als Fluorüberträger benutzt und als SbF_3Cl_2 formuliert, z. B. für die Fluorierung von Hexachloräthan: $3C_2Cl_6 + 3SbF_3Cl_2 \rightarrow C_2F_4Cl_2 + C_2F_3Cl_3 + C_2F_2Cl_4 + 3SbCl_5$.

Das A. P. 1 990 692 **(72)** behandelt die Fluorierung aliphatischer Halogenkohlenwasserstoffe mit Antimontrifluorid und Chlor als Überträger. Durch die Regelung von Druck und Temperatur im Dephlegmator, der die unvollständig fluorierten Verbindungen in das Reaktionsgefäß zurückführt, wird die Zusammensetzung der Endprodukte gewährleistet. Die angegebenen Beispiele sind identisch mit denen des F. P. 701 324 (s. o. S. 28).

Auch ein drittes Patent: A. P. 2 082 161 **(124)** der gleichen Firma trägt die genannte Priorität 30. 1. 31, es erweitert den Schutz dieser Fluorierungen mittels Antimontrifluorid auf die Gegenwart „eines", also von jedem Katalysator. Daß in diesem Patent auch die Entwässerung von Antimontrifluorid angegeben ist, wurde bereits im Kap. 5, S. 24 bei Besprechung der Darstellungsmethoden für wasserfreies Antimontrifluorid erwähnt. Vergl. auch F. P. 730 370 **(296)**, E. P. 378 324, 389 619 **(250; 252)**, A. P. 1 970 562 **(67)**.

Den Russen A. G. Oschujew und O. W. Illinskaja wurde mit dem Russ. P. 51 582 (26. 10. 36) **(342)** die Darstellung von Difluordichlormethan aus Tetrachlorkohlenstoff mittels Antimontrifluorid, das mit Chlor bis zur Gewichtszunahme um 4 bis 20% behandelt worden ist, geschützt. Das Zusatzpatent Russ. P. 51 583 (14. 2. 37) **(343)** erweitert den Schutz auf andere Chlorkohlenwasserstoffe, z. B. Chloroform oder Hexachloräthan. Das A. P. 2 436 357 (14. 5. 45) **(216)** der Hooker Elektrochemical Co., übertragen von C. I. Gochenour und G. D. Kyker, schützt die Fluorierung von Hexachlorbutadien durch Austausch des Chlors durch Fluor mittels Antimonpentafluorid oder Fluorwasserstoff unter Katalyse durch die bereits mehrfach erwähnten Antimonfluoridchloride, Chlor selbst oder Kobalttrifluorid. Die erhaltenen Verbindungen sollen als Lösungsmittel oder Zwischenprodukte für organisch chemische Synthesen dienen. Nach dem A. P. 2 449 233 (8. 1. 46) **(233)** der gleichen Firma, übertragen von A. D. Kischitz, C. I. Gochenour und R. E. Brailsford, werden zyklische Kohlenwasserstoffe mit Fluor am Kohlenstoff dadurch erhalten, daß man Antimonpentafluorid, -fluorid-chlorid usw. unterhalb von 40° auf vollständig chlorierte Diolefine einwirken läßt. So ergibt z. B. Hexachlor-zyklopentadien außer Nebenprodukten Hexafluor-dichlor-zyklopenten nach:

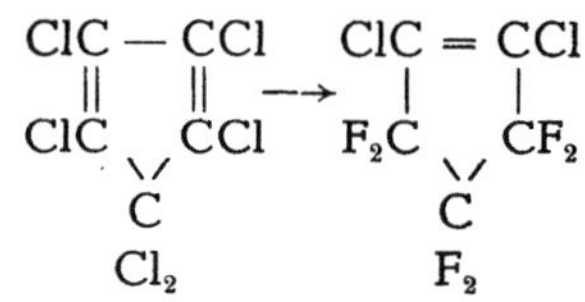

in 50 bis 55 %iger Ausbeute. Es stellt eine Flüssigkeit vom Sdp. 90° dar und soll als Lösungsmittel, Plastifizierungsmittel oder als Zwischenprodukt für plastische Massen verwendbar sein.

Der Darstellungsweise mit Antimontrifluorid und einem Halogenierungskatalysator wie besonders Antimonpentachlorid bedient sich auch das E. P. 443 340 (A. Pr. 28. 7. 34) **(263)**. Patentnehmer ist die British Thomson-Houston Co. Ltd. in London, und Gegenstand des Schutzrechtes ist die Herstellung von fluoriertem Paraffinwachs aus chloriertem. Die Umsetzung erfolgt in Lösungsmitteln wie Benzol unter Rückfluß, also beim Siedepunkt des Lösungsmittels; Antimontrifluorid wird in äquivalenten Mengen zum vorhandenen Chlor angewandt, und es kann so Paraffinwachs von verschiedenem Fluorgehalt, beispielsweise von 25 oder 45 % F gewonnen werden, über dessen Eigenschaften und Verwendungsmöglichkeiten als Dielektrikum im Kap. 16 einiges zu sagen sein wird.

Die Methoden zur Herstellung aliphatischer Fluorverbindungen durch Halogenaustausch mittels wasserfreiem Fluorwasserstoff oder Antimontrifluorid erfahren eine Ergänzung durch einige Verfahren zur Fluorierung aliphatischer Verbindungen mit elementarem Fluor, die im folgenden Kapitel geschildert werden sollen.

Kapitel 8

Fluorierung mittels elementarem Fluor

Wie bereits an früheren Stellen dieses Buches erwähnt, tritt die Einwirkung von elementarem Fluor auf aliphatische Verbindungen zur Herstellung von Fluorverbindungen in technischem Maßstabe zurück gegen die Darstellung dieser Verbindungen mittels Fluorwasserstoff. Über Gesetzmäßigkeiten bei der Einwirkung elementaren Fluors auf aliphatische Verbindungen soll erst im II. Teil berichtet werden, weil dort die wissenschaftliche Fragestellung im Vordergrund stehen kann.

Hier verdienen aus neuerer Zeit besonders das DRP. 651 049 (27. 2. 34) **(31)** der I. G. sowie die Patente der Du Pont zur Fluorierung organischer Verbindungen mittels Fluor in flüssigem Medium Erwähnung, nämlich das E. P. 429 521 (10. 9. 32) **(259)** und die A. PP. 2 013 030 der gleichen Priorität **(86)** sowie 2 013 035 (9. 6. 33) **(87).** Dem ersteren, das übrigens am 25. 4. 40 erloschen ist, entsprechen die E. P. 452 656, **(265),** F. P. 786 123 **(309)** und Schw. P. 183 448 **(367).** Sie schützen die Fluorierung verschiedenster organischer Verbindungen.

Dabei wird O_2- und fluoroxyd-freies Fluor, auch verdünnt durch indifferente Gase wie Stickstoff oder Kohlensäure, in möglichst großer Verteilung mit dem zu fluorierenden Stoff in Berührung gebracht. Leicht flüssige Verbindungen können in indifferenten Lösungsmitteln, z. B. Tetrachlorkohlenstoff, gelöst sein. Unter den Beispielen — meist aromatischen oder araliphatischen und ungesättigten Verbindungen — ist auch Paraffin genannt.

Tetrachlorkohlenstoff wurde als Lösungsmittel bei solchen Fluorierungen mit elementarem Fluor zuerst von Humiston vorgeschlagen, doch hat es Nachteile, die Bockemüller betonte, der seinerseits bei tiefen Temperaturen Difluordichlormethan mit Vorteil verwendete.

Hier sei noch angeführt, daß auch das A. P. 2 090 772 (17. 3. 33) **(128)** der Standard Oil Development Co., übertr. von P. J. Wiezevich, die Anlagerung von Fluor an ungesättigte Kohlenwasserstoffe, Alkohole, Ester, Aether oder deren Chlorsubstitionsprodukte mit einschließt. Über dieses Patent soll jedoch erst im Abschnitt über die Anlagerung von Fluorwasserstoff an Doppelbindungen (Kap. 9) berichtet werden. Näheres über die Addition von Fluor an olefinische Doppelbindungen, über die besonders W. Bockemüller, A. L. Henne und W. T. Miller arbeiteten und ersterer erst kürzlich wieder einen Überblick gab, soll im Tl. II ausgeführt werden.

Die genannten drei Patente der Du Pont mit den gleichen Prioritäten vom 10. 9. 32 und 9. 6. 33 (s. oben) sind recht umfassend.

Sie betreffen das Fluorieren aliphatischer wie aromatischer Verbindungen mittels Fluor in einem flüssigen Lösungsmittel. Dieses soll gegen Fluor indifferent sein und möglichst die Ausgangsstoffe wie die Reaktionsprodukte lösen. Genannt sind Fluorwasserstoff, Fluorsulfonsäure, fluorierte Kohlenwasserstoffe wie Hexafluoräthan oder Fluorchlorverbindungen wie Pentafluor-chloräthan u. ä. Im letzteren Falle soll das Lösungsmittel mindestens die gleiche Zahl Fluor- wie Chloratome haben. Die Reaktionstemperatur soll unter der Zersetzungstemperatur der organischen Verbindungen liegen, wobei +30 bis —100° genannt ist. Unter- wie Überdruck soll angewendet werden können, auch kann in Gegenwart von Katalysatoren gearbeitet werden. Als solche sind etwa alle irgendwie als Halogenüberträger bekannten Halogenide aufgeführt, außer Jod die Chloride, Bromide und Jodide von Cu, Ag, Zn, Cd, V, Co, Ni, Fe, Mn und Pt.

Das Verfahren der oben genannten Patente wird z. B. in einer Apparatur nach Figur 3 durchgeführt. In einem kupfernen Behälter a mit mechanischem Rührer, der in der Zeichnung weggelassen ist, und Rückflußkondensator befindet sich die zu fluorierende Substanz und wasserfreie Flußsäure als Lösungsmittel sowie der Katalysator bei +20°. Die Flußsäuredämpfe steigen im Rohr b zum Kühlrohr c, das in einem Kühlbade auf —70 bis —80° tiefgekühlt wird. Das dadurch flüssig niedergeschlagene HF fließt

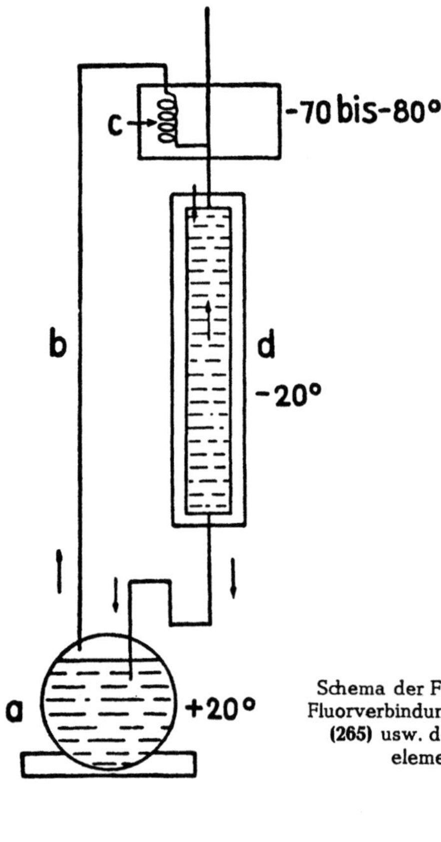

Abb. 3

Schema der Fluorierung organischer Fluorverbindungen nach E. P. 452 656 (265) usw. der Du Pont mittels elementarem Fluor.

über die Kolonne d in den Fluorierungskessel a zurück. Dabei wird es bei etwa —20⁰ mit Fluor beladen, das unten in d eingeleitet wird und dem herabfließenden HF entgegenströmt. So kommt unter die Oberfläche der Flüssigkeit in a eine bei etwa —20⁰ gesättigte Lösung von Fluor, beispielsweise in Fluorwasserstoff bei +20⁰ zur Einwirkung. Bei Abänderung der Temperaturen können auch leichter flüchtige Verbindungen innerhalb der Kolonne d fluoriert werden, wobei deren Beschickung den Katalysator enthält.

Über die tatsächliche Benützung dieser Patente für die Herstellung technisch verwendeter aliphatischer Fluorverbindungen ist nichts Bestimmtes bekannt geworden.

Neuerdings wird besonders auf Kobalttrifluorid als geeigneten Katalysator bei der Fluorierung mit elementarem Fluor hingewiesen. Außer den oben besprochenen Antimonfluoriden SbF_3 und SbF_5 haben sich Manganfluorid MnF_3, Cerifluorid CeF_4, die Kombination von SbF_5 und CoF_3, bei Fluorierungen in der Gasphase Silberdifluorid AgF_2 und für die Fluoreinwirkung auf Tetrachlorkohlenstoff Aktivkohle sowie diese zusammen mit Ferrichlorid als geeignete Katalysatoren bewährt. Als ungeeignet wurden vom gleichen Arbeitskreis bezeichnet: PbF_4, BiF_5, HgF_2 und Chromfluoride, auch CrF_3 (vergl. dagegen S. 37).

Anstatt elementaren Fluors kann man auch Fluorwasserstoff in Gegenwart von stark oxydierenden Metalloxyden wie PbO_2, MnO_2, Co_2O_3, Pb_3O_4 oder Mn_2O_7 in geschlossenem Gefäß mehrstündig bei Temperaturen von 40 bis 150⁰ zur Einwirkung bringen, was für die Einführung eines zweiten oder weiterer Fluoratome in Fluor- oder Difluorparaffine Gegenstand des A. P. 2 436 143 der Du Pont, übertragen von H. H. Hoehn (16. 7. 46) **(215)** ist.

Wenn man Fluorierungen mit elementarem Fluor durchführen will, so wird man sich auch mit Vorteil auf die Arbeiten Fredenhagens stützen können. So gab dieser Forscher mit Cadenbach eine einfache Versuchsanordnung an.

Bei dieser wird das Fluorgas in eine um die Längsachse drehbare, an beiden Enden ausgezogene Glasröhre achsial durch ein gelochtes Kupferrohr eingeführt. Die zu fluorierende Substanz befindet sich als Flüssigkeit, in Lösung oder Suspension in der Glasröhre, die um ihre Achse rotiert und von außen gekühlt werden kann. Während diese Anordnung jedoch nur für Versuche im Laboratoriumsmaßstabe geschaffen wurde, ist noch folgendes technisches Verfahren zu erwähnen.

Aufgrund von Arbeiten Hennes erhielt die General Motors Comp. bereits früher das A. P. 2 013 050 (26. 6. 31) **(88)**, übertr. von A. L. Henne, das die unvollständige Fluorierung von Chlorkohlenwasserstoffen wie Tetrachlorkohlenstoff oder Hexachloräthan mittels elementarem Fluor in Gegenwart oder Abwesenheit eines Katalysators schützt.

Zur Herstellung und Handhabung von elementarem Fluor in technischem Maßstabe sind 1947 amerikanische Arbeiten erschienen, auf die in diesem Zusammenhange hingewiesen sei.

Hiernach wird die elektrolytische Gewinnung in Zellen aus Stahl mit Ausrüstungsteilen aus Monelmetall und Kupfer an Kohlenstoff- bzw. Graphitelektroden und mit geschmolzenem Kaliumfluorid als Elektrolyt bei Temperaturen um 100° vorgenommen. Zusatz kleiner Mengen Lithiumfluorid zur Elektrolytschmelze bewährte sich, weil er den Erstarrungspunkt des Bades herabsetzte und damit die Elektrolyse bei niedrigerer Temperatur mit geringerem Gehalt an Fluorwasserstoff ermöglichte.

Als Stromstärken wurden für technische Ausmaße 1000 bis 2000 Amp. angegeben, bei einer Anodenstromausbeute von 95% und einem Potentialabfall von 9 bis 9,5 Volt. Im kleineren Maßstabe, etwa zur Herstellung von 35 g Fluor je Stunde, kommt man mit 50 Amp. oder von 375 g Fluor je Stunde mit 250 Amp. aus. Nach einem anderen Vorschlage wurde die gleiche Menge mit 600 bis 800 Amp. bei hohen Temperaturen von 260 bis 300° hergestellt.

Über die Einwirkung von Fluor auf organische Verbindungen enthalten diese Arbeiten nichts, doch wird man mit Vorteil auf sie zurückgreifen, wenn man organische Verbindungen mit Fluor behandeln will. Für die Komprimierung, auch die Reinigung von Fluor und seine Aufbewahrung in Kupfer- oder Nickelzylindern von 2 bis 12 Litern Inhalt geben weitere amerikanische Arbeiten (1946/47) brauchbare Hinweise.

Kapitel 9

Anlagerung von Fluorwasserstoff an doppelte und dreifache Bindungen

Wasserfreier Fluorwasserstoff läßt sich auch an aliphatische doppelte und dreifache Bindungen anlagern, was den Inhalt der I. G.-Patente DRP. 721 180 (23. 12. 33) **(45)** mit O. Scherer und C. Platz, F.P. 799 432 (13. 3. 35) **(314)**, DRP. 641 878 (7. 6. 34) **(29)** mit J. Söll und DRP. 621 977 (25. 2. 35) **(25)**, E.P. 452 579 (25. 2. 34) **(264)**, F.P. 786 112 (D.Pr. 25. 2. 35) **(308)** mit O. Scherer, K. Platz und J. Söll bildet. Das erstgenannte betrifft die Anlagerung von gasförmigem, wasserfreiem Fluorwasserstoff an Ölsäure, Leinölfettsäure oder Undecylensäure, besonders in Gegenwart eines inerten Lösungsmittels wie Methylenchlorid, Dichloräthylen oder Tetrachlorkohlenstoff und bei niedrigen Temperaturen, z. B. 0 bis 10° oder 25 bis 35°. Das genannte F.P. spricht von olefinischen Verbindungen mit mindestens 4 C-Atomen.

Scherer betont die außerordentliche Leichtigkeit, mit der sich die Anlagerung vollzieht. Während z. B. die Anlagerung von Salzsäure an Ölsäure tagelang dauert, ist die von Fluorwasserstoff in wenigen Minuten beendet.

Dabei bildet sich Fluorstearinsäure und entsprechend aus Stearolsäure in Methylenchloridlösung bei 0 bis 10⁰ durch Anlagerung von wasserfreiem Fluorwasserstoff an die Azetylenbindung 9,10-Difluor-stearinsäure. Während diese Anlagerungen ohne Katalysatoren erfolgen, hat sich beim Azetylen selbst die Gegenwart von Merkuriverbindungen bewährt, von denen das DRP. 641 878 Quecksilberoxyd, Quecksilberfluorid und Quecksilberchlorid nennt. Auch führt hier außer wasserfreiem sogar wasserhaltiger Fluorwasserstoff zum Ziele. Es werden Vinylfluorid oder durch weitere Fluorwasserstoffanlagerung 1,1-Difluoräthan (Vinylenfluorid) erhalten. Und zwar leitet man die Gase Azetylen und Fluorwasserstoff im Kreisstrom über den Kontakt, der auch auf Trägern aufgebracht oder aus aktiver Kohle allein bestehen kann. Dieser erwärmt sich dabei. Es können auch indifferente Gase beigemischt werden.

Während durch Anlagerung der anderen Halogenwasserstoffe an Vinylazetylen $H_2C=CH-C\equiv CH$ 2-Halogen-butadiene entstehen, ist dagegen mit Fluorwasserstoff kein monomeres Produkt zu erhalten. Hier zeigt sich die Neigung des wasserfreien Fluorwasserstoffs, als Kondensationsmittel bzw. Polymerisationsmittel zu wirken, worüber im Kapitel 11 noch einige Angaben zusammengestellt werden sollen. Wird dagegen basisches Mercurinitrat oder eine andere Verbindung, die HgO und ein Stickstoffoxyd enthält, als Katalysator zugesetzt, so kann man nach dem A. P. 2 437 148 (1. 11. 44) **(218)** der Du Pont, übertragen von A. L. Barney, Fluorwasserstoff an die Acetylenbindung anlagern und erhält beispielsweise Vinylfluorid oder auch 2-Fluor-butadien-1,3 (Fluoropren).

Dem genannten DRP. 641 878 entsprechen das F. P. 780 057 (D. Pr. 20. 10. 33 / 17. 11. 33 / 6. 6. 34) **(305)**, das E. P. 469 421 **(273)** sowie das A. P. 2 118 901 **(130)**.

Der Du Pont ist schon früher ein Verfahren zur Darstellung von Alkylfluoriden durch Einwirkung von Fluorwasserstoff auf Olefine mit oder ohne Katalysatoren geschützt worden: E. P. 406 284 (19. 8. 32) **(256)**, übertragen von W. A. Lazier. Es arbeitet bei höheren Drucken und höheren Temperaturen. Als Katalysatoren werden Fluoride von 2- oder mehrwertigen Metallen wie Zn, Al, Mn, Co, Fe u. dgl. angegeben. Für Aethyl- und Butylfluorid seien sie stets zu empfehlen, während z. B. sek.Butylfluorid in sehr guter Ausbeute ohne Katalysatoren bei 100—200⁰ und 50 Atm. darzustellen ist. Nach den Erfahrungen, wie sie vor allem von v. Grosse und Linn mitgeteilt wurden, verschlechtern jedoch zu hohe Temperaturen die Ausbeuten, weil unerwünschte Nebenreaktionen begünstigt werden.

Ein Verfahren zur Herstellung von Alkylfluoriden mit mindestens 3 C oder Zykloalkylfluoriden durch Anlagerung von Fluorwasserstoff an Olefine oder Zykloalkylene ist auch der Universal Oil Products Co. mit dem A. P. 2 220 713 (25. 2. 38) **(140)**, übertragen von A. v. Grosse und Ch. L. Thomas geschützt worden. Danach wird bei Temperaturen unter 0^0, vorzugsweise —25 bis —60^0, und bei Überdruck gearbeitet. Das A. P. 2 401 850 (1. 11. 44) **(156)** der Du Pont, übertragen von G. M. Whitman, behandelt die Herstellung von Fluorkohlenwasserstoffen durch Anlagerung von Fluorwasserstoff an einen Kohlenwasserstoff der Azetylen- oder Vinylazetylenreihe bei 20 bis 400^0. So entstehen aus Azetylen selbst Vinylfluorid und 1,1-Difluoräthan je nach den Arbeitsbedingungen. Als Katalysatoren verwendet dieses Verfahren Quecksilberchromite, von denen solche von Zink, Chrom-Mangan, Aluminium-Kobalt oder Nickel genannt sind. Ebenfalls Chromite benützt das E. P. 603 855 (24. 6. 48) **(285)** der I. C. I. zur Herstellung von Vinylfluorid, 2-Fluor-1,3-butadien und 1,1-Difluoraethan durch Anlagerung von wasserfreiem Fluorwasserstoff an Azetylen bei 75 bis 250^0 unter normalem Druck. Die Herstellung dieser Chromite aus Ammoniumbichromat, Zinknitrat, Quecksilbernitrat, Ammoniumphosphat und Borsäure oder Graphit als Binder ist dabei angegeben. Ähnlich arbeitet das E. P. 600 296 (5. 4. 48) **(283)** der gleichen Firma mit einem Katalysator aus Holzkohle, die mit einem Quecksilbersalz, z. B. Quecksilbernitrat imprägniert ist, wobei Vinylfluoride in 86 %iger Ausbeute erhalten werden sollen.

Mit dem bereits bei der Anlagerung von elementarem Fluor an ungesättigte Verbindungen erwähnten A. P. 2 090 772 (17. 3. 33) **(128)** der Standard Oil, übertragen von P. J. Wiezevich, ist auch die Anlagerung von Fluorwasserstoff an ungesättigte Kohlenwasserstoffe, Alkohole, Ester, Äther oder deren Chlor-substitutionsprodukte geschützt. Auch im F. P. 46 349 (s. S. 17) ist ein Beispiel genannt, bei dem Fluorwasserstoff auf Tetrachloräthylen fluorierend wirkt, wobei außer teilweisem Ersatz des Chlors durch Fluor auch Anlagerung erfolgt. Dagegen sind die synthetischen Öle des A. P. 2 440 477 (vergl. S. 41) aus Fluorwasserstoff und Olefinen im wesentlichen fluorfrei.

Als Beispiel dafür, daß wasserfreie Fluorwasserstoffsäure nicht immer an CC-Doppelbindungen angelagert wird, sei schließlich das DRP. 551 787 (1. 8. 30) **(11)** von K. Fredenhagen genannt, das die Verwendung von Fluorwasserstoff zur Polymerisation von Fetten schützt. Überhaupt hat sich wasserfreie Flußsäure oft beim organisch-chemischen Arbeiten als gutes Hilfsmittel zur Durchführung bestimmter Reaktionen erwiesen, ohne daß das Fluor mit dem Kohlenstoff eine Bindung eingeht, also ohne daß organische Fluorverbindungen als

Zwischen- oder Endprodukte entstehen. Diese Reaktionen gehören streng genommen daher nicht zum Thema dieses Buches. Da es sich jedoch um Arbeitsweisen handelt, auf die in den letzten Jahren mit steigendem Nachdruck hingewiesen wird und die in einigen Fällen besonders leicht zum Ziele führen, wenn wasserfreier Fluorwasserstoff zur Verfügung steht, soll als Kap. 11 diese allgemeine Verwendung von wasserfreier Flußsäure in der organischen Chemie geschildert werden. Zunächst sei noch auf den Ersatz von aliphatisch gebundenem Schwefel durch Fluor kurz eingegangen.

Kapitel 10

Ersatz von organisch gebundenem Schwefel durch Fluor

Als Abschluß der Besprechung von Methoden zur Herstellung aliphatischer Fluorverbindungen sei darauf hingewiesen, daß auch der Ersatz von aliphatisch oder auch araliphatisch gebundenem Schwefel in der Gruppierung $>C{=}S$ oder $\geqslant C{-}S{-}$ mittels Fluorwasserstoff oder anderer Fluor abgebender Verbindungen vorgeschlagen worden ist.

Das A. P. 2 004 932 (24. 3. 31) **(76)** der Kinetic, übertragen von H. W. Daudt, M. A. Youker und H. La Belle Jones, nennt außer Fluorwasserstoff noch Fluoride des Antimons, gegebenenfalls auch in Gegenwart von Chlor oder Fluoriden des Zinks, Bleis oder Silbers. Die Gegenwart von geringen Mengen Wasser soll hierbei nichts schaden. Als Beispiele werden die Umsetzung von Schwefelkohlenstoff zu Difluor-dichlormethan und Fluorchloroform und diejenige von Thiophosgen $Cl_2C{=}S$ zu ebenfalls Difluordichlormethan genannt. Schwefelkohlenstoff läßt sich mit Fluorwasserstoff auch in Gegenwart eines Schwermetallkatalysators wie Eisenchlorid, Chromfluorid, Zinkchlorid oder Kupferbromid zu Fluormethanverbindungen umsetzen, die neben Fluor noch ein anderes Halogen enthalten. Die I. C. I. und W. W. Gleave nehmen in ihrem E. P. 463 970 (8. 10. 35) **(268)** ausdrücklich die Antimonhalogenide aus und arbeiten bei höheren Temperaturen. Wie weit allerdings diese Verfahren in die Praxis Eingang gefunden haben, ist unbekannt.

Wie in den vorangegangenen Kapiteln geschildert wurde, kommt zur Einführung von Fluor in aliphatische Verbindungen dem Fluorwasserstoff überragende Bedeutung zu. Je nach dem Einzelfall wird er unmittelbar als wasserfreies Gas oder mit nur geringer Verunreinigung durch Wasser zur Einwirkung gebracht. Oder man stellt aus ihm wasserfreie Metallfluoride her, die ihrerseits ihr Fluor an den

Kohlenstoff organischer Verbindungen übertragen. Die Rohprodukte aller Verfahren enthalten saure Verunreinigungen, die man durch alkalische Reinigungsoperationen entfernt. Hier sind 2 Patente der Kinetic zu erwähnen, das A. P. 1 946 199 (28. 6. 32) **(64)**, übertr. von R. A. Dumphy, benützt Ammoniak, besonders in flüssiger Phase hierfür, das A. P. 1 946 195 (10. 8. 32) **(63)**, übertr. von H. W. Daudt, schlägt für den gleichen Zweck Amine vor, deren Stärke sich nach der vorhandenen Säure richtet, z. B. Triäthanolamin, Anilin oder sekundäre Amine. Auch fluorhaltige Silane hat man dargestellt. Dabei handelt es sich um Verbindungen, bei denen wiederum wie auch bei den Phosphorverbindungen keine unmittelbare Bindung zwischen C und F vorliegt, da beispielsweise das einfache Fluorsilan $(H_3C)_2SiF_2$, das durch Umsetzung von Dimethyl-dichlor-silan mit Zinkfluorid gewonnen werden kann, ein methylsubstituiertes Siliziumtetrafluorid darstellt. Die genannte Umsetzung beschrieb A. E. Newkirk, während H. S. Booth und P. Herbert Aethyl-fluorsilane herstellten.

Aus der Schilderung der verschiedenen Herstellungsverfahren für aliphatische Fluorverbindungen ist jedenfalls ersichtlich, daß diese heute technisch zugänglich und nicht mehr allzu kostbar sind. Im Zusammenhange mit der Schilderung ihrer Verwendung sei im folgenden Teil A, b) einiges über ihre allgemeinen Eigenschaften zusammengestellt. Vorher möge jedoch ein Überblick über die Anwendung von wasserfreiem Fluorwasserstoff als Kondensations- und Polymerisationsmittel in der organischen Chemie als Kapitel 11 eingefügt werden. Wie bereits oben gesagt wurde, entstehen dabei im allgemeinen keine organischen Fluorverbindungen, etwa als Reaktionszwischenverbindungen. Das leuchtet ohne weiteres ein, wenn man sich vor Augen hält, was im Vorstehenden über die Entstehungs- und Herstellungsweisen organischer Fluorverbindungen gesagt worden ist.

Kapitel 11

Wasserfreier Fluorwasserstoff in der organischen Chemie, seine Verwendung außer zur Herstellung organischer Fluorverbindungen

Der amerikanische Forscher J. H. Simons äußerte: „In Zukunft wird Fluorwasserstoff eine unserer meistgebrauchten industriellen Chemikalien werden.“ Er gründete dieses Urteil auf seine zahlreichen Untersuchungen, in denen er zeigte, daß in einer Reihe wichtiger organisch-chemischer Reaktionen wasserfreier Fluorwasserstoff mit

Vorteil als Hilfsstoff verwendbar ist. Dabei ist die Vermutung ausgesprochen worden, daß in einzelnen Fällen vorübergehend eine Anlagerung von Fluorwasserstoff an Kohlenstoffdoppelbindungen stattfindet. Diese ist aber in keinem Falle bewiesen worden, sodaß wahrscheinlich bei diesen Umsetzungen keine organischen Fluorverbindungen mitwirken. Ein Hinweis auf diese Vorgänge gehört immerhin in den Rahmen unseres Themas, weil aus der guten Wirksamkeit von wasserfreier Flußsäure als Kondensations- und Polymerisationskatalysator die geringe Bildungsneigung für organische Fluorverbindungen hervorgeht.

Wasserfreie Fluorwasserstoffsäure ist Lösungsmittel für viele organische Verbindungen, wobei ebenfalls keine primäre Anlagerung von Fluorwasserstoff angenommen zu werden braucht. Infolge der gut lösenden Wirkung ist wasserfreier Fluorwasserstoff für mancherlei Umsetzungen wie z. B. Nitrierungen oder Sulfonierungen vorgeschlagen worden. Vorteilhaft ist dabei, daß nach Beendigung der Reaktion das Lösungsmittel, der bei etwa 20^0 siedende Fluorwasserstoff, nur abdestilliert zu werden braucht, ohne daß man höhere Temperaturen benötigt. Die Schwierigkeiten liegen allgemein darin, daß unbedingt wasserfrei gearbeitet werden muß, weil durch Zusatz von Wasser stets Zersetzungen durch die starke Säure auftreten. Wenn diese erwünscht sind, lassen sie sich mit konzentrierter Salz- oder Schwefelsäure bequemer und billiger erreichen. Sowohl wasserfreier Fluorwasserstoff wie wässrige Flußsäure sind im Gebiete der Petroleumraffinerie zum Entsalzen von Petroleumölen durch die A. PP. 2 400 985 **(154)** und 2 400 986 (14. 7. 45) **(155)** der Standard Oil Corp., übertragen von V. Voorhees, vorgeschlagen worden.

In der geringen Bildungsfreudigkeit organischer Fluorverbindungen liegt ein besonderer Vorzug des Fluorwasserstoffs; denn Schwefelsäure, die in ihrer Wirkung mit ihm verglichen werden kann, neigt beispielsweise dazu, aromatische Verbindungen zu sulfonieren, gelegentlich auch zu Oxydationen. Auch lästige Verharzungen treten mit wasserfreier Flußsäure so gut wie nie auf. Sie vereinigt in sich die kondensierenden Eigenschaften, wie sie von konzentrierter Schwefel- oder auch Phosphorsäure bekannt sind, mit denen von wasserfreien Metallchloriden wie Zinkchlorid oder Aluminiumchlorid. Besonders das letztere sowie das ihr als Fluorid noch näher stehende Bortrifluorid vermag sie weitgehend zu ersetzen.

So kann man Alkylierungen aromatischer Kohlenwasserstoffe sowohl mit Olefinen wie mit Alkylhalogeniden durch wasserfreien Fluorwasserstoff bewirken. Im ersteren Falle stört bei niederen Olefinen keine Polymerisation, im anderen reagieren wie mit anderen

Kondensationsmitteln die Reaktionsteilnehmer mit tertiär gebundenem Halogen am leichtesten, meist bei 0°, die sekundären bei der Siedetemperatur des wasserfreien Fluorwasserstoffs, d. h. um 20—25°, während man bei primären vorteilhaft unter Druck bei 100° arbeitet. Einen allgemeinen Patentschutz von Fluorwasserstoff als Alkylierungskatalysator stellt das A. P. 2 423 470 der Du Pont, übertragen von J. H. Simons, vom 8. 7. 47 dar **(210)**.

Die Alkylierung von Isoparaffinen mittels Alkoholen unter Mitwirkung von Fluorwasserstoff untersuchten J. D. Gibson, R. C. Cole und M. P. Matuszak.

Zur Entfernung etwa doch mitentstehender organischer Fluorverbindungen aus den Kohlenwasserstoffen kann man nach dem A. P. 2 403 714 (11. 6. 42) **(161)** der Phillips Petroleum Co., übertragen von F. E. Frey, eine Behandlung mit solchem festen, porösen Metalloxyd bei etwa 120° anschließen, das katalytisch hydrierend und dehydrierend wirkt. Hier sind Aluminiumoxyd, Bauxit oder fein verteiltes Nickeloxyd besonders empfohlen, während im A. P. 2 409 372 (3. 1. 44) **(182)** der gleichen Firma, übertragen von M. P. Matuszak, Bauxit oder Eisenoxyd in Gegenwart von Ammoniak bei etwa 40 bis 175° genannt sind. Eine besondere Apparatur für die Nachbehandlung mit Bauxit und Siliziumtetrafluorid sowie anschließend Natronlauge beschreibt das A. P. 2 412 220 der gleichen Firma und Priorität **(189)**, übertragen von G. A. Ibach und C. C. Tate. Auch das A. P. 2 448 620 (17. 7. 44.) **(230)** derselben Firma, übertragen von G. R. Raeding und R. C. Vinjard, schützt die Wiedergewinnung von Fluorwasserstoff. Schließlich sei ein A. P. 2 438 565 (26. 10. 45) **(219)** der Universal Oil Products Co., übertragen von C. B. Linn und J. M. Mavity erwähnt. Hiernach reinigt man Kohlenwasserstoffe, die durch organische Fluorverbindungen verunreinigt sind, mittels rauchender Schwefelsäure oder Schwefelsäureanhydrid bei —50° bis + 80° und unter solchem Druck, daß das Schwefeltrioxyd flüssig bleibt.

Auch nach dem A. P. 2 426 841 (2. 9. 47) **(211)** der Socony Vacuum Oil Co., Inc., übertragen von C. C. Peavy und J. Happel, gewinnt man Fluorwasserstoff, der als Katalysator bei Kohlenwasserstoffreaktionen verwendet worden ist, durch Waschen der Gase mit Schwefelsäure und Aufbereitung der angereicherten Säure zurück. Die Phillips Petroleum Co. verfährt nach ihrem A. P. 2 419 558 (29. 4. 47) **(206)**, übertragen von J. D. Gibson, so, daß zunächst das Reaktionsprodukt bei 65 bis 177° mit Absorbern wie Al_2O_3, Cr_2O_3, MgO usw. behandelt wird. Überhitzter Dampf führt dann Fluorwasserstoff aus den Absorbern bei 315 bis 538° heraus, der aus dem Dampf bei 115° mit Kaliumfluorid absorbiert wird. Wiederum bei hoher Temperatur wird er dann mit Butan herausgelöst, das Gasgemisch kondensiert und so flüssiger, wasserfreier Fluorwasserstoff zurückgewonnen. Fluorsulfonsäure benützt das A. P. 2 434 040 (6. 1. 48) der Socony Vacuum Oil Co., Inc., übertragen von B. F. Hartman, zur Wiedergewinnung von Fluorwasserstoff **(214)**.

Das A. P. 2 417 875 (25. 3. 47) **(199)** der Phillips Petroleum Co., übertragen von A. C. Leonard, destilliert zur Entfernung von Fluorwasserstoff aus Wasser oder wässrigen Lösungen in Gegenwart eines niedrig siedenden Olefins. Dabei destillieren Alkylfluoride über, wenn vorher

Isobutan mit Isobutylenen in Gegenwart von Fluorwasserstoff alkyliert worden ist. Die hier angegebene Bildung von Alkylfluoriden tritt zweifellos nur in recht untergeordnetem Maße ein (vergl. auch unten beim A. P. 2 427 293).

Für die katalytische Umwandlung von Kohlenwasserstoffen, die in Amerika offenbar steigende Bedeutung gewinnt, seien folgende Patente angeführt: Das A. P. 2 428 741 (7. 10. 47) **(213)** der Socony, übertragen von Ch. J. Plank, nennt als Katalysator Aluminiumsilikat bzw. Aluminiumoxyd/Siliciumdioxyd, Phosphorsäure und Fluorwasserstoff; das A. P. 2 449 463 (29. 6. 45) **(234)** der Standard Oil, übertragen von B. L. Evering und A. P. Lien, nennt flüssigen Fluorwasserstoff als Katalysator für Alkylierungen, zum Kracken und Isomerisieren sowie schließlich zum Raffinieren. Hier wird übrigens als Fluorwasserstoff bindendes Mittel bei dessen Wiedergewinnung Chlorsulfonsäure benützt; das A. P. 2 427 293 (9. 9. 47) **(212)** schützt schließlich ein Verfahren zum Alkylieren von Kohlenwasserstoffen in Gegenwart von Fluorwasserstoff. Z. B. wird aus Isobutan und Isobuten, allgemein niedrigsiedenden tertiären Olefinen, Oktan gewonnen, wobei die Bildung geringer Mengen organischer Fluorverbindungen erwähnt wird. Nach dem A. P. 2 440 477 (29. 11. 43) **(224)** der Universal Oil Products Co., übertragen von W. W. Johnstone, sollen synthetische trocknende Öle aus gasförmigen oder flüssigen Olefinen mittels Fluorwasserstoff herstellbar sein. Auch die A. P. 2 418 023 (25. 3. 47) **(200)** der Phillips Petroleum Co., übertragen von F. E. Frey, und 2 419 423 (22. 4. 47) **(205)** von The Texas Co., übertragen von E. E. Sensel, H. V. Atuell und A. R. Goldberg, betreffen die Isomerisierung von Kohlenwasserstoffen unter der katalytischen Mitwirkung von Fluorwasserstoff. Das erstere nennt als Katalysatoren Metallhalogenide von Cr, Sn, Cu, Ni, Co, Fe, Cd, Zn, Mo, V sowie Pb, die offenbar die Wirkung des Hauptreaktionsvermittlers, eines Gemisches von Fluorwasserstoff und Bortrifluorid, unterstützen oder erst ermöglichen. Das zweite benützt neben wasserfreiem Aluminiumchlorid, -bromid und bezw. oder -jodid allgemein Halogenwasserstoffe, also nicht nur Fluorwasserstoff.

Die Polymerisation von Olefinen von mindestens 3 Kohlenstoffatomen beschreiben die beiden A. P. P. 2 421 950 und 2 421 951 (10. 6. 47) **(208/9)** der Universal Oil Products Co., übertragen von C. B. Linn. Hier wird mit flüssigem Fluorwasserstoff und entweder Phosphorsäure oder einem Fluorid bzw. Oxyfluorid von S, Se, N, P, Mo, Ti, W, V oder Si gearbeitet.

Auch Ester und Äther sind durch Einwirkung von Olefinen auf Säuren oder Alkohole mittels Fluorwasserstoff hergestellt worden. Besonders für die Alkylierung von aromatischen Nitroverbindungen und Karbonsäuren bewährte sich wasserfreier Fluorwasserstoff. Alkohole und Säuren sind mit aromatischen Verbindungen mittels dieses Katalysators umgesetzt worden nach: ArH + HO—R → ArR + H_2O und ArH + HOOC—R → Ar—CO—R + H_2O.

Die letztere Reaktion gehört zu den Umsetzungen nach Friedel-Crafts, nur läßt sie sich mit Aluminiumchlorid kaum durchführen. Anstelle dieses allgemein angewandten Kondensationsmittels kann wasserfreier Fluorwasserstoff in Ketonsynthesen aus aromatischen Verbindungen und Säurehalogeniden, Säureanhydriden oder Estern ohne weiteres treten. Auch Ringschlüsse wie die Bildung von Xanthon aus Dioxybenzophenon oder von Xanthen aus Dioxydiphenylmethan, von Perylen aus Phenanthren und Acrolein kann er bewirken. Schließlich ist wasserfreie Flußsäure auch für die Fries'sche Verschiebung herangezogen worden, die in einer Wanderung von Acylgruppen von Phenolestern in den Kern nach: ArOOC—R → RCO—ArOH und dadurch Bildung von Oxyketonen beruht. Hierbei soll der Vorteil bestehen, daß mit wasserfreiem Fluorwasserstoff die Wanderung stets in die p-Stellung erfolgt, während mit Aluminiumchlorid im allgemeinen ein Gemisch von o- und p-Verbindung entsteht. Allerdings ist auch bei Aluminiumchlorid in vielen Fällen ebenfalls die p-Verbindung weitgehend bevorzugt.

Das A. P. 2 406 339 (30. 10. 42) **(170)** der Socony-Vacuum Oil Co. Inc., übertragen von D. E. Badertscher, H. G. Berger und R. B. Bishop, schützt die Herstellung von Phenol-Formaldehyd-Harzen mittels wasserfreiem und übrigens auch wässrigem Fluorwasserstoff als Kondensationsmittel. Hierbei wird HF in Mengen von 5 bis 20% verwendet und beispielsweise ein hartes, unschmelzbares, leicht elfenbeingefärbtes Harz in sehr guter Ausbeute erhalten.

Zur Herstellung von Flugzeugbenzin ist in Amerika während des letzten Weltkrieges die Alkylierung mittels Fluorwasserstoff nach Gerhold, Iverson, Nebeck und Newman zu großer Bedeutung gelangt. Einige Angaben hierüber verdanken wir aus jüngster Zeit E. B. Butler, C. B. Miles und C. S. Kuhn jr. Die bei der Einwirkung von Isobutan auf Butene erhaltenen Produkte, hauptsächlich Heptane und Oktane, sowie verschiedene dabei auftretende Gleichgewichte von zwei flüssigen Phasen bei Temperaturen oberhalb ihrer Siedepunkte wurden von ihnen aufgrund analytischer Befunde angegeben. Die Ausbeuten an den verschiedenen Isomeren wurden auch in Rücksicht auf die Wirkung des Fluorwasserstoffs als Isomerisationskatalysator im Vergleich zu an sich wirksamerem Aluminiumbromid untersucht.

Während allgemein eine Ätherspaltung durch Fluorwasserstoff ebensowenig bewirkt wird wie durch Chlorwasserstoff, werden glukosidische Ätherbindungen ungemein leicht gespalten. K. Fredenhagen stellte fest, daß sich Zellulose in wasserfreier Flußsäure so leicht löst wie Zucker in Wasser. Bei Ausschluß von Wasser tritt dabei ein Abbau zu Glukosylfluorid ein. Wird Wasser hinzugefügt oder die Lösung in Wasser gegossen, so bilden sich Polyglukosane. Diese Umsetzungen haben nach zwei Richtungen hin Bedeutung: 1. ließ sich darauf eine Methode zur Ligninbestimmung gründen; 2. ist eine Holzverzuckerung auf diesem Wege auch in technischem Maßstabe durchführbar.

Holzverzuckerung nach Fredenhagen. Holzspäne, die bis zu einem Wassergehalt von höchstens 2 % getrocknet sind, werden in Kammern mit gasförmigem Fluorwasserstoff behandelt, dabei tritt Absorption des wasserfreien Gases ein, und die Verzuckerung beginnt. Durch die exotherme Reaktion erwärmt sich die Masse, jedoch tritt keine Überhitzung ein, weil mit steigender Temperatur die Absorption des wasserfreien Fluorwasserstoffs durch das Holz sinkt. Das Ende der Reaktion wird daran erkannt, daß keine Absorption mehr stattfindet und der eintretende Fluorwasserstoff wieder aus der Kammer entweicht. Er wird durch Abblasen mit trockener Luft und langsames Erwärmen der Kammer entfernt und kann unmittelbar in die nächste Kammer eintreten. Je kg Holz wird 1 kg wasserfreier Fluorwasserstoff verbraucht. Das Reaktionsprodukt stellt eine braune, spröde Masse dar, deren Gehalt an Fluorwasserstoff noch 1 bis 5 % beträgt. Durch Eintragen in Wasser und Kochen mit der so entstehenden verdünnten Flußsäure werden die Polyglukosane und Polypentosane gespalten. Nach Ausfällen des restlichen Fluorwasserstoffs erhält man eine Zuckerlösung, die 80 bis 90 % der im Holz enthaltenen Kohlehydrate als einfache Zucker enthält. Sie kann nach Belieben weiter verarbeitet, z. B. vergoren werden. Auch andere Glykoside wie Stärke, Koniferin, Glukovanillin u. a. können in ähnlicher Weise bei 0^0 in einfache Zucker oder andere Bausteine zerlegt werden.

Die ältesten Patente hierüber sind von K. Fredenhagen und B. Helferich die Amerikanischen Patente 1 883 676 und 1 883 677 (D. Pr. 14. 3. 27) **(58/59)**, das entsprechende Schwedische Patent 70 253 **(344)** der gleichen deutschen Priorität gehört der I. G. und den Genannten. Diese nahmen für den Abbau von Polysacchariden mittels Fluorwasserstoff in Gegenwart von 7 bis 20% Wasser bei Temperaturen unter 100^0 das Canadische Patent 286 179 (13. 3. 28) **(238)**. Sie erhielten durch das DRP. 521 340 (14. 7. 29) **(9)** Schutz für die Herstellung von Polyglukosanen aus einfachen Zuckern und praktisch wasserfreiem Fluorwasserstoff. Die Produkte dieses Verfahrens sollen für Lacke oder Sprengstoffe verwendbar sein. Schließlich lautet das FP. 711 393 (D. Pr. 17. 3. 30) **(291)** der I. G. auf die Verzuckerung von Holz unter Verwendung von Fluorwasserstoff zusammen mit indifferenten Gasen, z. B. Luft, bei etwa 100°.

Es scheint jedoch, als wenn sich dieses Verfahren zur Holzverzuckerung nicht neben denjenigen nach Bergius oder Scholler-Tornesch hat durchsetzen können.

Auch zu Polymerisationen ist Fluorwasserstoff herangezogen worden. So nahm K. Fredenhagen das DRP. 524 220 (2. 8. 30) **(10)** auf ein Verfahren zum Polymerisieren von Styrol, seinen Homologen und Derivaten, wobei nicht einmal wasserfrei gearbeitet werden muß, sondern das Styrol z. B. in hochkonzentrierte wässrige Flußsäure eingetragen werden kann. Polymerisierbare Verbindungen wie Amylen, Butadien, Isopren, Dipenten, Inden, Pyrazol, Thiophen u. dgl. werden nach den Untersuchungen des gleichen Forschers durch wasserfreien Fluorwasserstoff bereits bei 0° außerordentlich rasch polymerisiert, und der Grad der Polymerisation läßt sich durch Zugabe bestimmter Metallsalze wie der Fluoride von Silber und Kupfer beeinflussen.

Zwei amerikanische Patente der Socony Vacuum Oil Co., Inc., übertragen von C. S. Kuhn jr., schützen die katalytische Polymerisation von Olefinen mit wasserfreiem Fluorwasserstoff: das A. P. 2 400 520 (24. 4. 44) **(150)** bezieht sich auf Monoolefine, besonders Propylen, gibt als Reaktionstemperaturen 10 bis 60° an und läßt gesättigte Kohlenwasserstoff-Polymere und terpenähnliche ungesättigte Kohlenwasserstoffe entstehen. Das A. P. 2 400 521 der gleichen Priorität **(151)** führt Olefine mit mehr als 3 C-Atomen, besonders Buten, bei Temperaturen unter 200° im Gemisch mit gesättigten Paraffinkohlenwasserstoffen mit weniger als 5 C-Atomen in gleichartige Produkte über, z. B. Buten in ein Gemisch gesättigter Kohlenwasserstoffe vom Siedebereich 40 bis 220°.

Schon früher wurde von F. Hofmann und W. Stegemann erkannt, daß besonders helle Kumaronharze durch Polymerisation mittels wasserfreien Fluorwasserstoffs allein oder zusammen mit Metall- oder Metalloidhalogeniden, besonders Bortrifluorid, entstehen. Das von ihnen genommene DRP. 492 345 (23. 5. 28) **(7)** betont die bessere Ausbeute an Harz gegenüber der Polymerisation mit Schwefelsäure und die Leichtigkeit, mit der das überschüssige Polymerisationsmittel Fluorwasserstoff durch Abdestillieren zu entfernen ist.

Kautschuk, auch in vulkanisiertem Zustande, wird durch wasserfreien Fluorwasserstoff hart und brüchig. Im bereits oben erwähnten DRP. 551 787 (1. 8. 30) **(11)**, gleichfalls von Fredenhagen, ist die Polymerisation von Ölen und Fetten, d. h. Fettsäureglyzeriden pflanzlicher und tierischer Herkunft geschützt. So gewinnt man z. B. durch Eintragen von Rizinusöl in wasserfreie Flußsäure unter Kühlung, längeres Stehenlassen und Abdestillieren des Fluorwasserstoffs eine hellgelbe, faktisartige Masse. Praktische Bedeutung, etwa zur Herstellung von Kunststoffen, hat dieses Verfahren offenbar ebensowenig gewonnen wie die oben erwähnten anderen Polymeriationen durch Fluorwasserstoff.

Als Beispiel einer Umsetzung organischer Verbindungen mit einer einfachen Fluorverbindung, wobei wiederum fluorfreie Endprodukte entstehen, sei das F. P. 735 020 (D. Pr. 4. 5. 31) **(299)** von O. Th. Krefft angeführt. Es schützt die Einführung der Aminogruppe mittels sauerstoffreiem, trockenem Monofluoramin NH_2F. Dieses erhält man wie das Chloramin nach Tafel durch Elektrolyse, und zwar von saurem Ammoniumfluorid. Leitet man es in Ammoniak, so entsteht Hydrazin, und in ähnlicher Weise kann aus Anilin Phenylhydrazin, aus Phenol Aminophenol dargestellt werden.

Oxydationen organischer Verbindungen in flüssigem Fluorwasserstoff mit Sauerstoff bei hohen Drucken und vornehmlich Temperaturen über 100° in einer Kupferbombe beschrieben J. H. Simons und R. E. Mc Arthur. Sie setzten so aliphatische, aromatische und alizyklische Verbindungen um und wählten als Sauerstoffüberträger Oxyde von Ag, Au, Se, Fe, As und Mo. Vielfach entstand außer den üblichen Oxydationsprodukten wie z. B. Phenol, Benzoesäure und Diphenyl aus Benzol, aktive Kohle. Diese wurde neben Wasser als Hauptprodukt von Benzoesäure, Zyklohexan, Methylzyklohexan, tert.Butylbenzol und n-Heptan geliefert. Interessanterweise ergab Benzotrifluorid neben Benzoesäure auch Benzoylfluorid.

Es handelt sich bei den hier besprochenen Verfahren um recht interessante, aber für die industrielle Praxis, abgesehen von einzelnen Fällen der Polymerisationskatalyse, zunächst bedeutungslos gebliebene Umsetzungen, in denen organische Fluorverbindungen — mit Ausnahme der Zuckerreaktionen — auch nicht entstehen. Dagegen soll im nächsten Abschnitt bei der Schilderung von Eigenschaften aliphatischer Fluorverbindungen ihre praktische Verwendung wieder im Vordergrunde stehen.

Teil 2

Eigenschaften technisch wichtiger aliphatischer Fluorverbindungen

Kapitel 12

Allgemeine Eigenschaften

Für die einfachen aliphatischen Fluorverbindungen, die als Kältemittel eingeführt worden sind, sind zwei Eigenschaften besonders wertvoll: sie sind mit ganz wenigen Ausnahmen ungiftig und durchweg unbrennbar. Die Vereinigung dieser beiden Eigenschaften findet sich bisher bei keinem der gebräuchlichen Kältemittel. Eine hohe elektrische Durchschlagsfestigkeit legt zusammen mit der Unbrennbarkeit bzw. dem besonders hohen Flammpunkt als weitere Verwendung diejenige als Dielektrikum nahe. Hoch halogenierte aliphatische Fluorverbindungen sind ferner ähnlich dem Tetrachlorkohlenstoff geradezu als Feuerlöschmittel verwendbar.

Für eine systematische Untersuchung der Giftigkeit flüchtiger organischer Fluorverbindungen prüften amerikanische Forscher die Dampfdrucke von über 40 Verbindungen.

Eine spezifische Lösungsfähigkeit macht wiederum andere aliphatische Fluorverbindungen als Lösungsmittel in Sonderfällen geeignet. Auch hier sind Unbrennbarkeit und Ungiftigkeit von Vorteil. Einer allgemeinen Verwendung steht nur der vergleichsweise noch hohe Preis im Wege.

Einige aliphatische Fluorverbindungen, besonders solche mit großem Molekül oder hohem Fluorgehalt, sind zur Schädlingsbekämpfung vorgeschlagen worden. Sie zeigen also Giftwirkung gegen niedere Lebewesen, während sie in den für Zwecke der Schädlingsbekämpfung anzuwendenden Mengen und Konzentrationen für die Menschen und höheren Tiere ungiftig sind. Daher sind auch Vergiftungsfälle mit organischen Fluorverbindungen noch nicht bekannt geworden. Immerhin sei auf die Tatsache hingewiesen, daß einige aliphatische Fluorverbindungen, im allgemeinen in Analogie zu den entsprechenden Brom- oder Chlorverbindungen, als Kampfstoffe, und zwar als Augenreizstoffe vorgeschlagen worden sind.

Über toxische Eigenschaften der einfachen Fluorcarbonsäuren und ihrer Derivate gab Saunders eine gute Zusammenstellung. Im allgemeinen sind Säuren der allgemeinen Formel $F\text{-}(CH_2)_n\text{-}COOH$ giftig, wenn n ungerade ist, ungiftig bei geradem n. Die einfachste Fluoressigsäure und ihre Derivate sind äußerst giftig. Nach M. E. Gryszkiewicz-Trochinowski und J. Wnuk sollen 0,1 mg im cbm Luft genügen, um größere Säugetiere zu töten.

Sie gaben an, daß ein Pferd, dem wenige Tropfen in einem Eimer Wasser gegeben wurden, verendet sei. Hunde, die mit dem Fleisch des gefallenen Pferdes gefüttert worden seien, seien nach dem Genuß einer kleinen Menge ebenfalls eingegangen. Bei Affen und auch Menschen hätten dagegen noch 30 mg im cbm keine Vergiftungserscheinungen bemerken lassen. Difluor- und Trifluoressigsäure sowie ihre Derivate wurden dagegen als ebenso ungiftig festgestellt wie Fluor-chlor- oder Fluor-dichlor-essigsäure.

Den Einfluß von Fluoressigsäure als Salz auf den Gewebestoffwechsel und auf Enzyme untersuchten G. R. Bartlett und E. S. Guzman Barron. Nach ihnen hemmt Fluorazetat die Oxydation von Azetat durch tierische Gewebe sowohl in vitro wie in Ratten, die 5 mg je Kg Körpergewicht erhalten haben (vergl. hierzu auch S. 64 die Angabe, daß Fluoressigsäure in Amerika gegen Ratten, also als Schädlingsbekämpfungsmittel angewendet wird), auch die Oxydation von Fettsäuren allgemein. Die Bildung von Azetessigsäurederivaten wird gehemmt sowie die Synthese von Kohlehydraten aus beispielsweise Azetat, was an Nierenschnitten gefunden wurde. Schließlich ergab sich eine Hemmung des Wachstums von Samen, und zwar von Tomaten. Diese Wirkungen können vielleicht in Zusammenhang damit gebracht werden, daß anorganisches Fluor, meist in Form von geringen Mengen Fluorid, die verschiedensten Hemmungen auf Gewebsatmung oder andere Stoffwechselvorgänge ausübt, wie von verschiedenen Seiten festgestellt wurde. Ob aus Fluorazetaten Fluorid-Fluor abgespalten wird, ist wohl noch nicht sicher erwiesen. In diesem Zusammenhange sei übrigens erwähnt, daß kleine Fluoridmengen auf Pflanzenwachstum offenbar günstig einwirken, worauf u. a. A. Bernardi hinwies, der eine Zusammenfassung über die Wirkung des Fluors, allerdings nur anorganisch gebundenen Fluors, gab.

Die Unbrennbarkeit hat schließlich auch im Gebiete der Kunststoffe einzelnen aliphatischen Fluorverbindungen Eingang als Ausgangsmaterial für Polymerisationen verschafft.

Die sonstigen Eigenschaften derjenigen aliphatischen Fluorverbindungen, die für eine praktische Verwendung vorgeschlagen worden sind, sollen im folgenden nach ihrer Anwendung geordnet mitgeteilt werden. Über die physikalischen Eigenschaften aliphatischer Fluorverbindungen im allgemeinen wird im Tl. II noch weiteres zu berichten sein. Dort soll auch ein allgemeiner Überblick über das chemische Verhalten dieser Verbindungsklasse gegeben werden.

Teil 3

Technische Verwendung aliphatischer Fluorverbindungen

Kapitel 13

Verwendung aliphatischer Fluorverbindungen als Kältemittel

Wie bereits zu Beginn dieses Abschnitts ausgeführt wurde, werden einfache aliphatische Fluorverbindungen des Methans und Äthans als Arbeitsmittel in Maschinen zur Kälteerzeugung und wohl auch als Kälteüberträger bei tiefen Temperaturen verwendet. Nach den in den früheren Kapiteln mitgeteilten Patenten ergibt sich folgende Übersicht über die Darstellung der Fluor-chlor-methane aus den Ausgangsverbindungen Tetrachlorkohlenstoff, Chloroform, Methylenchlorid oder Schwefelkohlenstoff:

Herstellungsschema für Fluor-chlor-methane

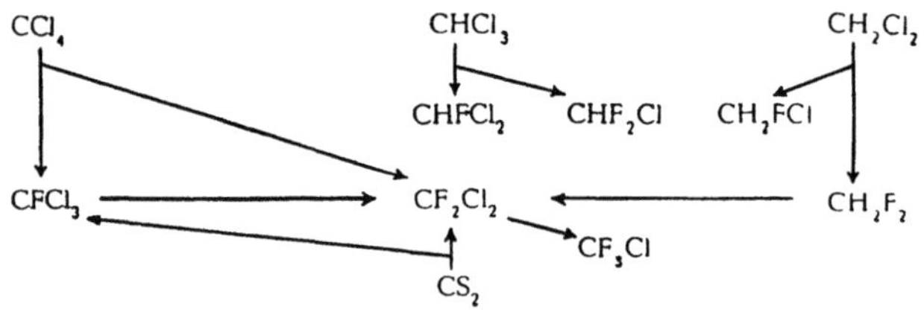

Eine andere Herstellung von Difluordichlormethan geht nach dem A. P. 2 417 059 (11. 3. 42) **(198)** der General Chemical Co., übertragen von D. Calfee und L. B. Smith, von α,α-Difluoraethan $H_3C—CHF_2$ aus, das chloriert wird, beispielsweise durch Überleiten von 1 Mol mit 5,5 Molen Chlor durch eine Graphitröhre bei 700 °. Allerdings entstehen hierbei neben Difluordichlormethan recht viele andere Produkte, nämlich $FCCl_3$, C_2Cl_4, C_2Cl_6, $C_2HF_2Cl_3$, $Cl_3C—CCl_2F$, sodaß diesem Verfahren keine technische Bedeutung zukommt.

Es ist das Verdienst amerikanischer Chemiker, besonders von Midgley, auf die im Kap. 12 hervorgehobenen guten Eigenschaften der als Freon in den Handel gebrachten Fluorchlormethane für die genannte Verwendung zuerst hingewiesen zu haben. Insbesondere hat sich als „Freon 12" das Difluordichlormethan CF_2Cl_2 eingeführt. In Deutschland brachte es die I. G. unter dem Namen Frigen für den gleichen Zweck heraus. Zum Unterschied zu anderen, für die Kältetechnik verwendbaren Fluorchlorparaffinen wird es ebenfalls mit der Ziffer „12" bezeichnet. Die anderen Mittel haben die auch für die Freon-Bezeichnung üblichen Ziffern erhalten (vergl. S. 53).

Die hauptsächlichsten, hierher gehörenden Patente über Kälteerzeugung bzw. Kältemittel besitzt die Frigidaire Corp. (Tochterfirma der General Motors). Im DRP. 623 322 (9. 2. 30) **(26)** werden Fluorchlorderivate der aliphatischen Kohlenwasserstoffe, besonders CF_2Cl_2, zur Kälteerzeugung verwendet. Das Zusatzpatent DRP. 630 828 (2. 7. 30) **(28)** dehnt den Schutz auf Brom-fluor- und Jodfluor- oder Fluor-fluorderivate der aliphatischen Kohlenwasserstoffe aus. Aber über deren tatsächliche Verwendung für die genannten Zwecke ist nichts bekannt geworden.

Das Dän. Pat. 46 254 (A. Pr. 8. 2. 30) **(244)** nennt außer CF_2Cl_2 z. B. Tetrafluorchloräthan C_2HF_4Cl oder Tetrafluordichloräthan $C_2F_4Cl_2$. Das erstere sowie Trifluorchlormethan CF_3Cl, Frigen (Freon) 13, können anstelle der brennbaren Äthan oder Äthylen in Kältemaschinen für sehr tiefe Temperaturen verwendet werden.

Auch der Kinetic sind durch das F. P. 46 349, Zusatz zu F. P. 720 474 (A. Pr. 20. 9. 30) **(288)** sowie DRP. 552 919 **(13)** der gleichen A. Pr. Tetrafluordichloräthan $C_2F_4Cl_2$ (aus Tetrachloräthylen oder Hexachloräthan) neben Trifluortrichloräthan $C_2F_3Cl_3$ geschützt worden.

Im übrigen weisen fast alle in den Kap. 2 bis 9 über die Herstellung einfacher aliphatischer Fluorchlorverbindungen besprochenen Patente auf die Verwendung dieser Verbindungen als Kältemittel hin. Sie seien in der Tabelle auf S. 166 ff mit „k" gekennzeichnet.

Das F. P. 807 671 (16. 6. 36) **(322)** der französ. Firma Carrier Continentale schützt als Kältemittel Fluorverbindungen, die sich vom Chloroform ableiten, besonders Fluorchloroform $CFCl_3$, Frigen 11. Bei deren Verwendung soll die Druckdifferenz zwischen Verdampfer und Kondensator unter 1,5 Atm. betragen. Fluorchloroform selbst ist ebenso wie das als „Freon 113" bezeichnete 1,1,2-Trifluor-1,2,2-trichloräthan $F_2ClC—CFCl_2$ für Turbokompressoren geeignet, vergl. S. 59, während Fluordichlormethan $CHFCl_2$ in Drehkolbenverdichtern verwendet wird.

Schon früher wurde Trifluorazeton $F_3C—CO—CH_3$ in Vorschlag gebracht und im A. P. 1 958 249 (20. 5. 33) **(65)** der General Electric Co., übertragen von P. F. Schingmann, geschützt.

Für Kältemaschinen zur Großerzeugung werden nach wie vor überwiegend Ammoniak und Kohlensäure sowie Schwefeldioxyd verwendet. Aber daneben sind bereits beachtliche Anlagen, die mit Frigenen (Freonen) arbeiten, erstellt worden (s. S. 58). Bei den Kompressionsmaschinen kleinster Leistung, wie sie besonders in Haushaltskühlschränken eingebaut sind, werden jedoch als Kältemittel weder Ammoniak noch Kohlensäure benutzt, weil sie mit hohen Drukken arbeiten und zu kleine Hubvolumina und Ventilquerschnitte bedingen. Anstelle des früher meist benützten Schwefeldioxyds ist hier ein besonderes Anwendungsgebiet von Fluorchlorverbindungen. Die wichtigste von diesen, das Freon oder Frigen 12, Difluordichlormethan, wird außerdem für Klimaanlagen und für Schiffskältemaschinen in größtem Umfange verwendet. Man kann sogar sagen, daß die Klimatechnik erst durch dieses Kältemittel zu ihrer heutigen Bedeutung gelangt ist. Für Difluor-dichlor-methan seien daher einige nähere Angaben gemacht.

Es ist ein farbloses, geruchloses, nicht brennbares Gas vom Molgew. 120,9, das 4,18 mal schwerer als Luft ist. Der Sdp. liegt bei —29,8°, der Schmp. bei —150° (Erstarrungsp. —155°), die Krit. Temp. ist 111,5° und der Krit. Druck 40,86 Atm. Die kürzlich gemessene latente Schmelzwärme beim Erstarrungspunkt —155° beträgt 8,2 cal/g bzw. 990 cal/Mol. Auch andere physikalische Daten sind gemessen, so Raman- und Infrarotspektrum. Sehr günstig ist auch sein Verhalten gegenüber allen im Kältemaschinenbau verwendeten Metallen mit Ausnahme von magnesiumhaltigen Leichtmetallen; die letzteren werden bei höheren Temperaturen und in Gegenwart von Wasserdampf angegriffen.

Aus der Dampftabelle, die W. Pohlmann im Kältetaschenbuch von 1939 (s. S. 51) mitteilt, wo die entsprechenden Werte von 5 zu 5 °C aufgeführt sind, enthält die Tabelle 3 einige Angaben über dieses Kältemittel.

Außer einer vollständigen Dampftafel wurde im Kältetechnischen Institut der Techn. Hochschule Karlsruhe auch das Mollier-i, p-Diagramm für Frigen 12 von —80° bis zum krit. Punkt (+ 111,5° C) aufgestellt, das in der Größe 75 mal 75 cm für einen geringen Preis von dort zu beziehen ist (vergl. M. Vaziri, Z. ges. Kälte-Ind. **50**, 17 (1943) C **43**, II, 653).

Besonders günstig zeigt sich Frigen als garnicht brennbar und nicht explosibel in Luftgemischen, wenn man die Explosionsgrenzen anderer Kältemittel dagegenhält:

	Äthylchlorid:	4,3—14,0 %	Gas in Luft,
	Methylchlorid:	8,9—15,5 %	„ „ „ *)
u. sogar	Ammoniak:	13,1—26,8 %	„ „ „

Ebenfalls sehr günstig sind Zahlen, in denen sich Grenzen der Schädlichkeit für den menschlichen Organismus ausdrücken:

*) Andere Angaben: zwischen 8,1 und 17,2. Die I. G. gibt neuerdings an: 12,0 bis 15,7 Vol.%.

Tabelle 3

Dampftabelle von Frigen 12 (Difluordichlormethan) und Vergleichswerte für andere gebräuchliche Kältemittel

Temp. t⁰ C	Druck kg/cm²	Rauminhalt d. Flüss. v' l/kg	Rauminhalt des Dampfes v'' m³/kg	Spez. Gew. d. Flüss. s' kg/l	Spez. Gew. des Dampfes s'' kg/m³	Wärmeinhalt d. Flüss. i' Kal/kg	Wärmeinhalt des Dampfes i'' Kal/kg	Ges. Verdampfgs.-wärme Kal/kg	Entropie d. Flüss. s' Kal/kg⁰C	Entropie d. Dampf. s'' Kal/kg⁰C	$\frac{T}{T}=s''-s'$ Kal/kg⁰C
—40	0,655	0,662	0,244	1,515	4,09	— 8,45	32,35	40,8	—0,03323	0,14177	0,175
—25	1,261	0,680	0,133	1,470	7,52	— 5,41	34,09	39,5	—0,02059	0,13841	0,159
—10	2,235	0,699	0,0784	1,430	12,74	— 2,19	35,81	38,0	—0,00813	0,13608	0,144
0	3,14	0,718	0,0566	1,395	17,65	0	37,0	37,0	0	0,13550	0,135
+15	5,01	0,743	0,0364	1,348	27,45	+ 3,40	38,80	35,3	0,01201	0,13451	0,1225
+25	6,63	0,765	0,0277	1,308	36,05	+ 5,75	39,55	33,8	0,01993	0,13323	0,1133
+50	12,38	0,824	0,0145	1,214	68,8	+11 90	41,70	29,8	0,03943	0,13163	0,0922
Vergleichswerte: *Ammoniak;* **Kohlensäure;** Methylchlorid.											
—40	*0,732*	*1,449*	*1,5503*	*0,690*	*0,65*	*—43,24*	*288,1*	*331,34*	*—0,1705*	*1,2510*	*1,4215*
„	**10,25**	**0,897**	**0,038**	**1,115**	**26,2**	**+79,59**	**156,17**	**76,58**	**0,9218**	**1,2503**	**0,3285**
—10	*2,966*	*1,534*	*0,4184*	*0,652*	*2,39*	*—10,97*	*298,67*	*307,64*	*0,0407*	*1,1362*	*1,1769*
„	**26,99**	**1,019**	**0,0142**	**0,981**	**70,5**	**+94,09**	**156,60**	**62,51**	**0,9787**	**1,2163**	**0,2376**
„	1,784	1,022	0,241	0,978	4,15	— 3,71	95,59	99,31	0,0138	0,3638	0,3776
0	*4,379*	*1,566*	*0,2897*	*0,639*	*3,45*	*0*	*301,52*	*301,52*	*0*	*1,1041*	*1,1041*
„	**35,54**	**1,081**	**0,0104**	**0,925**	**96,3**	**100,0**	**156,13**	**56,13**	**1,000**	**1,2055**	**0,2055**
„	2,571	1,042	0,168	0,960	5,93	0	96,92	96,92	0	0,3549	0,3549
+25	*10,225*	*1,659*	*0,1283*	*0,603*	*7,80*	*+28,09*	*306,75*	*278,66*	*0,0976*	*1,0324*	*0,9348*
„	**65,59**	**1,417**	**0,0042**	**0,706**	**240,0**	**198,8**	**147,33**	**28,53**	**1,0628**	**1,1585**	**0,0957**
„	5,802	1,097	0,0750	0,912	13,33	+ 9,48	99,86	90,38	0,0332	0,3365	0,3033

Aus den unterstrichenen Zahlen geht hervor, welchem der zum Vergleich herangezogenen Kältemittel Frigen 12 im jeweiligen Temperaturbereich am nächsten kommt.

Während z. B. CO_2 nach $1^1/_2$ bis 1-stündigem Einatmen bereits bei 4—6 Vol.% Gas leichte Wirkung, bei 6—8 Vol.% bereits ernste Wirkung zeigt und 30 Vol. % davon schnell töten, die entsprechenden Vol. % für Äthylchlorid ähnlich: 2,6 und 15—30 % lauten, für NH_3 : 0,03 0,35 und 0,5—1% und für SO_2 sogar: 0,005, 0,04 und 0,2%, zeigt Frigen nach amerikanischen Angaben erst bei 28—30 Vol. % leichte, bei 80 % ernste Wirkung, und tötende ist überhaupt noch unbekannt. Man kann es also als durchaus ungiftig bezeichnen.

Übrigens wies Plank erst kürzlich erneut auf die vollkommene Ungiftigkeit der Fluor-Kältemittel, z. B. auch von Fluoroform CHF_3 hin.

Für die Spannungen der Kaltdämpfe in Atm. abs. (kg/cm²) ergibt sich in teilweiser Wiederholung der 2. Spalte von Tabelle 3 folgende Zusammenstellung der gebräuchlichen Kältemittel:

Tabelle 4

Spannungen der Kaltdämpfe in kg/cm² für gebräuchliche Kältemittel

°C im Verdampfer	NH_3	SO_2	CO_2	CH_3Cl	C_2H_5Cl	CF_2Cl_2
—20	1,940	0,648	20,06	1,200	0,257	1,54
—10	2,966	1,033	26,99	1,784	0,410	2,24
0	4,379	1,58	35,54	2,571	0,632	3,14
+15	7,477	2,81	51,93	4,260	1,133	5,01
+30	11,895	4,67	73,34	6,716	1,905	7,57

Die Verdampfungswärme von Difluordichlormethan bei —10° beträgt 38 Kcal/Kg und ist damit rund 8 mal kleiner als bei Ammoniak. Da der Umlaufstrom gewichtsmäßig groß ist, müssen die Querschnitte der Rohrleitungen sowie der Druck- und Saugventile größer gewählt werden als bei anderen Kältemitteln. Aus den Dampfdruckwerten ergibt sich, daß man noch bequem mit einem einstufigen Verdichter auskommen kann, wenn man bei Ammoniak bereits einen zweistufigen vorziehen würde.

Da sich Wasser nur ganz verschwindend in Frigen löst, müssen alle Teile der Kältemaschine, in denen dieses umläuft, sorgfältig getrocknet werden, sonst wäre zu befürchten, daß am Regelventil Eisbildung die Flüssigkeitsleitung verstopft. Deshalb sind auch hygroskopische Schmiermittel wie Glycerin, Glykol usw. zu vermeiden. Empfohlen werden besonders wasser- und säurefreie Mineralöle hoher Viskosität.

Für die übrigen einfachen fluorhaltigen Kältemittel, die nur zum Teil bei den Patenten auf S. 49 bereits früher erwähnt wurden, gibt folgende Tabelle 5 die Ziffernbezeichnung als Freon bzw. Frigen („F") sowie die Siedepunkte und, soweit bekannt, die Schmelzpunkte an.

Die Ziffern hat man wie folgt gewählt: Die Methanderivate haben zweistellige, die Äthanverbindungen dreistellige Zahlen erhalten. Die letzte Ziffer gibt die Zahl der Fluoratome an. Bei der vorletzten Ziffer bedeuten: 1 perhalogeniert, also kein H im Molekül; 2 ein H; 3 zwei H (hierfür ist zunächst kein Vertreter zu nennen); 4 drei H im Molekül.

Tabelle 5

Einfache fluorhaltige Kältemittel außer Frigen 12

Frigen (Freon)	Name	Formel	Sdp.	Schmp. (Erst. p.)
F 21	Fluordichlormethan	$CHFCl_2$	+ 8,9	—111
F 11	Fluorchloroform	$CFCl_3$	+23,7	—111
F 22	Difluorchlormethan	CHF_2Cl	—40,8	—160
F 23	Trifluormethan (Fluoroform)	CHF_3	—82,2	—163
F 13	Trifluorchlormethan	CF_3Cl	—81,5	—181
F 142	Difluorchloräthan	$F_2ClC—CH_3$	— 9,2	—130,8
F 113	Trifluortrichloräthan	$F_2ClC—CFCl_2$	+47,6	— 36,5
F 213	Trifluortrichloräthan	$F_3C—CCl_3$	+45,9	+ 14,2
F 124	Tetrafluorchloräthan	$F_3C—CHFCl$	—12	
F 114	Tetrafluordichloräthan	$F_2ClC—CF_2Cl$	+ 4,1	— 94 glasig
F 115	Pentafluorchloräthan	$F_3C—CF_2Cl$	—38	?
	Trifluorazeton	$F_3C—CO—CH_3$	+22	

Dem Frigen 12 kommt von den Methanderivaten im Siedepunkt am nächsten das Difluorchlormethan, das als Freon 22 auch in beschränktem Umfange ebenfalls in Kältemaschinen mit hin- und hergehenden Kolben Verwendung gefunden hat. Es hat infolge seines niedrigen Siedepunktes für eine verlangte Abkühlungstemperatur einen höheren Dampfdruck, wodurch sich ein günstigeres Kompressionsverhältnis ergibt. Da Freon 22 einen Teil des Schmieröls löst, bewirkt es dessen Fraktionierung, was gegebenenfalls seine günstige Wirkung steigern kann. Für den gleichen Zweck wie Freon 22 dient auch F 115, was nach seinem Siedepunkt ebenso verständlich ist.

Das A. P. 2 084 950 (26. 3. 35) **(125)** der Du Pont mit F. B. Downing, C. Point und A. F. Benning betrifft die Kompression von gasförmigen fluorierten Kohlenwasserstoffen wie Difluordichlormethan, Fluorchloroform, Tetrafluordichloräthan u. ä. zusammen mit

Schmiermitteln, mit denen sie weitgehende Löslichkeit ineinander zeigen, z. B. technischem Trikresylphosphat oder anderen organischen Phosphorsäureestern. Es werden dabei die Vorzüge dieser Stoffe bei ihrer Verwendung in Kältemaschinen, besonders Haushaltskühlschränken hervorgehoben.

Über einige konstruktive Hinweise für die Erstellung solcher Maschinen vergl. R. Plank*). Dieser Arbeit sind verschiedene Angaben dieses Abschnittes entnommen.

Im Gegensatz zu den Verdichtungskältemaschinen mit hin- und hergehendem Kolben, die Kältemittel von normalem Siedepunkt zwischen —30° und —40° wie Ammoniak oder Frigen erfordern, eignen sich für Haushaltskühlschränke mit Verdichtern der Dreh- oder Rollkolbenbauart besonders Kältemittel mit einem Normalsiedepunkt zwischen 0° und +10°. Hiernach ist von den Methanderivaten nur Fluordichlormethan vom Sdp. +9° geeignet, das tatsächlich in beschränktem Umfange verwendet worden ist und daher den Namen „Thermon" erhielt. (Vergl. hierzu die auf S. 61 angegebenen A. PP.) Es wird ihm aber keine besondere Bedeutung zukommen, zumal es auch ein wenig giftig ist. Dagegen wird Tetrafluordichloräthan $F_2ClC—CClF_2$ vom Sdp. +4° in Amerika durch die Frigidaire-Corp. in Haushaltskühlschränken in sehr großem Umfange verwendet.

Das in der obigen Tabelle 5 an zweiter Stelle genannte Fluortrichlormethan oder Fluorchloroform $CFCl_3$ (F 11) hat in Turboverdichtern, die nur für große Kälteleistungen gebaut werden können, das früher verwendete Methylenchlorid und ebenso Äthylchlorid oder Isopropylchlorid fast vollständig verdrängt. Die hochmolekularen Niederdruckkältemittel für derartige Maschinen sollen Normalsiedepunkte von +20° bis 50° haben und schwer sein. Beide Bedingungen erfüllt das Fluorchloroform.

Um eine Vorstellung von den mit Frigen betriebenen Kältemaschinen zu geben, werden hier einige Kühlanlagen und -apparate abgebildet, wie sie von der Frigidaire G. m. b. H., Rüsselsheim, und der Brown Boveri & Cie., Mannheim, gebaut werden**). Abb. 4 stellt einen Haushaltskühlschrank der Frigidaire mit unten eingebautem Kühlaggregat und einer Leistung von 370 Kcal/h dar. Der vertikal arbeitende Zweizylinder-Kolbenkompressor für Frigen 12 ist auf die normalerweise verlangte Temperatur von 0 bis —10° ein-

*) R. Plank, Die Fluor-Chlor-Derivate gesättigter Kohlenwasserstoffe und ihre technische Verwendbarkeit. Beihefte zu der Ztschr. des V. D. Ch., Nr. 44 (1942).

**) Für die Überlassung der Abbildungen danke ich den Firmen Frigidaire G m. b. H., Rüsselsheim, und Brown Boveri & Cie., Mannheim, bestens.

Abb. 4. Frigidaire-Haushaltskühlschrank für F 12, Leistung 370 Kcal/h

Abb. 5. BBC-Sechszylinder-Verdichter für F 12, Leistung 20000 Kcal/h

Abb. 6. Frigidaire-Kompressor für gewerbliche Kühlanlagen für F 12, Leistung 2900 Kcal/h

Abb. 7. Gewerbliche Kühlanlage von Frigidaire für F 12, z. B. für Großmetzgereien.

Abb 8. BBC-Frigiblock mit Dampfturbinenantrieb für F 11, auch F 12, Leistung 2 000 000 Kcal/h

gestellt. Bei größeren Leistungen, wie sie für gewerbliche Kühlschränke benötigt werden, z. B. 520 Kcal/h, sind die Abmessungen des Kompressors und Verdampfers entsprechend größer gewählt. Der Frigidaire-Kompressor der Abb. 6 wird ebenfalls mit F 12 betrieben und läßt bei einer Leistung von 2900 Kcal/h in dem in Abb. 7 wiedergegebenen Kühlraum einen Temperaturbereich von +2 bis —4° erzielen, wie er z. B. für Großmetzgereien gebraucht wird. Die Frigidaire G. m. b. H. hat seit Kriegsende bereits über 20 000 mit Frigen 12 betriebene Kühlaggregate für die eigne Kühlschrankherstellung sowie für Kühlräume kleineren bis mittleren Ausmaßes gebaut. Abb. 5 stellt einen BBC-Sechszylinder-Verdichter für Frigen 12 dar (mit einer Kälteleistung von 20 000 Kcal/h. Verdichter dieser oder ähnlicher Bauart werden für Leistungen von 15 000—115 000 Kcal/h geliefert). Schließlich zeigt Abb. 8 einen BBC-Frigiblock mit Dampfturbinenantrieb, der mit dem für Turboverdichter besonders günstigen Frigen 11 betrieben wird. Er hat eine Kälteleistung von 2 Millionen Kcal/h bei einer Temperatur t_0 = —10°. Werden bei großen Leistungen besonders tiefe Temperaturen, etwa —60° verlangt, so ist die kaskadenförmige Hintereinanderschaltung von 2 Frigiblocks vorteilhaft, wobei die obere Temperaturstufe mit F 11, die untere mit F 12 arbeitet. So ist in einer Kälteanlage in der Dupren-Fabrik von E. J. Du Pont de Nemours & Co. in Carney-Point ein vierstufiger Turboverdichter für F 12 mit einem fünfstufigen für F 11 in Kaskadenschaltung vereinigt.

Die Carrier-Corp. in Syracuse, N. Y., hat mit F 11 ausgerüstete Klimaanlagen jeder Größe mit 2—3stufigen radialen Turboverdichtern gebaut. Auch die York-Jco-Maschine-Corp. hat einen solchen Turboverdichter mit einer Kälteleistung von 3 Millionen Kcal/h erstellt. Für Turboverdichter von 150—600 000 Kcal/h verwendet eine andere amerikanische Firma, die Trane-Comp. in La Grosse, Wis., das Trifluortrichloräthan, $F_2ClC—CCl_2F$ vom Sdp. 47,6° (F 113).

Die in neuerer Zeit für Tiefkühlungen, d. h. Temperaturen unter —30°, immer mehr verlangten mehrstufigen Kolbenverdichter werden entweder in allen Stufen mit dem gleichen Kältemittel betrieben. Dieses wird dann in einem sehr weiten Druckbereich angewendet. Oder man wendet bei Kaskadenschaltung in jeder Temperaturstufe ein anderes Kältemittel an, wie es oben bereits für Frigiblocks angegeben ist. Dadurch werden sehr niedrige und ebenso unbequem hohe Drucke vermieden. Zweistufige Anlagen sind bereits für —30° empfehlenswert. Für den Bereich bis —60° sind dreistufige und für noch tiefere Temperaturen, etwa —80° und darunter, vierstufige Anlagen am Platze. Für die tiefsten Stufen wurden bisher Propan,

Äthylen oder Äthan verwendet, die aber explosiv sind. Ein Arbeiten mit Fluorchlorderivaten wäre hier wesentlich betriebssicherer, und so schlug R. Plank bereits vor 10 Jahren Trifluorchlormethan (s. Tab. 5) vor. Dies wird in den Tiefkühlschränken der Telefunken-Gesellschaft verwendet.

Auf der VDI-Kältetagung in Prag im Mai 1941 wurde von L. Riedel über die thermischen Eigenschaften dieses Trifluorchlormethans (Chlor-fluoroform, Freon 13) berichtet. Da es eine ähnliche Dampfdruckkurve besitzt wie CO_2, aber erst bei —180° fest wird, ist es als Kältemittel für Temperaturen bis —100° und darunter hervorragend geeignet. K. Petrik (Berlin) berichtete über erfolgreiche Verwendung dieses Freon 13 in der untersten Stufe und Freon 12 in den beiden oberen einer 3-stufigen Kompressionskältemaschine. Diese dient zum Betrieb eines Prüfschrankes für Hochfrequenzgeräte, in denen eine Abkühlung von +60° bis —60° in 90 Min., und von +20° bis —60° in 60 Min. verlangt wurde. Außer selbsttätiger Regelung ist auch die Möglichkeit zur Einstellung jeder Zwischentemperatur auf ½° genau erreicht worden und dies mit den genannten, völlig unschädlichen Kältemitteln.

Anstelle von Chlorfluoroform kann, ebenfalls nach Plank, auch Fluoroform (F 23) mit fast gleichem Sdp. erwogen werden, das leicht herzustellen und ebenfalls unschädlich ist. Infolge seines geringeren Molgewichtes, also niedrigerer Dichte, könnte man mit noch kleineren Ventilquerschnitten auskommen, da die Druckverluste in den Ventilen geringer wären.

Schließlich hat Plank auch noch auf Hexafluoräthan als geeignetes Kältemittel für tiefe Temperaturen aufmerksam gemacht, dessen Herstellung jedoch vorläufig noch zu schwierig ist, sowie auf die Brauchbarkeit von Tetrafluormethan für noch tiefere Temperaturen, bis etwa —150°.

Da die genannten fluorhaltigen Kältemittel farblos und geruchlos sind und auch keine Reizwirkung auf die Schleimhäute beim Einatmen ausüben, sind Undichtigkeiten an den Umlaufleitungen schwer zu erkennen. Wegen des relativ hohen Preises sollen sie natürlich vermieden werden. So hat man verschiedene Vorschläge gemacht für die Erkennung von Undichtigkeiten.

Nach dem A. P. 1 915 965 (29. 5. 31) **(60)** setzt man kleine Mengen von Stoffen, die an der Luft rauchen, dem Schmieröl zu, das ja stets vom Kältemittel mitgerissen wird, oder auch Farbstoffe, besonders basische wie Auramin, Rhodamin oder Methylviolett, und bestreicht die Kühlleitungen mit Stoffen, die leicht anfärbbare Bestandteile enthalten wie Titandioxyd, Siliziumdioxyd, Aluminiumoxyd, Glimmer oder Asbest. Auch Kupferbrenner mit Alkoholfüllung, deren Flamme durch ausströmendes Frigen grün wird, oder auf 800^0 heizbare Zersetzungsrohre aus Glas oder Porzellan sollen Undichtigkeiten erkennen lassen.

Außer für Umlaufkältemaschinen sind einfache aliphatische Fluor-Chlorverbindungen auch für Absorptionskältemaschinen vorgeschlagen worden.

Die ersten Patente hierfür sind dem Amerikaner G. F. Zellhöfer erteilt worden für das bereits oben (S. 54) erwähnte F 21, Thermon, d. i. Fluordichlormethan $CHFCl_2$, als Kälteträger und verschiedene Glykole oder Glykolderivate als Lösungsmittel, und zwar die A. PP. 2 040 894 bis 2 040 899 **(98—103)**, 2 040 900 bis 2 040 904 (11. 12. 34 bis 18. 4. 35) **(104—108)**, 2 040 906 bis 2 040 911 (3. 5. 35) **(109—114)**, sowie 2 040 912 (29. 7. 35) **(115)**.

Die General Motors Corp. haben sich ebenfalls durch A. P. 2 035 541 (20. 5. 31) **(97)**, übertragen von J. Fleischer, für Absorptionskältemaschinen Kältemischungen schützen lassen, die aus einem Fluorhalogenderivat eines aliphatischen Kohlenwasserstoffs von Chloroformstruktur bestehen und einem Ester oder Äther oder Gemischen dieser als Absorptionsmittel. Als Beispiel ist wiederum $CHFCl_2$ als Kältemittel genannt mit Dibutylphthalat als Absorptionsmittel.

Die Philadelphia & Reading Coal & Iron Co. besitzt mit dem A. P. 2 120 559 (20. 4. 37) **(131)**, übertragen von B. H. Jennings, ebenfalls Schutz für Kältemischungen bei Absorptionskältemaschinen. Hier sind als Kältemittel flüchtige, chemisch stabile Halogenkohlenwasserstoffe und neben fluorfreien Chlorverbindungen wie Methylchlorid und Methylenchlorid als Beispiele CF_2Cl_2, $CHFCl_2$, $CFCl_3$ und $C_2F_4Cl_2$, also F 12, 22, 11 und 114, genannt. Als Lösungsmittel werden hydrierte Naphthaline wie Dekalin oder Tetralin verwendet.

Außer Umlauf- und Absorptionskältemaschinen kennt man noch nach einem dritten Prinzip arbeitende Strahlkältemaschinen. Diese werden allgemein mit Wasserdampfstrahl betrieben. Die Amerikaner haben nun versucht, den Wasserdampf durch andere Stoffe zu ersetzen, und auch Trifluortrichloräthan als Kälte- und Treibmittel hierfür erprobt. Anlagen mit diesem Mittel (F 113) sollen sich besonders für die Klimatisierung von Wohnräumen bewähren, und zwar sowohl für die Kühlung wie für die Heizung.

Schließlich sei noch darauf hingewiesen, daß man auch daran gedacht hat, Fluor-Chlor-Derivate als Wärmeüberträger im Gebiete tiefer Temperaturen anstelle der üblichen Kühlsolen heranzuziehen. Hierfür müßten Verbindungen mit möglichst tiefem Erstarrungspunkt und möglichst hohem Siedepunkt gewählt werden. Außer dem auch hierfür vorgesehenen F 113 vom Erst.-pt. —36,5° und Sdp. +47,6° (s. Tab. 5) sind nach der D. R. P.-Anm. I 71 135 (7. 12. 41) **(50)** der I. G. (Werk Höchst) noch vorgeschlagen Difluor-trichlor-äthan, F 122, $F_2ClC—CHCl_2$ vom Erst.-pt. —140°, Sdp. +72°, Trifluor-pentachlor-propan $FCl_2C—CF_2—CCl_3$ vom Erst.-pt. —85°, Sdp. +134° sowie Tetrafluor-hexachlor-butan $FCl_2C—CFCl—CFCl—CFCl_2$ vom Erst.-pt. —85°, Sdp. +208°. Während die ersten beiden der genannten Verbindungen durch die übliche Fluorwasserstoffeinwirkung dargestellt werden, ist die Herstellung des Tetrafluor-hexachlorbutans Gegenstand der D. R. P.-Anm. I 74 550 (9. 3. 43) **(52)** der I. G. (Werk Höchst) mit O. Scherer. Hiernach wird symmetrisches Difluor-dichlor-äthylen dimerisiert und nachträglich chloriert. Über den Umfang der tatsächlichen Verwendung dieser Tieftemperatur-Wärmeüberträger oder anderer ähnlicher Fluorverbindungen für den gleichen Zweck ist noch nichts Näheres bekannt geworden.

Wie bereits aus dem Umfang dieses Kapitels hervorgeht, steht die Anwendung aliphatischer Fluorverbindungen für Zwecke der Kälteindustrie durchaus im Vordergrunde. Dabei handelt es sich nicht nur um die Frigene 12, 11 und 13, sondern es sind Ansätze dafür vorhanden, daß auch andere Verbindungen, besonders perhalogenierte und ebenfalls gemischt-fluoriert-chlorierte Verbindungen in der zukünftigen Entwicklung dieses Industriezweiges eine wichtige Rolle spielen werden.

Kapitel 14

Verwendung aliphatischer Fluorverbindungen als Schädlingsbekämpfungsmittel

Obwohl einfache aliphatische Fluorverbindungen allgemein ungiftig sind und diese Eigenschaft gerade einen besonderen Vorzug für ihre technische Verwendung darstellt, wie im vorigen Kapitel betont wurde, lag der Gedanke nahe, organische Fluorverbindungen zur Schädlingsbekämpfung heranzuziehen. Denn nicht nur einfache anorganische Fluoride wie das Natriumfluorid, in denen sicherlich ionogen gebundenes Fluor vorliegt, haben sich für diese Zwecke bewährt, sondern auch solche Verbindungen, deren Wirksamkeit sicher nicht auf ionogen vorliegendem Fluor beruht, wie beispielsweise das Natriumsilikofluorid, das in erheblichen Mengen zum Imprägnieren und für den Schutz von Holz gegen Fäulnis, also als Mittel im Kampf gegen Pilzschädigungen benützt wird. Als anderes neues Beispiel sei „Thanalit U" genannt, ein Arsen-Fluor-Chromat, das Holz vor Insektenfraß schützt.

Handelt es sich heute auch nur um einzelne Verbindungen, über deren Anwendung in der Schädlingsbekämpfung berichtet werden kann, so ist man gerade hier erst im Anfang einer Entwicklung, die noch manchen Erfolg verspricht. Offenbar sind aliphatische Fluorverbindungen noch nicht systematisch auf ihre Verwendbarkeit gegen pflanzliche und tierische Schädlinge untersucht worden, vielmehr hat man sich vorläufig mit der guten Wirkung einiger Verbindungen begnügt und diese in Vorschlag gebracht.

So ist erst kürzlich bekannt geworden, daß entsprechend dem von der Deutschen Gesellschaft für Schädlingsbekämpfung als „Tritox“ herausgebrachten Trichlorazetonitril auch die entsprechende Fluorverbindung „unter bestimmten Voraussetzungen eine Rolle in der Schädlingsbekämpfung spielen kann“.

Dieses Trifluorazetonitril der einfachen Formel $F_3C—CN$ mit dem hohen Fluorgehalt von 60 % ist erstmalig von F. Swarts 1923 beschrieben worden. Er erhielt es aus dem Ammoniumsalz der Trifluoressigsäure in normaler Weise und gab für die Säure selbst als beste Darstellungsmethode die Oxydation von Trifluortoluidin mit Natriumbichromat in Schwefelsäure über das entsprechende Trifluormethylchinon an, also nach:

$$F_3C—C_6H_4NH_2 \rightarrow F_3C—C_6H_3O_2 \rightarrow F_3C—COOH \rightarrow F_3C—CN.$$

Das Trifluoracetonitril ist eine farblose Flüssigkeit vom Sdp. —61,5°. Inzwischen sind noch weitere Verfahren zur Darstellung der Säure erprobt worden. Das beste führt über Trifluoralkohol. Dieser ist aus Trichloraethylen nach folgender Reaktionsfolge leicht herstellbar, die Gegenstand der D. R. P.-Anm. I 69 986 (26. 6. 41) **(49)** der I. G. mit O. Scherer ist:

$$Cl_2C{=}CHCl \xrightarrow[HF]{} F_3C—CH_2Cl \rightarrow F_3C—CH_2—OOC—CH_3 \rightarrow F_3C—CH_2OH$$

Ferner kann Trifluoressigsäure nach dem A. P. 2 396 076 der Du Pont, übertragen von A. F. Benning (15. 8. 46) **(146)**, durch Behandeln von Trifluor-trichloraethan $F_3C—CCl_3$ mit 65 %igem Oleum und Quecksilbersalz oder nach A. L. Henne durch Oxydation von 1,1,1-Trifluor-trichlorpropylen $F_3C—CCl{=}CCl_2$ mit alkalischem Kaliumpermanganat oder schließlich durch entsprechende Oxydation von symmetr. Hexafluor-dichlor-2,3-buten $F_3C—CCl{=}CCl—CF_3$ erhalten werden.

Bereits 1930 wurde der I. G. durch das DRP. 504 886 (14. 9. 27) **(8)** (Erf.: E. Tietze, W. Schepps und W. Hentrich) ein Verfahren zum Schützen von Wolle und dergl. gegen Mottenfraß und Schädigung durch andere Textilschädlinge unter Verwendung organischer Fluorverbindungen erteilt. Die Verbindungen sollen mindestens ein Fluor am Kohlenstoff gebunden enthalten und auf die zu schützende Ware aufgebracht werden. Als geeignet nennt die Patentschrift fluorsubstituierte Kohlenwasserstoffe sowie Karbonsäuren und deren Derivate wie Fluoroform, Fluoressigsäure, aromatische Verbindungen wie Fluor-pseudocumol oder Fluornaphthalin-sulfonsäure usw. Wegen der letzteren ist dieses Patent auch nochmals im Kap. 39 zu nennen.

W. Peschke wurde das DRP. 642 950 (7. 10. 32) **(30)** erteilt; als Erfinder ist O. Krefft genannt. Seit dem 22. 4. 37 ist dieses Patent auf die I. G. übertragen. Es betrifft Fluorsubstitutionsprodukte von aliphatischen Kohlenwasserstoffen, z. B. fluoriertes Erdöl mit 6—10 % Fluor, Amylen, Karoten, in wässriger Emulsion, die als Spritzmittel im Pflanzenschutz, für Tierbäder, zum Schutz von Holz gegen Fäulnis oder Holzwurm, von Faserstoffen gegen Mottenfraß oder auch als Zusatz zu Anstrichmassen oder -farben benutzt werden.

Es wird ausgeführt, daß früher vorgeschlagene fluorhaltige Mittel weniger gut seien. So dissoziierten Natriumsilicofluorid oder Kryolith, die wirksame Magengifte für Insekten sind und daher Arsenverstäubungsmittel ersetzen können, wie auch Anlagerungsverbindungen von Fluorwasserstoff an Aldehyde leicht in wässriger Lösung, sodaß sie durch Fluorwasserstoff-Abspaltung die Pflanzen schädigten. Den Fluoriden anorganischer oder organischer Basen, die für den Mottenschutz vorgeschlagen wurden, hafte der gleiche Fehler an, außerdem verdampften sie aus der Textilfaser, imprägnierten sie also nicht mottenfest. Diese Nachteile hätten die genannten aliphatischen Fluorverbindungen nicht.

Allerdings hat die Du Pont erst neuerdings wieder als Mottenschutzpatent das A. P. 2 163 104 (17. 12. 36) **(132)**, übertragen von P. L. Salzberg, genommen auf wässrige Lösungen von anorganischen Fluorsalzen wie Silicofluoriden und polymere Aminoverbindungen wie Poly-dimethyl-amino-methacrylat u. ä.

Besondere Erfolge hat man bei der Bekämpfung der Reblaus mit der im Kap. 9, S. 35 erwähnten Fluorstearinsäure und einigen ihrer Derivate erzielt.

Durch das F. P. 800 303 (9. 4. 33) **(315)** sind der I. G. Pflanzenschutzmittel mit fungiziden und insektiziden Eigenschaften geschützt. Diese bestehen aus fluorierten aliphatischen Verbindungen mit mindestens 4 C, die gegebenenfalls mit anderen Insektiziden oder Fungiziden, mit Netz- oder Haftmitteln und indifferenten Streckmitteln gemischt sind. Unter den Beispielen sind fluorierte Paraffine, Fettsäuren, deren Salze oder Ester, Amide oder Nitrile, auch Alkohole, deren Ester oder Äther genannt. Versuchsergebnisse über gute Wirkung sind darin mitgeteilt von Natriumfluorstearat, Fluorstearinsäure-methyl-taurid und Fluorstearylsäureester des Natrium-oxaethan-sulfonats. Die bakterizide Wirkung soll ähnlich sein wie bei den allgemein verwendeten Kupferpräparaten.

Das DRP. 679 498 (18. 2. 34) **(38)** der gleichen Firma mit C. Platz, K. Pfaff und W. Staudermann nennt als Pflanzenschutzmittel fluorierte Olefine und aliphatische Verbindungen mit fluorhaltigen Olefinresten wie Monofluorölsäure, ihr Natriumsalz, Nitril oder Amid, Fluoräthylen, fluorhexylensaures Natrium, Fluorhexen oder Fluorbuten, sowie fluorierte Zimtsäure, Tranfettsäure oder Sorbinsäure oder die entsprechenden Alkohole. Sie werden gegebenenfalls in Mischung mit anderen Fungiziden oder Insektiziden oder mit Haft- und Netzmitteln angewandt. Auch im DRP. 621 977 **(25)** (s. S. 34) wird als Verwendung für die Produkte der Fluorwasserstoffanlagerung an Azetylenbindungen diejenige als Schädlingsbekämpfungsmittel angegeben.

Im Hinblick auf die gute Wirkung der oben angeführten Fluorstearinsäure ist ganz interessant, daß der Aluminium Comp. of America ein Insektizid geschützt ist aus Fluorwasserstoff, Natriumkarbonat und Stearinsäureverbindungen. Ihr Can. P. 380 798 (25. 2. 37) **(241)**, übertragen von J. E. Morow, nennt Gemische von Natriumfluorid und Stearinsäure mit 0,1—1 %, vorzugsweise 0,5 % Stearinsäure, bezogen auf Natriumfluorid, in Pulverform.

Weitere Kombinationen anorganischer Fluoride mit organischen Verbindungen, die zur Schädlingsbekämpfung vorgeschlagen worden sind, sollen am Ende dieser Kapitel über technisch interessierende Fluorverbindungen genannt werden. Hier sei nur noch folgendes angeführt:

In einem Patent der Schering-Kahlbaum A. G. ist als Konservierungsmittel auch Fluoressigsäure genannt. Der Hauptinhalt dieses E. P. 284 643 (D. Pr. 2. 2. 27) **(415)** soll jedoch erst im Kap. 39, S. 125 besprochen werden. Ferner sind der I. G. durch das F. P. 807 769 (D. Pr. 2. 7. 35) **(323)** Dialkyl-amino-phosphorfluoride als Schädlingsbekämpfungsmittel geschützt worden, also Verbindungen, die den anorganischen Phosphorhalogeniden nahestehen, aber aliphatische Reste tragen.

Man sieht aus diesen Darlegungen, daß beachtliche Ansätze zur Nutzbarmachung von organischen, und zwar im allgemeinen aliphatischen Fluorverbindungen auch im Gebiete der Schädlingsbekämpfung vorhanden sind. Diese Verwendung hat allerdings bei weitem nicht den Umfang angenommen, der bei den Kältemitteln bereits erreicht und in Zukunft noch zu erwarten ist.

Kapitel 15

Verwendung aliphatischer Fluorverbindungen als Lösungsmittel

Als allgemeine Lösungsmittel haben sich begreiflicherweise organische Fluorverbindungen nicht einführen lassen. Immerhin ist mehrfach darauf hingewiesen worden, daß sie gegenüber entsprechenden oder ähnlichen Chlorverbindungen den Vorzug der Ungiftigkeit haben. Sie teilen mit ihnen die Unbrennbarkeit, haben also im allgemeinen hohe Flammpunkte, und sieden meist wesentlich tiefer. In nennenswertem Ausmaße ist von einfachen Verbindungen wiederum das Difluordichlormethan als Lösungsmittel zur Verwendung gekommen. Zunächst sind hier die bereits erwähnten Fluorierungen mit elementarem Fluor anzuführen. Als erster hat wohl W. Bockemüller Difluordichlormethan als Verdünnungsmittel für Anlagerungen von elementarem Fluor an Äthylendoppelbindungen vorgeschlagen. So arbeitete er mit einer Lösung von Tetrachloräthylen in Difluordichlormethan bei —80°. Auch für die Anlagerung von Fluorwasserstoff an Stearolsäure ist im bereits S. 34 (Kap. 9) besprochenen DRP. 621 977 der I. G. das genannte perhalogenierte Fluorchlormethan als Lösungsmittel erwähnt; s. auch E. P. 429 591 **(260)** S. 31.

Unter einer Anzahl von Patenten der Edeleanu G. m. b. H., die die Behandlung von Mineralölen bzw. Kohlenwasserstoffölen mit selektiven Lösungsmitteln zum Gegenstand haben, schützt das F. P. 806 576 (A. Pr. 22. 5. 35) **(380)** die Verwendung von Difluordichlormethan als Lösungsmittel für die Abscheidung von Asphalt und Paraffin. Es bietet den Vorteil, daß es die Ausfällung des Asphaltes schon bei etwa 50°, also vergleichsweise hoher Temperatur ermöglicht, sodaß Asphalt und Paraffin gut voneinander getrennt werden. Nach dem früheren F. P. 726 032 **(295)** und den entsprechenden E. P. 373 538 **(249)** sowie A. P. 2 009 454 (D. Pr. 4. 11. 30) **(85)** sollte das Kohlenwasserstofföl vor der Behandlung mit azyklischen, bei gewöhnlicher Temperatur gasförmigen Halogenverbindungen, unter denen auch Difluor-dichlormethan genannt ist, tiefgekühlt werden.

Das wesentlich umfassendere F. P. 806 702 (A. Pr. 23. 5. 35) **(321)** der Edeleanu G. m. b. H. betrifft die Reinigung von Mineralölen mit Fluorverbindungen allgemein. Hier werden außer anorganischen folgende organische Fluorverbindungen als selektive Lösungsmittel angeführt:

Methan- und Äthanderivate, besonders gemischt und vollständig halogenierte, also außer Methylfluorid, Methylenfluorid, Fluoroform und Tetrafluormethan: Fluorchlormethan, Difluorchlormethan, Difluorbrommethan, Difluordichlormethan und Trifluorchlormethan; außer Äthylfluorid und den höher fluorierten Äthanen bis zum Hexafluoräthan: symm. und asymm.

Trifluortrichloräthan, Trifluortribromäthan, Tetrafluordichloräthan, symm. und asymm. Tetrafluordibromäthan, Pentafluorchloräthan, ferner Difluordichloräthylen und Trifluorchloräthylen; entsprechende Fluorderivate von Propan, Butan, Propylen und Butylen. Vergl. auch die Verwendung von Flußsäure zum Entsalzen von Petroleumölen nach den A. PP. 2 400 985 und 2 400 986, S. 39.

Die Selektivität des Lösungsmittels steigt nach den Angaben dieser Patentschrift mit dem Fluorgehalt, und wenn noch andere Halogene vorhanden sind, mit dem Verhältnis von Fluor zu Halogen. Halogen-Fluor-Kohlenwasserstoffe, die mehr anderes Halogen als Fluor enthalten, sind dagegen nicht als selektive Lösungsmittel brauchbar. Hier sei vorgreifend erwähnt, daß das F. P. 806 702 auch araliphatische und aromatische Fluorverbindungen für den gleichen Zweck aufzählt und zwar:

Trifluorkresol sowie ω-Trifluor-m-toluidin; fluorierte aromatische Kohlenwasserstoffe sowie 2,4-Difluor-nitrobenzol, o-Fluoranisol und o-Fluorphenetol, p-Fluoranilin und 2,4-Difluoranilin.

In diesem Zusammenhange sei darauf hingewiesen, daß man Frigen 12 auch mit Erfolg zur Entfernung von letzten Resten festen Paraffins aus Schmierölen heranziehen konnte. H. Steinle hat hierauf ein Verfahren zur Paraffinbestimmung ausgearbeitet, das besonders für Kältemaschinenöle brauchbar ist. Aus diesen scheidet sich leicht festes Paraffin zusammen mit vollkommen öllöslichen Bestandteilen in Ventilen und Regelorganen aus und führt zu unliebsamen Verstopfungen. Steinle stellte als höchstzulässigen Paraffingehalt in Ölen für Frigenkältemaschinen 0,05 % fest und konnte nach der Frigenmethode noch derartige niedrige Gehalte von einigen Hundertstel % an „Frigen-Unlöslichem" sicher bestimmen. Damit ist eine etwa vierfach so hohe Empfindlichkeit wie nach der bisher üblichen Methode der Paraffinbestimmung nach Engler—Holde mit Alkohol/Äther erreicht.

Von anorganischen Fluorverbindungen sind besonders SF_6, SO_2F_2 neben Fluoriden von Sb, Sn, As, B, Se und Te wirksam. Die selektive Wirksamkeit der einzelnen Fluorverbindungen kann dabei durch Zusatz anderer selektiver Lösungsmittel erhöht, durch nicht selektiv wirksame Stoffe herabgesetzt werden.

Vor einigen Jahren wurde von der gleichen Firma, der Edeleanu G. m. b. H. und E. Terres im DRP. 707 710 (4. 4. 39) **(42)** auch 2-Fluorpyridin als Extraktionsmittel zur Zerlegung von Kohlenwasserstoffölen vorgeschlagen. Da es sich hier um eine heterozyklische Verbindung mit aromatischem Charakter handelt, sollen Angaben über seine Herstellung erst im Kapitel 39 gemacht werden. Dieses

2-Fluorpyridin soll den besten selektiven Lösungsmitteln, flüssigem SO_2 und Furfurol, vergleichbar sein, erfordert aber keine Druckgefäße wie SO_2 oder höhere Temperaturen wie Furfurol, sondern kann bei —10° bis Raumtemperatur verwendet werden. Es liefert z. B. aus paraffinölreichen Schmieröldestillaten ein Raffinat, das hauptsächlich aus gesättigten Kohlenwasserstoffen besteht.

Das A. P. 2 449 671 (30. 7. 43) **(235)** der Kinetic, übertragen von W. W. Rhodes, beschreibt die Blütenextraktion von Pyrethrum-Arten mit geringem Wachs- und Harzgehalt mit Fluorchlormethanen oder -äthanen. Mit den bei Raumtemperatur gasförmigen Difluorchlormethan oder Tetrafluorchloräthan wird z. B. im Autoklaven extrahiert. Solche Extrakte sind besonders zur Verwendung in Druckbehältern geeignet, da bei Ventilöffnung durch das Selbstversprühen das Insektenvertilgungsmittel in gewünschter Weise fein verteilt wird.

Unter Betonung der Ungiftigkeit, Unbrennbarkeit, leichten Flüchtigkeit und des guten Lösungsvermögens bei Zellulosezubereitungen wurden schließlich im A. P. 2 056 787 (30. 1. 31) **(117)** der General Motors, übertragen von A. L. Henne, folgende Fluorchlorverbindungen als Lösungsmittel, besonders für die Fabrikation photographischer Filme vorgeschlagen:

$CFCl_3$, CF_2Cl_2, CF_3Cl; C_2FCl_5, $C_2F_2Cl_4$, $C_2F_3Cl_3$, $C_2F_4Cl_2$; $C_2F_2Cl_2$.

Hier handelt es sich also um perhalogenierte Fluorchlormethane, Fluorchloräthane und Fluorchloräthylen. Ein nicht brennbares Lösungsmittel aus einem brennbaren, niedrigen aliphatischen Alkohol mit 3 bis 35 % Fluortrichlormethan wird durch das A. P. 2 254 469 (5. 12. 38) **(143)** der Ditto Inc., übertragen von Björksten, noch ausdrücklich geschützt. Perfluor-n-heptan hat sich nach Angabe von Mc Bee und Mitarbeitern zur Trennung von Uran-Isotopen als nützlich erwiesen. Daher arbeiteten sie auch seine rationelle Darstellung eingehend aus (s. auch S. 18).

Welche der genannten Verbindungen sonst wirklich in technischem Maßstabe verwendet werden, ist schwer zu sagen, wahrscheinlich aber CF_2Cl_2 bei tiefen Temperaturen und gelegentlich ein anderer, einigermaßen billig zugänglicher Fluorstoff, besonders ein bei der Herstellung nach den Kapiteln 3 und 7 anfallendes technisches Gemisch.

Schließlich sei hier erwähnt, daß man auch hochfluorierte Kohlenwasserstoffe als hydraulische Flüssigkeit in Membranpumpen zur Verdichtung von elementarem Fluor mit Erfolg einsetzen konnte.

Kapitel 16

Verwendung aliphatischer Fluorverbindungen als elektrische Isoliermittel (Dielektrika)

Für die Verwendung flüssiger oder auch gasförmiger Stoffe als elektrische Isoliermittel ist die elektrische Durchschlagsfestigkeit maßgebend, die man in Kilovolt je cm anzugeben pflegt. Für Flüssigkeiten genügt auch die Angabe der Dielektrizitätskonstante. Bei Gasen bezieht man vielfach relative Werte der Durchschlagsfestigkeit auf Stickstoff bei 1 Atm. So fand man z. B. für Chlor eine spez. Durchschlagsfestigkeit von 2,2. Danach wurde erwartet, daß auch die Chlorsubstitutionsprodukte des Methans eine hohe Durchschlagskraft besitzen, die umso höher ist, je mehr Wasserstoffatome durch Cl ersetzt sind. Tatsächlich wurden folgende Werte für 50-periodischen Wechselstromdurchgang unter Normalbedingungen (0^0, 760 mm Hg) bei folgenden Gasen gefunden:

Gas	CH_4	N_2	CH_3Cl	Cl_2	CH_2Cl_2	$CHCl_3$	CCl_4
KV/cm	22,3	38	45,6	85	126	162	204

Für Frigen, also Difluordichlormethan, und symm. Tetrafluordichloräthan wurden von zwei Seiten Messungen der Durchschlagsfestigkeit durchgeführt. Der Franzose H. Vigneron prüfte Gemische der genannten Verbindungen mit Stickstoff und fand umso höhere Werte, je mehr Fluor-chlorderivate beigemengt waren. Die Prüfung erfolgte sowohl bei normalem als auch bei erhöhtem Druck. Unter verschiedenen Fluor-chlor-kohlenwasserstoffen erwiesen sich die beiden genannten als am besten für die Isolierung elektrischer Hochspannungsapparate geeignet. Im Laboratorium der General Electric Co. untersuchten ferner E. E. Charlton und F. S. Cooper unter anderem dieselben beiden Verbindungen und gaben relative Durchschlagsfestigkeiten bei 23^0 (760 mm Hg) an:

Für CF_2Cl_2 2,5; $C_2F_4Cl_2$ 2,8.

Daraus ergeben sich für KV/cm als Ergänzung zu den oben mitgeteilten Ziffern etwa folgende beiden Zahlen: CF_2Cl_2 96; $C_2F_4Cl_2$ 106.

Hierbei wurde übrigens gefunden, daß die Durchschlagsfestigkeit etwa proportional mit dem Druck zunahm, und auch über günstige Versuchsergebnisse an einem Hochspannungs-Transformator berichtet, der in einer Difluor-dichlor-methan-Atmosphäre betrieben wurde. Mit der gleichen Verbindung als Kühl- und Isoliermittel wurde eine Röntgenapparatur für 1 Million Volt ausgerüstet.

Zur Lichtbogenlöschung in Schaltern benutzt die British Thomson-Houston Co., Ltd. nach dem E. P. 527 042 (A. Pr. 29. 3. 38) **(276)** fluorierte Kohlenwasserstoffe + Fluorchlorverbindungen wie CHF_3, CF_3Cl, $CFCl_3$, $C_2F_4Cl_2$ und $C_2F_3Cl_3$ als strömendes Druckgas.

Flüssiges, fluoriertes Paraffinwachs, das nach dem E. P. 443 340 (s. S. 30) dargestellt wird, ist von der gleichen Firma schon früher als Dielektrikum empfohlen worden, vergl. auch F. P. 792 265 (A. Pr. 28. 7. 34) **(310)**. Wenn der Fluorgehalt mindestens dem Wasserstoffgehalt entspricht, so sind die Produkte nicht brennbar. Im F. P. 761 505 **(303)** sowie E. P. 425 324 (A. Pr. 8. 10. 32) **(257)** der Westinghouse Electric & Mfg. Co, übertragen von H. Mc Kee Elsley, ist erwähnt, daß die Beimischung von fluorierten Kohlenwasserstoffen zu halogenierten zyklischen Kohlenwasserstoffen wie Trichlorbenzol oder hochchlorierten Benzol- oder Naphthalin-Kohlenwasserstoffen (Halowax), die als Isolier- und Kühlflüssigkeiten für Transformatoren u. ä. Apparate geschützt werden, deren dielektrische Eigenschaften erhöht. Die Dielektrizitätskonstante solcher fluorierter Paraffine beträgt z. B. 5 — 7, während sie bei dem sonst verwendeten Mineralöl etwa 2,2 ist. Folgende Übersicht zeigt die günstigen Eigenschaften von zwei verschieden hoch fluorierten Produkten und ihren Halb- und Halb-Mischungen mit Trichlorbenzol.

Tabelle 6

Eigenschaften von fluoriertem Paraffinwachs

	Gew.-% Fluor	Fp	Viskosität cp	bei °C	$d\,\frac{15,5}{15,5}$
Fluoriertes Paraffinwachs	25	—14°	50"	100	0,99
Fluoriertes Paraffinwachs	45	— 3°	94"	100	1,14
Gemisch I	12,5	—	48"	38	1,12
Gemisch II	22,5	—	80"	78	1,30

Gemisch I = je 50 Gew. % fluoriertes Paraffin mit 25% Fluor und Trichlorbenzol.

Gemisch II = je 50 Gew. % fluoriertes Paraffin mit 45 % Fluor und Trichlorbenzol.

Die Kapazität einer gegebenen Apparatur (Transformator usw.) ließ sich durch Verwendung von fluoriertem Paraffin anstelle von gewöhnlichem Mineralöl um 50—75 % steigern. Das Canadische Patent 368 355 (18. 9. 35) **(240)** der Canadian General Electric Co. Ltd. schlägt fluoriertes Montanwachs mit einem Fluorgehalt von 25—45 % als Isolierstoff für Kondensatoren, Kabel und Transformatoren vor. Daß für den gleichen Zweck auch Verbindungen mit araliphatisch gebundenem Fluor vorgeschlagen worden sind, soll im Kapitel 25 noch behandelt werden. Hier mögen die obigen Hinweise genügen, aus denen die Bedeutung aliphatischer Fluorverbindungen als Dielektrika hervorgeht.

Kapitel 17

Sonstige Verwendung aliphatischer Fluorverbindungen

Wenn auch bei der technischen Verwendung aliphatischer Fluorverbindungen die in den vorigen Kapiteln besprochenen, besonders diejenigen in der Kälteindustrie (Kapitel 13) nach Bedeutung und Menge der hierfür industriell hergestellten Produkte überwiegen, so mögen hier noch einige Vorschläge für andere Verwendungsarten mitgeteilt werden.

Da sich im Gebiete der modernen Kunststoffe halogenierte Verbindungen, insbesondere bei den Polymerisationsharzen und dort vor allem das Polyvinylchlorid und andere halogenierte Vinylverbindungen einen beachtlichen Platz errungen haben, nimmt nicht wunder, daß in diesem Gebiete auch der Vorschlag gemacht worden ist, Fluorverbindungen einzusetzen.

Im DRP. 677 071 (7. 10. 34) **(37)** der I. G. mit F. Schloffer und O. Scherer, und F. P. 796 026 der gleichen deutschen Priorität **(312)** wird ausgeführt, daß im Gegensatz zu Vinylchlorid das Vinylfluorid $H_2C = CHF$ nur sehr schwer zur Polymerisation gebracht werden kann. So dürfte die Erwähnung von Vinylfluoridharz im A. P. 2 410 775 (22. 6. 45) **(185)** der Wingfoot Corp., übertr. von F. W. Cox, ohne praktische Bedeutung sein, ebenso die im A. P. 2 405 008 (21. 9. 43) **(165)** der Du Pont angegebene Härtung von Polyvinylfluorid. Stabilisatoren für Polyvinylfluorid, bestehend aus Harnstoff, Biuret, Melamin, Aminophenol und anderen primären oder sekundären Aminen oder Amiden mit einem Sdp. über dem Erweichungspunkt beschreibt das A. P. 2 406 837 (19. 11. 43) **(174)** der Du Pont, übertragen von F. L. Jonston. Mischpolymerisate aus Vinylfluorid und Vinylestern gemäß A. P. 2 406 717 (8. 10. 40) **(172)** der Monsanto Chemical Co., übertragen von Ch. A. Thomas, sollen durch besondere Lichtechtheit ausgezeichnet sein. Auch Vinylverbindungen, die ein oder mehrere Fluoratome und außerdem einen anderen Halogensubstituenten enthalten, ergeben Polymerisate, die hohe Widerstandsfähigkeit gegen Licht, Wetter, Oxydationsmittel aller Art und Chemikalien besitzen, die unbrennbar und in allen Lösungsmitteln unlöslich sind. Insbesondere sind diese Eigenschaften bei perhalogenierten Verbindungen, etwa dem Polymerisat von Trifluor-vinylchlorid $F_2C = CFCl$ ausgeprägt. Während bereits fluorfreies Polyvinylchlorid und seine Abkömmlinge weitgehend feuerbeständig sind, erreicht die Unverbrennlichkeit bei den Polymerisaten des genannten Trifluorvinylchlorids einen Höchstwert. Werden diese durch die Flamme oder glühende Körper auf Verbrennungstemperatur gebracht, so tritt wohl Zersetzung ein. Der zersetzte Rückstand kann ins Glühen gelangen, aber er unterhält an sich wie ein anorganischer erhitzter Körper in keiner Weise die Verbrennung; die Verbindung enthält ja auch fast 80 % Halogen.

Das genannte Trifluorvinylchlorid wird durch Abspaltung von zwei Chloratomen aus Trifluortrichloräthan $F_2ClC — CFCl_2$ gewonnen, das nach dem S. 29 besprochenen A. P. 1 970 562 **(67)** erhalten werden kann. Polymerisiert man im Druckgefäß beispielsweise bei 40—50° und anschließend bei 60—65°, so erhält man ein weißes, pulvriges Polymerisat, das in allen Lösungsmitteln unlöslich ist, aber infolge seines um 100° liegenden Erweichungspunktes in der Wärme verformbar ist und verpresst werden kann. Auch Mischpolymerisate, z. B. mit Vinylchlorid, können nach dem genannten DRP. 677 071 erhalten werden und lassen sich außer für Preßmassen auch zu Lackzwecken verwenden, da sie in Chlorkohlenwasserstoffen, Estern oder Ketonen löslich sind; nach dem Verdunsten dieser Lösungsmittel hinterbleiben glasklare Filme mit wertvollen Eigenschaften. Vinylidenfluoridchlorid-Polymere behandelt das E. P. 570 941 (30. 7. 45) **(278)** der American Viscose Corp., übertragen von F. G. Pearson. Dabei ist als Verwendung die Verarbeitung zu Fäden, Filmen, Überzügen oder geformten Massen genannt.

Das E. P. 589 197 (13. 6. 47) **(282)** der Du Pont schützt Vinylester der Fluoressigsäuren, sowohl Mono-, wie Di- als auch Trifluorazetate, und deren Polymere. Man erhält die Monomeren durch Einleiten von Azetylen unter Rühren in die genannten Fluoressigsäuren in Gegenwart von geringen Mengen Quecksilberoxyds und Schwefelsäure sowie Hydrochinon als Antipolymerisationsmittel. Die Polymerisate oder auch Mischpolymerisate sind unentflammbar und ergeben durchsichtige Filme, die für Lacke und Klebezwecke geeignet sein sollen. Die gleiche Firma erhielt auch ein A. P. 2 440 090 (10. 5. 44) **(222)**, übertragen von B. W. Howk und R. A. Jacobson, auf die Herstellung und Polymerisation bzw. Mischpolymerisation von Acrylsäurefluorid oder Methacrylsäurefluorid. Die Gewinnung erfolgt durch Umsetzung von

α-Methylen-carbonsäurechlorid mit Antimontrifluorid oder von α-Methylen-carbonsäureanhydrid mit Alkalifluorid. Die übliche Block-, Lösungsmittel- oder Emulsionspolymerisation führt zu Kunststoffen für die verschiedensten Verwendungszwecke.

Ein anderes Polymerisat, nämlich aus Tetrafluoräthylen $F_2C{=}CF_2$, ist im A. P. 2 230 654 (1. 7. 39) **(141)** der Kinetic, übertr. von R. J. Plunkett, geschützt worden. Es bildet sich bei normaler Temperatur unter Überdruck, vorteilhaft in Gegenwart eines Katalysators wie Zinkchlorid, Benzoylperoxyd oder Silbernitrat und zweckmäßig eines Lösungsmittels. Das als Gel oder Pulver gewonnene Polymere ist unlöslich in Wasser, Alkohol, Äther, Azeton, Petroläther, Tetrachlorkohlenstoff und anderen organischen Lösungsmitteln, auch in Eisessig oder konzentrierter Schwefelsäure oder Salpetersäure, und zu hitze- und oxydationsbeständigen klaren und farblosen Preßmassen verarbeitbar. Über das Produkt das auch durch die Amerikanischen Patente 2 393 967 (5. 2. 46) **(144)** der Du Pont, übertragen von M. M. Brubaker, 2 394 243 (1946) **(145)**, übertr. von Jojce, E.P. 585 396 (6. 2. 47) **(281)** sowie 2 401 897 (4. 4. 40) **(157)** der Kinetic, übertr. von F. B. Downing, und R. J. Plunkett und 2 403 476 (9. 7. 46) **(159)**, übertr. von K. L. Berry und J. R. Downing geschützt ist, berichteten eingehend M. M. Renfew und E. E. Lewis.

Es ist als „Teflon" in den Handel gebracht worden und kann infolge hoher Wärmebeständigkeit sowie Widerstandsfähigkeit gegen Chemikalien, und zwar praktisch allen bis auf metallische Alkalien, zwischen Raumtemperatur und 250° vielseitige Verwendung finden. (Vergl. auch S. 188.)

Das körnige, feste Polymerisat aus gasförmigem Tetrafluoräthylen ist in dünner Schicht durchsichtig, in dickerer wachsähnlich grau bis weiß, schmilzt nicht, zeigt erst bei 327° Festigkeitsabnahme und bei etwa 400° Zersetzung durch Depolymerisation. Allerdings läßt sich ab 215° langsame Gasentwicklung von fluorhaltigen Zersetzungsprodukten feststellen. Hervorgehoben wird auch die besondere Eignung zur Hochfrequenz-Isolierung und die Möglichkeit der spanabhebenden Bearbeitung, wodurch die in Form von Stäben, Blöcken oder Rohren vorliegenden Teflonstücke auch zu komplizierteren Formteilen verarbeitet werden können. So ist es für Dichtungs- und Packungsmaterial, als Dielektrikum für Kabelisolierung, für hitzebeständige Kleidung, Schutzbrillengläser, für Flanschdichtungen, Ventilscheiben u. ä., zum Korrosionsschutz oder als Rohrmaterial im chemischen Apparatebau empfohlen worden. Bei Bewitterung zeigte sich ein Jahr ohne Einfluß. Auch als Dichtungsmaterial bei Fluorgeneratoren, so für die Hochtemperaturzelle aus Monelmetall nach R. D. Fowler, W. B. Burford und Mitarbeitern ist Teflon mit Erfolg verwendet worden.

Seine sowie seiner Mischpolymerisate Verformung ist in den folgenden Du Pont-Patenten näher behandelt, in denen eine größere

Zahl von Anwendungen als Elektroisoliermittel verschiedenster Art, zum Auskleiden von Behältern, für Filtergeräte bei Beanspruchung durch konzentrierte Säuren, Laugen oder Lösungsmittel, sowie für besonders widerstandsfähige Bauelemente genannt ist:

A. P. 2 400 091 (20. 9. 44) **(147)**, übertr. von J. Alfthan, A. P. 2 400 099 (25. 10. 43) **(144)**, übertragen von M. M. Brubaker und W. E. Hanford sowie A. P. 2 400 094 (2. 3. 44) **(148)**, übertragen von A. F. Benning und W. H. Markwood jr., und A. P. 2 406 127 (25. 5. 44) **(167)**, übertragen von J. Alfthan.

Mischpolymerisate aus 50 bis 85 % Tetrafluoräthylen und 50 bis 15 % Äthylen werden durch das A. P. 2 412 960 (19. 3. 45) **(191)**, übertragen von K. L. Berry, geschützt, solche aus Vinylfluorid und Vinylchlorid, die durch Erhitzen auf 40 bis 200° in Gegenwart von Peroxydkatalysatoren erhalten werden sollen, durch das A. P. 2 409 948 (1. 3. 45) **(184)**, übertragen von E. L. Martin. Das A. P. 2 448 978 (14. 12. 44) **(231)** der Du Pont, übertragen von F. W. Hoover, erwähnt u. a. Teflon in Mischpolymerisaten und zusammen mit N-Alkoxy-methyl-polyamiden. Eine Depolymerisation kann nach dem A. P. 2 406 153 (23. 6. 44) **(168)** der gleichen Firma, übertragen von E. E. Lewis, vorgenommen werden. Auch polymeres Trifluorchloräthylen wird nach dem A. P. 2 420 222 (6. 5. 47) **(207)** der Du Pont, übertragen von A. F. Benning und J. D. Park, durch Pyrolyse im Nickelrohr bei 450 bis 475° depolymerisiert, wobei neben dem Monomeren auch Hexafluor-dichlor-zyklobutan und ein unbekanntes Öl vom Sdp. —18° gefaßt wurden. Die Verwendung von Harzen aus Poly-Tetrafluoräthylen zu Lackzwecken und zwar für Metallüberzugs-Decklacke erwähnt ausdrücklich H. W. Dell.

Kautschukartige, vulkanisierbare und gegen Lösungsmittel beständige Polymere, die größere Mengen Füllstoffe aufnehmen können, erhält man nach dem D. R. P. 737 276 (9. 4. 37) **(47)** der I. G. mit W. Bock durch Polymerisation von 2-Fluor-3-chlor-butadien (1,3), doch ist nicht bekannt geworden, ob derartige Produkte in Spezialbuna-Sorten Verwendung gefunden haben.

Die beschriebenen Verfahren, von denen das erstgenannte auch Fluor-brom-vinylverbindungen umfaßt, zeigen die Möglichkeit der technischen Verwendung aliphatischer Fluorverbindungen im Kunststoffgebiet.

Auch als chemische Kampfstoffe sind aliphatische Fluorverbindungen in Vorschlag gebracht worden. Insbesondere als starkwirkende Augenreizstoffe zählt Sartori folgende Verbindungen auf: Fluorameisensäure-methyl- und -äthylester, die aus den Chlorkohlensäureestern mittels Thalliumfluorid (s. S. 21) erhalten wurden und Flüssigkeiten von den tiefen Siedepunkten 40 bzw. 57° darstellen, sowie Fluorazeton vom Sdp. 72°, das in gleicher Weise aus dem Bromazeton darstellbar ist. Über seine physiologische Wirkung ist allerdings nur gesagt, daß es einen stechenden Geruch besitzt und zu Tränen reizt. Ähnlich wirkt ω-Fluorazetophenon, das allerdings wesentlich höher siedet (Kp_{18} 98°) und eigentlich zu den araliphatischen Fluorverbindungen gehört (s. S. 82). Die Methyl- und Äthylester der Fluorsulfonsäure, die als giftige, zu Tränen reizende Flüssigkeiten von ätherischem Geruch und dem Sdp. 92° (bzw. 45° bei 160 mm) beschrieben worden sind, enthalten das Fluor nicht in organischer Bindung. Sie sind als „Sarane" bezeichnet worden. Schließlich sind 2 Verbindungen der Einkohlenstoffreihe zu nennen:

Fluorzyan, ein farbloses Gas, das bei —72° sublimiert und in Wasser unlöslich ist. Es wurde, ebenfalls zu den Augenreizstoffen gehörend, aus Jodzyan und Silberfluorid im Einschmelzrohr bei 220° in der schlechten Ausbeute von 20—25 % erhalten. Praktische Bedeutung dürfte ihm nicht zukommen.

Dem Chlorpikrin entspricht Trifluornitromethan $F_3C—NO_2$, das aus Fluor und Silberzyanid in Gegenwart von Silbernitrat erhalten wurde; es ist ein ziemlich beständiges, hellblaues Gas vom Sdp. —80° und Schmp. —150° und unangenehmem Geruch.

Man hat den Eindruck, daß praktische Bedeutung keiner der im Kampfstoffgebiet vorgeschlagenen organischen Fluorverbindung zukommt, da es genug andere billige Augenreizstoffe gibt und bisher keine besonders hervorstechende neue Wirksamkeit gefunden worden ist, die eine Verwendung rechtfertigen würde.

Schließlich sind einige einfache aliphatische Fluorverbindungen als Feuerlöschmittel vorgeschlagen worden, so nahm W. Ursum das DRP. 587 932 (1. 7. 31) **(19).** Dieses schützt die Verwendung von Frigenen, z. B. Frigen 12 (Difluordichlormethan) als Feuerlöschmittel. Dabei können die genannten Stoffe infolge ihres niedrigen Siedepunktes auch Druckerzeugungsmittel sein und vor allem gleichzeitig beide Zwecke erfüllen. Das F. P. 782 140 (24. 2. 34) **(306)** des Franzosen A. C. Malzac schlägt außer Frigen 12 auch Fluor-chlor-brommethan oder Difluor-brom-jod-methan vor. Die Verwendung der genannten Verbindungen anstelle des Tetrachlorkohlenstoffes, dem sie chemisch ähneln, liegt nahe, doch dürften sie preislich nicht mit diesem in Wettbewerb treten können. So hat sich in der Praxis wohl kein Frigen als Feuerlöschmittel einführen lassen.

Polyfluoralkylsulfonsäuren der allgemeinen Formel

$$(HX_2C—CX_2—SO_3)_nM,$$

worin ein X Fluor, die anderen X = H oder Halogen sein können und

M = H, ein Metall oder ein anorganischer Rest ist, während n die Wertigkeit des Metalls angibt, werden im A. P. 2 403 207 der Du Pont (vergl. S. 172) **(158)** als Flammschutzmittel empfohlen, z. B. Tetrafluor-äthan-sulfonsäure oder ihre Salze sowie Halogenide. Andere Verwendungszwecke für aliphatische Fluorverbindungen sind gelegentlich in Patentschriften genannt worden. So erwähnt beispielsweise das DRP. 621 977 **(25)** (s. S. 34) außer Schädlingsbekämpfung noch Desinfektion sowie für die höher molekularen Produkte die Anwendung als Textilhilfsmittel, bei den in Wasser nicht löslichen in Form von Emulsionen. Ein Fluorstoff, der sich für diese genannten Zwecke besonders eingeführt hat, ist allerdings bisher nicht bekannt geworden. Diese Vorschläge sind offenbar im Zusammenhang damit gemacht worden, daß für den gleichen Zweck Gemische anorganischer Fluoride zusammen mit organischen Verbindungen eingeführt worden sind. Allerdings gehört das F. P. 846 406 (D. Pr. 25. 11. 37) **(331)** der I. G. mehr in das Gebiet der Schädlingsbekämpfung als in dasjenige von Textilhilfsmitteln. Es betrifft den Schutz von zellulosehaltigen Faserstoffen gegen Insektenfraß durch Imprägnierung mit wässrigen Lösungen von Fluoriden oder Salzen der Borsäure, Selenigen Säure oder besonders komplexer Säuren wie Borfluorwasserstoffsäure, Kieselfluorwasserstoffsäure, Titanfluorwasserstoffsäure, Borfluoressigsäure u. ä. mit organischen oder anorganischen Basen. Dabei kann das Gewebe mit der wässrigen Lösung der genannten Salze getränkt oder die Behandlung auch gleichzeitig mit der Appretur oder in einer sonstigen Bearbeitungsphase vorgenommen werden.

Eine gleichartige oder ähnliche Verwendung auch organischer Fluorverbindungen anstatt der vorgeschlagenen Kombinationen erscheint demnach möglich.

Das A. P. 2 186 916 **(135)** u. 2 186 917 (11. 1. 34) **(136)** der Standard Oil Development Co., übertr. von P. J. Gaylor ist nicht ausdrücklich auf aliphatische Fluorverbindungen beschränkt, dürfte aber im wesentlichen fluorierte Paraffine betreffen. Es schützt Schmierölverbesserungsmittel, und zwar solche fluorierte organische Verbindungen, die bei einem Siedepunkt über 200° einen Fluorgehalt von 5 bis 60 %, auch 70 % haben. Durch ihren Zusatz wird das Schmieröl druck- und feuerbeständig, seine Oxydationsneigung vermindert sich, und die Polymerisation ungesättigter Verbindungen wird verhindert. Das A. P. 2 446 251 (13. 7. 45) **(229)** der USA., U. S. Atomic Energy Commission, übertragen von T. W. Strichlin, behandelt eine Rohrverbindungsmasse für Fluorleitungsrohre. Diese besteht neben wasserfreiem, gepulvertem Calciumfluorid aus perfluoriertem Schmieröl, das durch Fluorieren einer Schmierölfraktion vom Sdp. (10 mm) 200 bis 300 ^{0} hergestellt wird und einen mittleren C-Gehalt von 20 C je Mol, einen Sdp. (10 mm) 208 bis 218 ^{0} und einen Rest-H-Gehalt von 0,07 % haben soll. Als Schmiermittel sind auch kolloide Dispersionen von 2 bis 10 Teilen Graphit auf 88 bis 90 Teile eines Halogenkohlenwasserstoffgemisches aus 20 Teilen Fluordichlormethan und 80 Teilen Äthylchlorid oder Methylchlorid vorgeschlagen worden, und zwar durch das A. P. 2 449 114 (25. 10. 44) **(232)** der Gebauer Chemical Co., übertragen von Ch. L. Gebauer.

Als Schmieröle empfahlen W. T. Miller und Mitarbeiter (vergl. S. 151) auch Anlagerungsprodukte von elementarem Fluor an Perfluor-butadien (1,3), $F_2C{=}CF{-}FC{=}CF_2$, die bei tiefen Temperaturen entstanden und als Polymere wie C_8F_{18}, $C_{12}F_{26}$, $C_{16}F_{34}$ und $C_{28}F_{58}$ neben C_8F_{12} und $C_{12}F_{18}$ angegeben sind. Auch polymere Öle aus der Fluorierung von polymerisiertem Trifluor-chloräthylen mittels Cobalttrifluorid bei 200^0 erwiesen sich als gute Schmieröle. Über ihre technische Herstellung im Versuchsbetriebe machten Belmore, Ewald und Wojcik nähere Angaben. G. W. Winogradow hat bei der Untersuchung von Schmierölen und Schmiermitteln auch Perfluorkohlenwasserstoffe und Fluor-chlor-kohlenwasserstoffe mit herangezogen und z. B. auch mit Silikonen verglichen.

Die Fluorverbindungen sind ferner geeignet als Zusatzmittel zu Farben und Lacken, Gummi, Asphalt, Überzugsmassen, Isolierölen, Lösungsmitteln, Wachsen, Brennstoffen, Extraktionsmitteln für leichte und schwere Kohlenwasserstoffe, d. h. es werden auch Verwendungen angegeben, wie sie bereits im Kapitel 15 behandelt worden sind.

Den rein aliphatischen Fluorverbindungen, denen die vorangegangenen Kapitel gewidmet waren, stehen in ihren Bildungsweisen diejenigen aromatischen Verbindungen nahe, die in ihren aliphatischen Seitenketten Fluoratome enthalten: Diese araliphatischen Fluorverbindungen haben seit einigen Jahren einiges technisches Interesse gefunden. Sie seien daher im folgenden Abschnitt näher besprochen.

B. Aromatische Verbindungen mit fluorhaltiger Seitenkette

(Araliphatische Fluorverbindungen)

Teil 1

Herstellung araliphatischer Fluorverbindungen

Das weitaus größte Interesse an Fluorverbindungen dieser Körperklasse haben diejenigen Verbindungen gefunden, die Toluolabkömmlinge sind und deren an aromatischen Ringsystemen stehende Methylgruppe vollständig fluoriert ist, also Verbindungen mit der Trifluormethylgruppe —CF_3. Diese kann einmal oder mehrmals im Molekül vorhanden sein.

Kapitel 18

Herstellung von Trifluormethyl-Verbindungen (Benzotrifluoride)

Die ersten Verbindungen dieser Art hat wiederum F. Swarts dargestellt. Er erhielt z. B. die einfachste Verbindung, ω-Trifluortoluol = Benzotrifluorid $C_6H_5CF_3$, aus Benzotrichlorid mittels Antimontrifluorid, also nach der Methode, die im Kap. 6 näher beschrieben wurde. Auch andere Verbindungen mit fluorsubstituierter Methylgruppe am Benzolring wurden von Swarts näher untersucht.

Benzotrifluorid und entsprechende Verbindungen wie ω-Hexafluorxylole oder kernchlorierte Benzotrifluoride sind heute nach dem DRP. 575 593 (10. 11. 31) **(18)** der I. G. mit Ph. Osswald, F. Müller und F. Steinhäuser leicht durch Umsetzung von Benzotrichlorid mit wasserfreier Flußsäure zugänglich, also ebenso wie rein aliphatische Verbindungen mit der Trifluormethylgruppe.

Zum Beispiel werden 460 kg p-Chlor-benzotrichlorid mit 135 kg 99%ig. HF ein bis zwei Stunden auf 110° erhitzt. Hierbei wird in einem eisernen Druckgefäß mit Rückflußkühler gearbeitet und der Druck auf 10—14 Atm. dadurch gehalten, daß man das entstehende HCl-Gas durch ein Ventil teilweise entweichen läßt. Dabei soll nur etwas HF, aber kein aromatisches Produkt mit entweichen. Die fraktionierte Destillation des Reaktionsproduktes liefert 310 kg p-Chlorbenzotrifluorid neben nur 15 kg p-Chlorbenzalfluorid und wenigen kg p-Chlorbenzoesäure.

Auch die gleichzeitige Umwandlung mehrerer -CCl_3-Gruppen in -CF_3 gelingt so, wodurch u. a. Hexafluorxylole zugänglich sind. Das zugehörige F. P. 745 293 (D. Pr. 9. 11. 31) **(301)** behandelt die Gewinnung verschieden substituierter, -CF_3-Gruppen enthaltender aromatischer Verbindungen. Für nicht vollständig fluorierte o-Xylole, die in entsprechender Weise durch nacheinander erfolgenden Ersatz von Cl durch F in der Seitenkette erhalten werden, sind noch die auf S. 84/85 näher zu besprechenden DRP. 668 033 (25. 10. 35), **(34)**, F. P. 812 531 **(326)** und E. P. 465 885 der gleichen deutschen Priorität **(269)** zu nennen. Auch das F. P. 820 795 (D. Pr. 18. 4. 36) **(328)** der I. G. gehört hierher. Es schützt die Herstellung von Trifluor-methylbenzoesäuren aus den Chlorverbindungen mit Fluorwasserstoff oder Antimontrifluorid.

Einen anderen Sonderfall, nämlich die Herstellung von aromatischen Aminoverbindungen mit Trifluormethylgruppen, hat sich die I. G. später noch durch das F. P. 459 890 (18. 7. 35) **(267)** schützen lassen. Danach werden Verbindungen der allgemeinen Formel $R_1 < {CO \atop CO} > N{-}R{-}CCl_3$, in denen $R_1 < {CO- \atop CO-}$ vornehmlich der Rest der Phthalsäure ist und R einen aromatischen Rest bedeutet, und die nach dem E. P. 459 881 **(266)**, sowie F. P. 805 492 (D. Pr. 27. 4. 35) **(318)** dargestellt werden, bei erhöhter Temperatur in Gegenwart oder Abwesenheit eines Lösungsmittels und vorteilhaft unter Druck mit Flußsäure umgesetzt. Die Amine selbst erhält man aus den so dargestellten Phthalimiden in üblicher Weise durch Abspaltung des Azylrestes.

Vielfach stehen die Verfahren zur Herstellung von Verbindungen Aryl-CF_3 in Parallele zu denjenigen, nach denen Alkyl-CF_3 gewonnen werden. So gilt das S. 14 näher besprochene F. P. 720 474 (Am. Pr. 20. 9. 30) **(292)** sowie das Zusatzpatent F. P. 43 972 (A. Pr. 10/21. 8. 32) **(287)**, vergl. DRP. 552 919 (A. Pr. 20. 9. 30) **(13)** der K i n e t i c gleichzeitig für die Fluorierung araliphatischer Halogenkohlenwasserstoffe mittels Fluorwasserstoff und Katalysatoren wie Metallhalogenide, auch Antimonhalogenide und/oder Kohle. Ebenfalls hierher gehören die folgenden Amerikanischen Patente der gleichen Firma:

Das A. P. 2 005 710 (Can. Pr. 20. 5. 31) **(80)**, vergl. S. 13, schützt u. a. die oben angegebene Umsetzung von Benzotrichlorid, auch von substituierten Benzotrichloriden. Z. B. wird mit Fluorwasserstoff bei 110° Fluorbenzalchlorid $C_6H_5CFCl_2$ und Difluorbenzylchlorid $C_6H_5CF_2Cl$ erhalten, während in Gegenwart von Phosphorpentachlorid bereits bei Raumtemperatur (20—25°) auch völliger Ersatz des Chlors und Bildung von Benzotrifluorid erreicht wird. o-Chlorbenzotrichlorid wird in o-Chlorbenzotrifluorid beispielsweise durch Fluorwasserstoff in Gegenwart von Phosphorpentachlorid und gemischten Antimonchloriden-fluoriden umgewandelt. Ebenfalls Phosphorhalogenide nennt als Katalysatoren der Fluorwasserstoffeinwirkung auf Benzotrichlorid oder seine Substitutionsprodukte das A. P. 2 005 712 (31. 8.

32) **(82)** übertragen von L. C. Holt und E. L. Mattison, während das Verfahren des A. P. 1 967 244 **(66)** vom gleichen Tage mit Fluorwasserstoff ohne Überträger oberhalb 80⁰ den Ersatz von Chlor in der Seitenkette aromatischer Verbindungen bewirkt. Benzotrifluoridbildung tritt dabei über 110⁰ ein, und der Fluorwasserstoff darf auch geringe Mengen Wasser enthalten. Das A. P. 2 004 931 (30. 3. 31) **(75)**, übertragen von H. D. Daudt und E. L. Mattison, arbeitet mit Gemischen von Schwermetallfluoriden, Antimonchloriden und Chlor. Schließlich ist noch das A. P. 2 062 743 (12. 6. 35) **(121)**, vergl. S. 14 zu nennen. Als Beispiel sind hier die Umsetzungen von Benzotrichlorid mit Fluorwasserstoff bei 175⁰ oder ebenfalls in Gegenwart von Phosphorpentachlorid beschrieben, die neben Benzotrifluorid auch die teilweise fluorierten ω-Chlorbenzyl- und ω-Chlorbenzalfluoride liefern. Aus o-Chlorbenzotrichlorid wird o-Chlorbenzotrifluorid erhalten.

Ebenso wie es für aliphatische Fluorverbindungen im Kap. 6, S. 25 geschildert wurde, sind auch die araliphatischen durch Umsetzung der Verbindungen der anderen Halogene mit Doppelverbindungen des Antimontrifluorids zugänglich. Die Patente der I. G. hierüber sind das DRP. 660 532 (9. 8. 35) **(33)** mit A. Zitscher und H. Kehlen sowie das F. P. 809 301 **(324)** mit der gleichen Priorität. Danach werden die Halogenverbindungen wie Benzotrichlorid mit z. B. $2NaF . SbF_3$ oder $NH_4HF_2 . 2SbF_3$ für sich oder in geeigneten Verdünnungsmitteln bei 120—140⁰ unter Rückfluß erwärmt. Als Verdünnungsmittel werden Trichlorbenzol oder andere, auch Paraffinöl, genannt. Ein Molverhältnis von $1 : 2^2/_3$ hat sich am besten bewährt, bei weniger Antimontrifluorid gibt es z. T. Mono- und Difluorierung.

Diese Methode hat das Gebiet der ω-trisubstituierten araliphatischen Verbindungen weitgehend erschlossen, sie ist auch im Laboratoriumsmaßstabe angewendet worden, z. B. von R. Aeberhardt bei seinen noch zu erwähnenden Untersuchungen zur Fluorierung von Benzotrichloriden.

Verbindungen, die außer der Trifluormethylgruppe noch andere Substituenten am aromatischen Kern enthalten, sind in größerer Zahl dargestellt worden. Hier seien besonders Derivate des ω-Trifluor-m-toluidins erwähnt, mit denen sich das DRP. 629 257 (4. 10. 34) **(27)** und das zugehörige F. P. 795 922 **(311)** mit derselben Deutschen Priorität der I. G. mit H. Kracker und F. Herrlein befaßt. Es betrifft die Herstellung von Amino-trifluormethyl-arylsulfonsäuren, wie sie für Farbstoffe verwendet werden. Z. B. wird m-Trifluormethylanilin in Trichlorbenzollösung mit Chlorsulfonsäure innerhalb 4 bis 5 Stunden bei 180⁰ sulfoniert zur trifluormethylsubstituierten Sulfanilsäure I. Entsprechend werden II und III dargestellt aus den isomeren o- und p-ω-Trifluortoluidinen. Es werden ferner die halogenierten Anilinsulfonsäuren IV bis VI und VIII bis X, gleichartige nitrierte (IV, V, VII) oder alkoxylierte Verbindungen, besonders nach IV und V, solche mit 2 Trifluormethyl-Gruppen wie XI oder z. B. Sulfonaminosulfonsäuren wie XII genannt. Zu ihrer Herstellung geht man von den ω-Trifluortoluidinen aus, bringt also das Fluor möglichst zeitig in das Molekül.

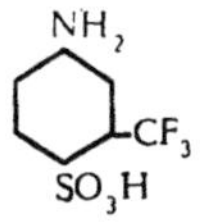
(I)

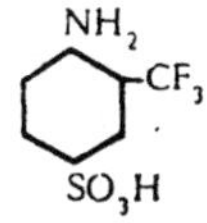
(II)

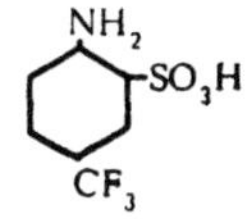
(III)

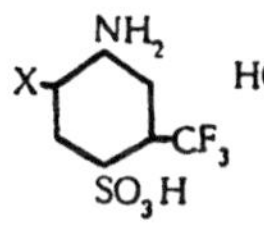
(IV)

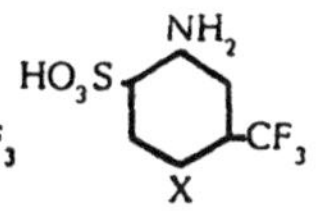
(V)

$X = Cl$, Br oder NO_2
$X = -OCH_3, -OC_2H_5$ $X = \cdot OCH_3$, oder $-OCH_2-C_6H_5 \cdot -OC_6H_5$ oder $-SO_2CH_3$

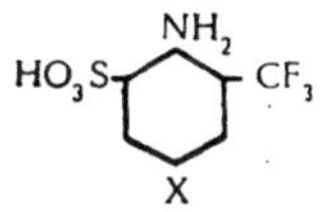
VI: X=Cl oder Br.
XII: $X = SO_2C_6H_5$

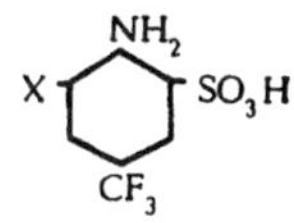
VII: $X = NO_2$

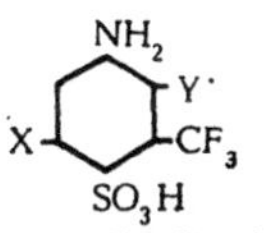
VIII: X = Cl oder Br.
Y = Cl oder Br.
XI: $X = CF_3$, Y=Cl.

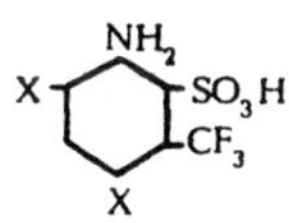
(IX)
X = Cl oder Br.

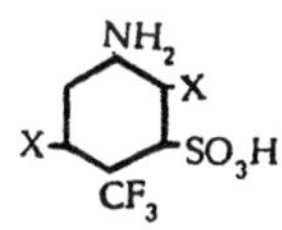
(X)
X=Cl oder Br.

Derartige Verbindungen werden uns im Abschnitt B 3 als Ausgangsverbindungen für Farbstoffe begegnen, z. B. auch für das Rot der ehemaligen Reichsflagge. Zunächst soll das nächste Kapitel von araliphatischen Fluorverbindungen mit weniger Fluor im Molekül handeln.

Kapitel 19

Zur Gewinnung von Benzyl- und Benzalfluoriden

Gegenüber den Verbindungen mit der Trifluormethylgruppe treten die weniger hoch fluorierten araliphatischen Verbindungen an Bedeutung weit zurück. Immerhin möge an dieser Stelle einiges von ihnen erwähnt werden.

Für das einfache Benzylfluorid $C_6H_5CH_2F$ gaben kürzlich G. Wittig und H. Witt eine interessante Darstellung aus Phenyldiazomethan $C_6H_5CH_2N_2$ an; sie setzten dieses mit wasserfreier Flußsäure in Äther bei —70° um, wobei sie allerdings nur 18 % Ausbeute an reinem Produkt vom Sdp. 60—61° erzielten. Früher hatten Ch. L. Tseng, P. T. Chia und T. S. Ho die gleiche Umsetzung mit konzentrierter, 40%iger Flußsäure versucht, jedoch bildet sich bei Gegenwart von Wasser unter Stickstoffentwicklung nur Benzylalkohol. Dies war zu erwarten; denn nach Th. Curtius gelang auch die Darstellung von Fluoressigester aus Diazoessigester und konzentrierter Flußsäure nicht. Dagegen konnte Benzylfluorid auch durch trockene Destillation von Benzyl-trimethylammoniumfluorid erhalten werden.

Auch ω-Fluorazetophenon, C_6H_5—CO—CH_2F, das im Gebiete der chemischen Kampfstoffe als Augenreizstoff empfohlen wurde (s. S. 75), kann aus Diazoazetophenon mit Fluorwasserstoff erhalten werden, wie G. Schiemann (unveröffentlicht) fand. Aus ω-Bromazetophenon wurde es unmittelbar durch Umsetzung mit Thallofluorid durch P. Ch. Ray, H. Ch. Goswami und A. Ch. Ray, vergl. S. 21, nur als braune Flüssigkeit erhalten, während es in reinem Zustande farblos ist.

Benzalfluorid wurde von Swarts aus dem Chlorid mit Antimontrifluorid nach der im Kapitel 6 beschriebenen Methode dargestellt. Auf deren Eignung zur Umsetzung Ar–$\diagdown CCl_2 \rightarrow$ Ar–$\diagdown CF_2$ wurde dort bereits hingewiesen.

Abgesehen von dem oben erwähnten ω-Fluorazetophenon sind sonstige Verbindungen mit Fluor an aliphatischen Seitenketten aromatischer Verbindungen, besonders an vom Ring entfernterer Stelle, kaum bekannt geworden oder jedenfalls bisher ohne technische Bedeutung geblieben. Wenn man sie darstellen will, wird man sich im allgemeinen an die Methoden halten können, die im rein aliphatischen Gebiete behandelt wurden.

Aus neuester Zeit ist hier noch das A. P. 2 238 242 (24. 6. 39) **(142)** von Du Pont, übertr. von Balon und Tinker, zu erwähnen. Es schützt araliphatische Fluorverbindungen der allgemeinen Formel C_6H_5 - (CFHalg.)$_x$ - C_6H_5, in der x gleich 1 oder 2 ist und bei $x = 1$ auch anstelle des Halg. außer Fluor Wasserstoff stehen kann. Die beiden Phenylkerne können auch beliebig alkyliert sein. Die technische Bedeutung dieses A. P. als Herstellungspatent läßt sich noch nicht übersehen, sie dürfte aber nicht sehr groß sein.

Teil 2

Eigenschaften der Verbindungen mit Trifluormethyl am aromatischen Ring

Kapitel 20

Allgemeine Eigenschaften

Auch bei den Verbindungen mit Fluor in der Seitenkette aromatischer Verbindungen haftet das Fluor so fest, daß viele Umsetzungen wie mit fluorfreien Grundstoffen vorgenommen werden können. So lassen sich Benzotrifluorid und seine Substitutionsprodukte ohne Schwierigkeiten chlorieren, bromieren, nitrieren (Swarts, 1898) oder sulfonieren. Man erhält z. B. mit rauchender Salpetersäure m-Nitrobenzotrifluorid und kann dieses durch Reduktion leicht in ω-Trifluor-m-toluidin (m-Trifluormethyl-anilin) überführen. Diese bereits S. 80 erwähnte Verbindung wird als Ausgangsstoff für Farbstoffe in den Kapiteln 21 ff. noch öfters begegnen. Es ist eine toluidinähnliche Flüssigkeit, deren einfache Konstanten denen ihres Grundkörpers gegenübergestellt seien:

Tabelle 7

Eigenschaften von ω-Trifluor-m-toluidin

	Sdp.	Dichte	Azetyl- Sdp.	Azetyl- Schmp.
ω-Trifluor-m-toluidin	187	1,3047	287	103
m-Toluidin	203	0,9961	303	65,5

Die Erniedrigung des Siedepunktes beträgt also ebenso wie bei den Azetylderivaten etwa 15°, während der Schmelzpunkt der letzteren um fast 40° erhöht ist. Daß Fluorderivate höhere Dichten haben als ihre Grundkörper, ist eine allgemeine Erscheinung (vergl. S. 3 u. 113). Auf den genauen Ziffernunterschied sei dabei kein besonderer Wert gelegt, zumal die angegebenen Werte für die Dichte nicht der gleichen Temperatur entsprechen.

Die Trifluormethylgruppe am Benzolkern dirigiert neu eintretende Substituenten nach m-, sie ist also ein Substituent II. Ordnung und entspricht damit der -CCl_3-Gruppe, auch der -CHO- oder -COOH-Gruppe. Daß der Eintritt der Nitrogruppe in m-Stellung zu -CF_3 stattfindet, bewies bereits Swarts durch Überführung des soeben genannten Anilins in m-Trifluormethyl-benzonitril und dessen Verseifung zu m-Trifluortoluylsäure, wobei auch etwas Isophthalsäure entstand. E. Wertyporoch untersuchte die Chlorprodukte und fand bei der unmittelbaren Chlorierung ebenfalls hauptsächlich m-

Chlorbenzotrichlorid. Das F. P. 800 343 (D. Pr. 3. 1. 35) **(316)** der I. G. befaßt sich mit der Herstellung von Nitroverbindungen m-substituierter Benzotrifluorid-verbindungen der allgemeinen Formel worin X Halogen, -NH_2 oder -$NHCOCH_3$ bzw. allgemein Acylamino bedeutet. Dabei wird gesagt, daß die Nitrogruppe in o-, seltener in p-Stellung zu -CF_3 trete. Aber tatsächlich liegt hier keine Ausnahme von der obigen m-Regel für -CF_3 vor; vielmehr dirigieren eben die genannten Substituenten X ausgesprochen nach p- (d. i. o- zu -CF_3) und in geringerem Maße nach o- (d. i. p- zu -CF_3), und diese o-p-Direktion ist derjenigen nach m- durch -CF_3 überlegen, wie dies allgemein gilt.

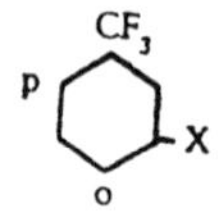

Da weitere Umsetzungen an Chlor-, Nitro- oder Aminoverbindungen mit einer oder mehreren CF_3-Resten am aromatischen Ring durchgeführt werden können, ohne daß die Trifluormethylgruppe stört, stehen beliebige Trifluormethylderivate zur Verfügung.

Als Beispiel sei das F. P. 745 293 (D. Pr. 9. 11. 31) **(301)** der I. G. angeführt. Danach kann man u. a. das aus p-Chlorbenzotrichlorid (I) erhältliche p-Chlorbenzotrifluorid (II) nach Nitrierung zum 4-Chlor-3-nitro-benzotrifluorid (III) durch Umsetzung mit Ammoniak im Autoklaven in 4-Amino-3-nitro-benzotrifluorid (p-Trifluormethyl-o-nitranilin) (IV) überführen oder durch Kochen mit methylalkoholischer Lauge in das 4-Methoxy-3-nitrobenzotrifluorid (V); demnach wird also die bekannte Lockerung des Chlors durch die o-ständige Nitrogruppe durch die Anwesenheit der CF_3-Gruppe nicht gehindert.

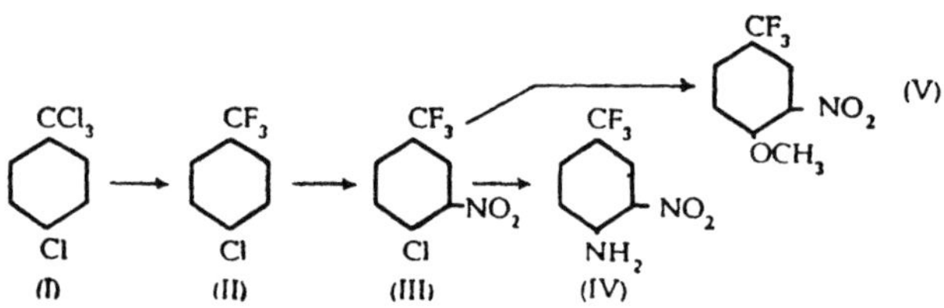

Bei den Arbeiten, die in den Patenten der I. G. niedergelegt sind, wurden einige Beobachtungen gemacht, die O. Scherer mitteilte. Er wies darauf hin, daß die für die Gewinnung von Derivaten mit mehr als einer Trifluormethylgruppe erforderlichen, in den Methylgruppen perchlorierten Xylole oder ps-Kumol kaum bekannt waren. Bei Verwendung eines Chlorüberschusses ließen sich m- und p-Xylol und entsprechende Benzolhomologe mit nicht benachbarten Methylgruppen perchlorieren. Aber o-Xylol und andere Kohlenwasserstoffe mit benachbarten Methylgruppen ergaben höchstens Trichlormethylbenzalchlorid (VI) oder Bis-trichlormethyl-benzalchlorid (VII) usw. (Vergl. DRP. 668 033 (25. 10. 35) **(34)**, vergl. auch S. 79 sowie F. P. 812 531 **(326)** und E. P. 465 885 **(269)** der gleichen Deutschen Priorität). Während nun Benzalchlorid mit wasserfreiem Fluorwasserstoff nur harzige Produkte liefert, ließen sich VI und VII ohne weiteres in die Trifluormethyl-benzalfluoride VIII und IX überführen. Durch deren Chlorierung erhält man ohne Schwierigkeiten die in den Methylgruppen perhalogenierten Verbindungen 1-Difluorchlormethyl-2-trifluormethyl-benzol (X) und 1-Difluorchlormethyl-2,5-bis-trifluor-methylbenzol (XI). Darin ist der Beweis zu sehen, daß die in VI und VII bereits vorhandenen Chloratome infolge ihrer Größe und Raumbeanspruchung den Ersatz des letzten Wasserstoffs durch Chlor verhindern. Im Gegensatz dazu nehmen die 5 benachbarten Fluoratome in den Verbindungen VIII und IX nicht so viel Platz ein; daher kann auch ein sechstes Halogen, z. B. Chlor, noch eintreten. Diese Chloratome in X und XI können wiederum durch Fluor ersetzt werden, und man kommt so in einfacher Reaktionsfolge zu Verbindungen wie XII und XIII. Dadurch sind also in den Methylgruppen perfluorierte Di- und Trimethylbenzole zugänglich.

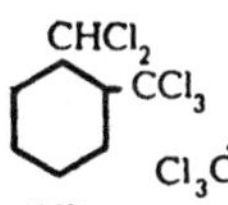

(VI)
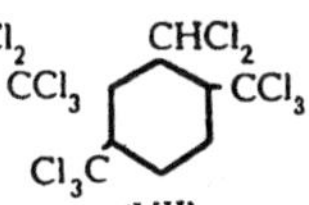

(VII)
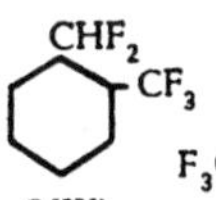

(VIII)
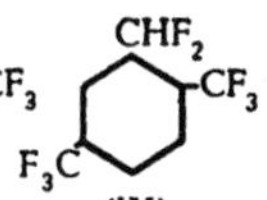

(IX)
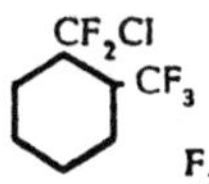

(X)
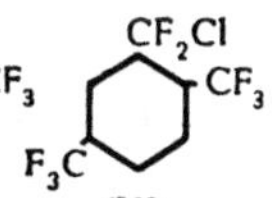

(XI)
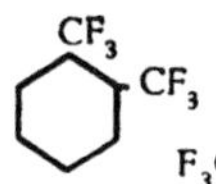

(XII)
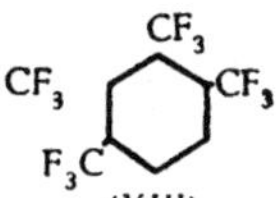

(XIII)

Daß der Chloraustausch in Trichlormethylverbindungen der Benzolreihe oftmals nicht durchführbar ist, zeigt z. B. das Trifluormethyl-benzonitril. Es ist aus dem chlorierten Tolunitril nicht zu erhalten. So gilt auch für die araliphatischen Fluorverbindungen allgemein, was für die Herstellung rein aromatischer Fluorverbindungen mit Substituenten am Kern noch im Kapitel 29 empfohlen wird. Man tut gut daran, die Einführung des Fluors an möglichst früher Stufe von Reaktionsfolgen vorzunehmen.

Im folgenden seien einige Siedepunkte von Trifluormethylbenzolverbindungen zusammengestellt.

Tabelle 8

Trifluormethylbenzolverbindungen

Fluorverbindung	Sdp. °	Grundkörper	Sdp. °	Diff.
Benzotrifluorid	103	Toluol	111	— 8
Pentafluor-o-xylol	140—142	Xylol	144	— 3
Pentafluor-chlor-o-xylol (X)	168—170	ω-Chlor-xylol	197/9	— 30
Hexafluor-o-xylol	140—142	Xylol	144	— 3
Pentafluor-4-chlor-o-xylol	74— 77	4-Cl-o-xylol	192	—120
Hexafluor-4-chlor-o-xylol	160—164	„		— 30
Oktafluor-ps-cumol	140—143	ps-Cumol	170	— 30
Oktafluor-chlor-ps-cumol (XI)	160—163	ω-Chlor-ps-cumol	190	— 30
Nonafluor-ps-cumol	140—141	ps-Cumol	170	— 30

Hiernach tritt in allen Fällen durch ω-Fluorierung eine Erniedrigung des Siedepunktes ein.

Als Zeichen für die feste Bindung zwischen Fluor und Kohlenstoff sei angeführt, daß man, wie S. 155 gezeigt werden wird, Pentafluorxylol mit Schwefelsäure leicht zu Trifluormethyl-benzaldehyd verseifen kann. Dabei wird also die Trifluormethylgruppe am Benzolkern nicht angegriffen.

Über die Giftigkeit araliphatischer Fluorverbindungen teilte F. Lehmann einige Untersuchungen mit, die er am Frosch anstellte. ω-Chlor-benzalfluorid C_6H_5—CF_2Cl, Benzotrifluorid C_6H_5—CF_3 sowie dessen 3 m-Substitutionsprodukte: m-Trifluortoluidin, m-Trifluormethyl-nitrobenzol und ω-Trifluor-m-toluylsäure wurden mit ihren Grundkörpern und mit entsprechenden Chlorverbindungen verglichen. Dabei wurde gefunden, daß die Einführung von Fluor die Giftigkeit mehr steigert als die von Chlor. Halogen hatte eine Erhöhung der lähmenden Wirkung zur Folge, vorher erregend wirkende Substanzen wurden durch Halogeneinführung in lähmende umgewandelt. Die Substitution von Benzotrifluorid durch -NO_2 oder -COOH erhöhte die Giftigkeit wenig, durch -NH_2 dagegen stark. Diese Einzeluntersuchung zur Frage der physiologischen Wirkung araliphatischer Fluorverbindungen ist allerdings noch nicht sehr aufschlußreich.

Nach diesen Hinweisen auf Herstellung und Eigenschaften von technisch verwendeten Trifluormethyl-verbindungen der aromatischen Reihe sei über ihre technische Verwendung selbst berichtet.

Teil 3

Technische Verwendung araliphatischer Fluorverbindungen

Verbindungen mit der CF_3-Gruppe haben eine nicht unerhebliche technische Bedeutung als Farbstoffe erlangt. Daher werden diese im Folgenden bevorzugt besprochen. Die an Bedeutung dagegen zurücktretenden Vorschläge für sonstige Verwendungen können im Anschluß daran im Kapitel 25 kurz abgehandelt werden.

Farbstoffe mit aromatisch gebundener CF_3-Gruppe

Bei der Prüfung von Farbstoffen mit der Trifluormethylgruppe am aromatischen Ring zeigte sich, daß diese Gruppe besonders klare Farbtöne und lichtechte Ausfärbungen liefert. So konnten mehrere Farbstoffe, besonders Azofarbstoffe der Naphthol-AS-Reihe, mit dem

Indanthrenetikett als Hinweis auf besondere Licht- und Waschechtheit ausgezeichnet werden. Ferner tritt durch CF_3-Substitution eine Verschiebung des Farbtones nach gelb (im Azogebiet) bzw. von grün nach blaustichiger grün (im Malachitgrüngebiet) ein, sie übt also eine hypsochrome Wirkung aus. Die größte Bedeutung haben araliphatische Fluorverbindungen als Farbstoffkomponenten errungen. Besonders als Azofarbstoffe, die auf der Faser erzeugt werden, die man früher „Eisfarben" nannte und die die I. G. seit Jahren als Naphthol-AS-Farbstoffe bezeichnet, kommen verschiedene, die Trifluormethylgruppe enthaltende in den Handel. So gehört auch das offizielle Fahnenrot der früheren Reichsflagge zu dieser Farbstoffgruppe.

Die Besprechung der fluorhaltigen Farbstoffe erfolgt hier und S. 114 ff. in der Reihenfolge, die sich für das gesamte Farbstoffgebiet in dem Buch des Verfassers über organische Farbstoffe bewährt hat.

Anhand der recht umfangreichen Patentliteratur läßt sich ein Überblick darüber gewinnen, welche Verbindungen mit einer oder mehreren Trifluormethylgruppen am Arylkern als Farbstoffe vorgeschlagen worden sind, wobei allerdings nicht mit Sicherheit die wirklich in den Handel gekommenen Produkte genannt werden können.

Eine gute Zusammenstellung gab R. Aeberhard als Mitarbeiter von E. Fierz-David in seiner Dissertation; z. T. lehnt sich der folgende Überblick hieran an.

Kapitel 21

Azofarbstoffe mit CF_3

Einfache Azofarbstoffe, deren Ausfärbungen gelbe bis orange Töne zeigen, sind der Du Pont durch A. P. 1 999 185 (17. 8. 33) **(74)**, übertragen von M. Engelmann geschützt. Hiernach wird ω-Trifluor-m-toluidin (1-Amino-3-trifluormethyl-benzol) mit m-Phenylendiamin oder seinen Derivaten gekuppelt, aber auch die ω-Trifluor-o- und p-toluidine sind genannt und eine große Anzahl alkylierte, auch N-alkylierte und durch Alkoxygruppen substituierte m-Phenylendiamine. Besonders gehören hierher Azofarbstoffe der Formel:

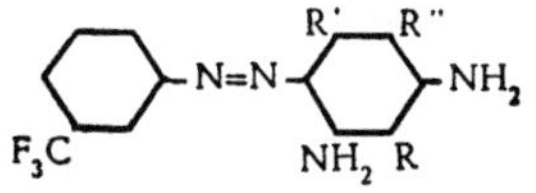

in der R,R' und R'' H, CH_3, C_2H_5 oder höhere Alkyle bedeuten können, von letzteren z. B. auch Lauryl, Stearyl oder Melissyl, ferner Methoxyl und Äthoxyl und in der auch die NH_2-Gruppen substituiert sein können. Diese basischen Farbstoffe färben außer Wolle und Seide insbesondere auch Acetatseide, Leder und Öle und sollen netzende Eigenschaften haben. Auch die im Folgenden unter 4 genannten Patente gehören hierher. Neuerdings wurde ein A. P. 2 194 927 der Du Pont, übertr. von H. W. Daudt und H. E. Woodward (13. 12. 37) **(138)** bekannt, das folgende Azokomponenten schützt:

2,6-Dinitro-4-trifluormethyl-anilin, 2,4-Dinitro-6-trifluormethyl-anilin oder allgemein Aniline, die in 2,4 und 6 wahlweise durch Nitro- und eine Trifluormethyl-Gruppe substituiert sind.

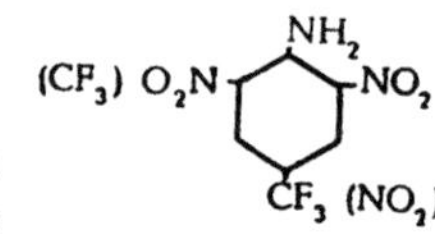

Auch mit diesen Farbstoffen können Azetatseiden gefärbt werden, z. B. kräftig grün durch den Schwefelsäureester von:

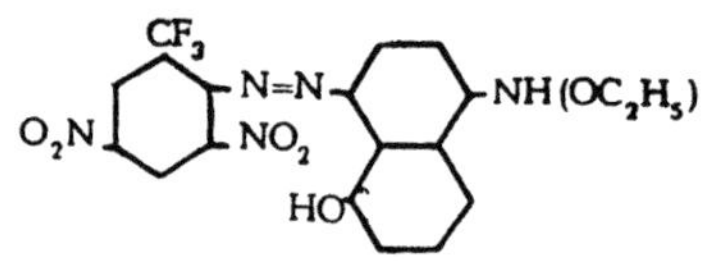

aus wässrigem Salzbade.

Wichtiger sind mehrere Patente über Naphthol-AS-Farbstoffe, in denen $-CF_3$ sowohl in der Diazokomponente als auch im Naphthol-AS selbst erscheint. CF_3-haltige Aniline als Diazokomponente sind in folgenden Patenten der I. G. benutzt:

1) DRP. 551 882 (11. 10. 30) **(12)**, F. P. 802 173 mit E. Hoffa und F. Müller **(317)**; hierzu: E. P. 361 097 (7. 11. 30) **(246)**, F. P. 723 861 **(294)**, Schw. P. 155 781 **(345)** und Zus. P. 159 314 bis 159 321 **(346—353)** sowie Oe. P. 129 735 **(336)**.

2) DRP. 588 781 (25. 11. 31) **(20)** mit Thomae, A. Modersohn, F. Müller und F. Muth; hierzu E. P. 404 794 **(254)** F. P. 746 410 **(302)**, Schw. P. 163 897 **(354)** und Zus. P. 166 660 bis 166 663 **(355—358)**, 167 388 und 167 389 **(359, 360)**.

3) DRP. 590 255 (12. 4. 32) **(21)** mit F. Müller (Zus. zu DRP. 551 882) **(12)**; hierzu: A. P. 1 929 328 **(62)**, E. P. 405 144 **(255)**, F. P. 43 399 **(286)**, Oe. P. 136 379 **(337)**.

4) DRP. 610 891 (24. 6. 33) **(23)**; hierzu A. P. 2 016 495 **(90)** E. P. 440 207 **(261)**, F. P. 774 910 **(304)**, Schw. P. 174 653 **(362)** und Zus. PP. 178 948 und 178 949 **(364, 365)**.

5) DRP. 699 144 (19. 10. 37) **(40)** mit J. Heyna, W. Schumacher und O. Scherer; hierzu E. P. 505 084 **(275)**; F. P. 844 916 **(330)**. Ferner gehört hierher

6) das Schw. P. 182 720 (22. 5. 35) **(366)** der Ciba.

CF_3-Substitutionsprodukte der Naphthol-Komponente der Naphthol-AS-Farbstoffe werden z. B. im folgenden Patente genannt:

7) A. P. 2 031 651 (27. 7. 31) **(96)** der D u P o n t.

Zu den soeben aufgezählten Patenten von Naphthol-AS-Farbstoffen sei folgendes gesagt:

Durch 1) werden Kombinationen von ω-Trifluor-m-toluidin (I) oder seinen 2-Methoxy-(II) oder 2-Chlor-(III)-derivaten mit Naphthol-AS geschützt und mehr als ein Dutzend Beispiele aufgeführt.

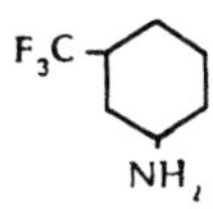
(I)

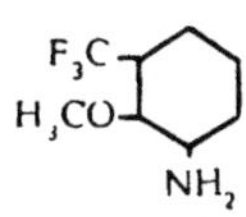
(II)

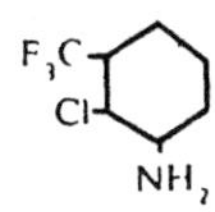
(III)

Diejenigen mit I geben orange, rotorange, braunorange bis gelbstichig scharlachrote Ausfärbungen, mit II ist z. B. ein Scharlach folgender Formel beschrieben:

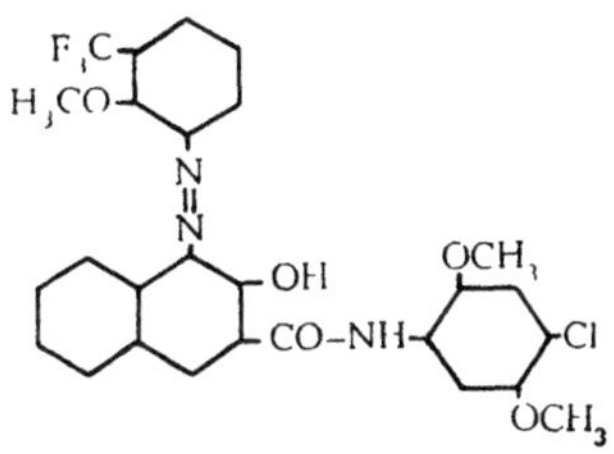

mit III sind wiederum orange und gelbstichig scharlachrote Farbstoffe in größerer Zahl genannt. Ihre Lichtechtheit wird hervorgehoben.

Das hierher gehörige E c h t o r a n g e s a l z GGD der F a r b w e r k e H ö c h s t leitet sich von 4-Chlor-2-trifluormethyl-anilin ab und gibt besonders mit Naphthol AS, AS-D, AS-OL und AS-LC hoch lichtechte Ausfärbungen. Dem E c h t s c h a r l a c h s a l z V D liegt 3,5-Bis-trifluormethyl-anilin zugrunde, es liefert die höchsten Echtheiten mit wiederum Naphthol AS sowie mit AS-E, und eine solche Kombination ergab die bereits erwähnte Ausfärbung für das Rot der Reichsflagge.

In 2) sind sehr viele Beispiele von o-Aminoaryl-alkyl-sulfon → Naphthol-AS aufgezählt. Nur ein Teil davon enthält die CF_3-Gruppe, und zwar leiten sich diese Farbstoffe wiederum von ω-Trifluor-m-toluidin-Derivaten ab, nämlich den Sulfonen IV und V:

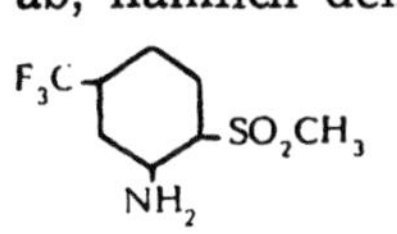
(IV)

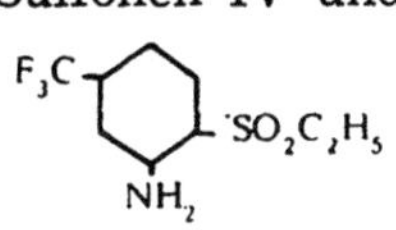
(V)

Gerade diese oder ähnliche Sulfone (s. z. B. Formel V auf dieser Seite) scheinen praktische Anwendung gefunden zu haben, wie ihre Herstellung auch besonderen Patentschutz durch das Schw. P. 177 819 (D. Pr. 24. 8. 32) **(363)** der I. G. [als Zusatz zu Schw. P. 172 361 **(361)**, Tsch. P. 47 940) (D. Pr. 24. 8. 32) **(368)**] genießt.

Hiernach wird 4-Trifluormethyl-2-nitro-phenyl-sulfonyl-essigsäure (II), hergestellt aus der entsprechenden Phenylthioglykolsäure (I) durch Oxydation mit Kaliumpermanganat unter Kohlensäure, über ihr Na-Salz ins Nitrosulfon (III) übergeführt und dieses durch übliche Reduktion in das obige IV umgewandelt:

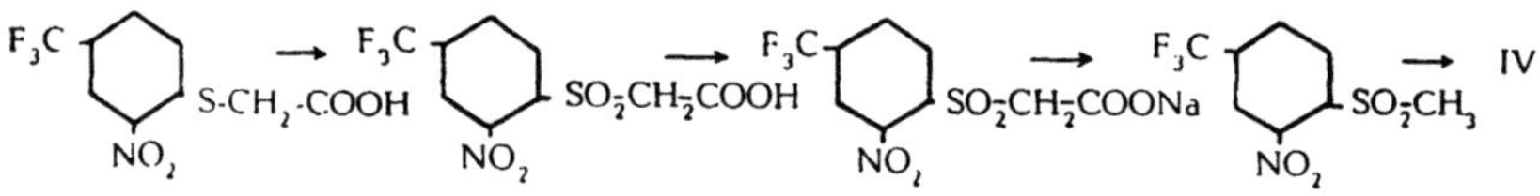

(I) (II) (III)

In diesem Zusammenhange sei das F. P. 820 796 (D. Pr. 18. 4. 36) **(329)** der I. G. erwähnt. Danach werden ω-Trifluormethyl-phenylsulfone der allgemeinen Formel V, in der X = H, Halg., Alkyl, NO_2, auch: CF_3, $-S-CF_3$ oder eine zweite $-SO_2-CF_3$=Gruppe und Y = H oder Halg. bedeuten, hergestellt durch Oxydation, z. B. mit Chromschwefelsäure, aus den entsprechenden Sulfiden. Diese erhält man in bekannter Weise aus den entsprechenden Trichlormethylverbindungen mit Fluorwasserstoff oder Antimontrifluorid.

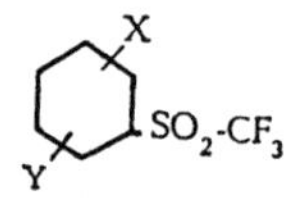

V

Ein weiteres DRP. 700 097 (5. 10. 37) **(41)** der I. G. mit W. Schumacher, F. Müller und O. Scherer betrifft o- und p-Nitrophenyl-trifluormethyl-sulfone, z. B. die Einwirkung von Salpetersäure auf Trifluormethylgruppen enthaltende Diphenylsulfide der Formel Va. Die dabei entstehenden Sulfoxyde werden zu den entsprechenden Sulfonen oxydiert und gleichzeitig nitriert. Durch Reduktion werden entsprechende, Trifluormethylgruppen enthaltende Aminodiphenylsulfone hergestellt; deren Naphthol - AS - Kombinationen ergeben offenbar wiederum besonders echte Färbungen.

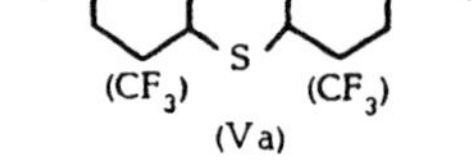

(Va)

Die unter 3) auf S. 88 aufgeführten Patente enthalten Naphthol-AS-Farbstoffe mit Diazokomponenten, die 2 Trifluormethylgruppen enthalten, z. B. 2,5- bis -ω-Trifluormethyl-anilin VI:

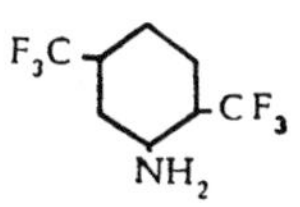

(VI)

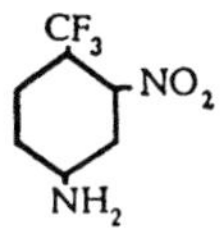

(VII)

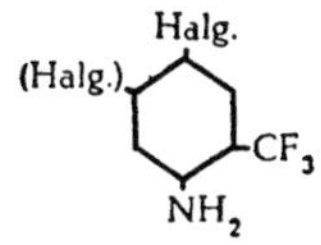

(VIII)

Dieses gibt mit Naphthol-AS oder seinen Substitutionsprodukten lebhaft gelborange Töne, und die beiden Trifluormethylgruppen erhöhen die Echtheit der Ausfärbungen.

In 4) ist ausdrücklich gesagt, daß die Farbstoffe aus 2-Nitro-ω-trifluor-p-toluidin (VII), die hierdurch geschützt werden, diejenigen nach 1) an Lichtechtheit noch übertreffen. Als Kupplungskomponenten sind β-Naphthol, Azetessigarylide und auch Pyrazolonderivate genannt; Naphthol-AS ist also nicht besonders aufgeführt. Die Farbstoffe sind öllöslich.

Durch 5) sind Azofarbstoffe, besonders Naphthol-AS-Farbstoffe, aus Halogen-o-trifluormethyl-anilinen geschützt, in denen Halogen in Stellung 4 oder 4 und 5 steht, die also der Formel VIII entsprechen.

Es werden damit sehr gut lichtechte, leuchtend scharlachrote Färbungen auf Baumwolle, Baumwollmischgeweben sowie auf Stapelfaser aus Viskose oder Kupferkunstseide oder auch auf gebleichter Wolle erzeugt.

Die Ciba hat durch das unter 6) genannte Patent Schutz genommen für Naphthol-AS-Farbstoffe aus einem phenoxylierten Anilin der Formel IX:

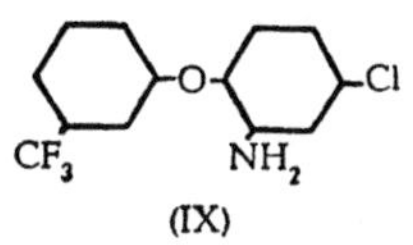

(IX)

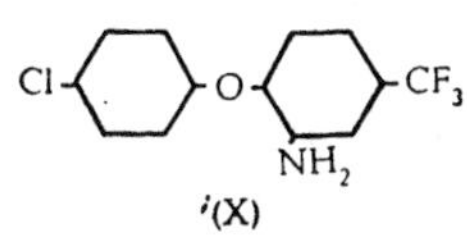

(X)

Von Aeberhard sind schließlich Ausfärbungen aus Naphthol AS-Kombinationen einer isomeren Base X von goldgelben, roten und braunen Farbtönen auf Echtheit geprüft worden. Dabei ergaben sich bei guter Lichtechtheit besonders sehr gute Chlor- und Kochechtheiten (Beuchechtheiten bei normalem Druck und unter Druck), die bemerkenswert sind.

Von den Beispielen der Naphtholkomponenten mit CF_3-Substitution seien die im Patent unter 7) aufgeführten der Formeln XI und XII genannt:

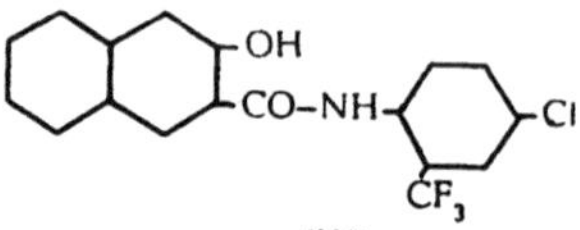

(XI)

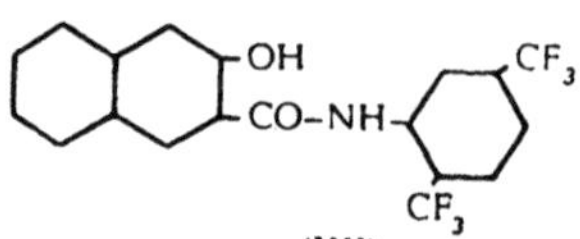

(XII)

Je nach den sonstigen Komponenten ergeben sich Farbtöne von orange, rot oder blau.

Aus den obigen Patenten und ihren Beispielen ergibt sich ein Überblick über die Möglichkeiten, die im Gebiete der Azofarbstoffe mit Trifluormethylgruppen an aromatischen Kernen verwirklicht worden sind. Einige dieser Stoffe sind, wie bereits einleitend gesagt wurde, zu Handelsprodukten ziemlich erheblicher Bedeutung geworden.

Beispiele von CF_3-haltigen Farbstoffen anderer Farbstoffklassen

Kapitel 22

Triphenylmethanfarbstoffe mit CF_3

Eine Einführung von Trifluormethylgruppen in Farbstoffe anderer Klassen als der von Naphthol-AS hat keine besondere Bedeutung. Da sie mit Kosten verbunden ist, leuchtet ein, daß sie nur für besonders gute, vor allem lichtechte Farbstoffe Sinn hat, weil nur deren Preis einen solchen Sonderarbeitsgang der Herstellung verträgt.

Immerhin sind der Du Pont im A.P. 2 085 736 (6. 12. 33) **(126)** (s. S. 116) nicht nur kernfluorierte, sondern auch Triphenylmethanfarbstoffe mit Trifluormethylgruppen geschützt.

Sowohl in der Malachitgrün-(A) wie in der Fuchsinreihe (B) bewirkt CF_3, besonders in o- und m-Stellung, eine Farbverschiebung nach blaustichigeren Tönen, worauf bereits S. 87 hingewiesen wurde. Die Darstellung dieser Farbstoffe bietet nichts Besonderes. Auch hier wird die Trifluormethylgruppe möglichst am Anfang der Farbstoffsynthese eingeführt, z. B. von m-Trifluor-toluidin (m-Amino-benzotrifluorid) ausgegangen; die folgenden Formelfolgen sind ohne weitere Erläuterung verständlich.

A)

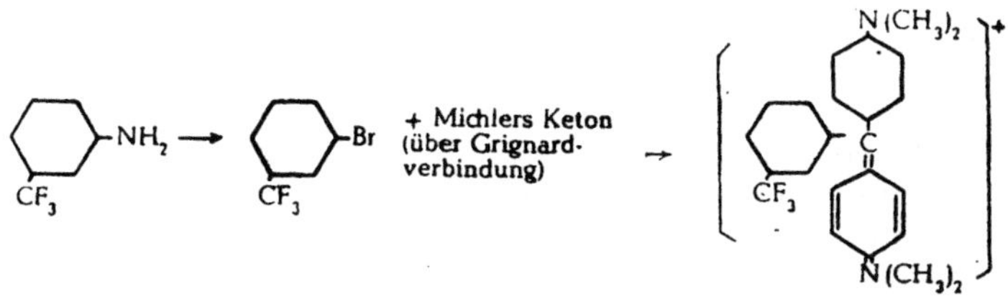

B)

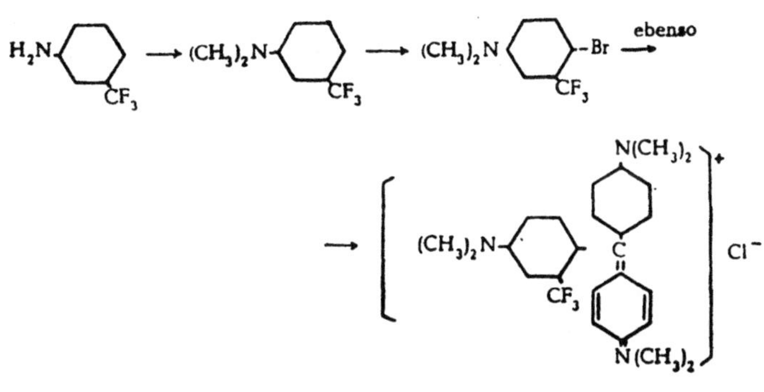

Trifluormethyl-substituierte Triphenylmethanfarbstoffe sind auch auf einem interessanten Wege zugänglich, der in den folgenden Patenten der I. G. gezeigt wird:

Die DRP. 670 833 **(36)**, E. P. 466 007 **(270)** und F. P. 812 532 (D. Pr. 25. 10. 35) **(327)** betreffen Trifluormethylbenzaldehyde. Danach werden Benzalfluoride mit einer oder mehreren Trifluormethylgruppen bei erhöhter Temperatur (80 bis 150°) mit Schwefelsäure verseift nach: $F_3C—C_6H_4—CHF_2 \rightarrow F_3C—C_6H_4—CHO$. Hierbei wird also die CHF_2-Gruppe angegriffen, während die CF_3-Gruppe unangegriffen bleibt. Außer den einfachen o-, m-, und p-Trifluormethylbenzaldehyden ist als Beispiel die Herstellung von Bis-trifluormethyl-benzaldehyden aus Pseudocumol-octafluorid beschrieben. Die Umsetzung dieser Aldehyde zu Triphenylmethanverbindungen verläuft ohne Störung durch die CF_3-Gruppe.

In nahem Zusammenhange mit den in diesem Kapitel aufgeführten Triphenylmethanfarbstoffen stehen auch Thiazinfarbstoffe, die das folgende Kapitel bilden sollen, während die ferner erwähnte, bisher einzige Azin-Verbindung zur Gruppe der Küpenfarbstoffe aus der Reihe der Anthrachinonabkömmlinge gehört.

Kapitel 23

Thiazinfarbstoffe mit CF_3

Im gleichen Patent, dem die obigen Formelfolgen A und B von S. 93 entnommen sind, dem A. P. 2 085 736 **(126)**, wird, ausgehend vom bereits mehrfach genannten m-Trifluortoluidin, auch die Herstellung von Thiazinfarbstoffen, z. B. eines Methylenblau nach C beschrieben:

C

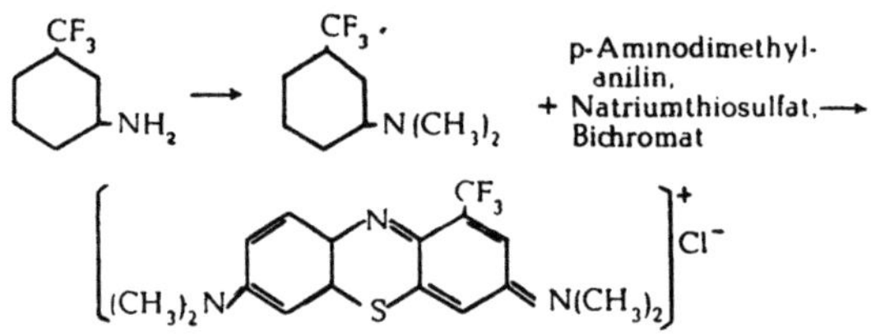

Da das gleiche Patent auch für kernfluorierte Farbstoffe gleicher Art zuständig ist, kann außer Trifluormethyl- auch einfaches Fluor in den Ausgangsstoffen und damit in den Endprodukten enthalten sein. Hierfür und für das folgende Kapitel vergl. auch S. 117.

Kapitel 24

Anthrachinon- und indigoide Küpenfarbstoffe mit CF_3

Als Farbstoffzwischenprodukte werden **Anthrachinone** mit Trifluormethylgruppen in β-Stellung durch das DRP. 713 745 (12. 2. 40) **(45)** der I. G. mit O. Scherer geschützt. Aus 2-Trichlormethyl-anthrachinon wird mit wasserfreiem Fluorwasserstoff 2-Trifluormethyl-anthrachinon vom Schmp. 148 ° erhalten, und auch durch Chlor substituierte Verbindungen davon werden beschrieben. Im Zusammenhange damit steht ein neues Ital. P. 389 391 (D. Pr. 30. 7. 40) **(335)** der I. G. Es beschreibt die Herstellung wasserlöslicher Derivate der Leukoverbindungen des 3,3-Difluormethylanthrachinon-1,2;2;1-azins. Aus der nebenstehenden Formel sieht man, daß es ein Bis-trifluormethylderivat des Indanthrenblau RS ist. Damit wird zum ersten Male auch ein Vertreter dieser wichtigen Farbstoffklasse mit araliphatischem Fluor geschützt.

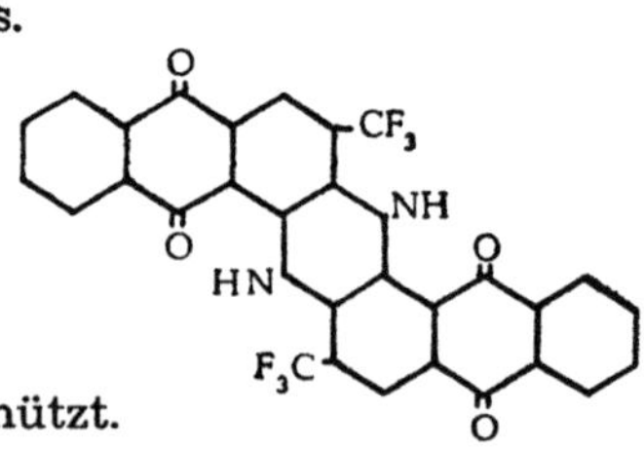

Als Indanthrenblau CLB ist von den Farbwerken Höchst ein N-Trifluormethyl-benzoyl-amino-anthrachinon-farbstoff der folgenden Formel in den Handel gebracht worden:

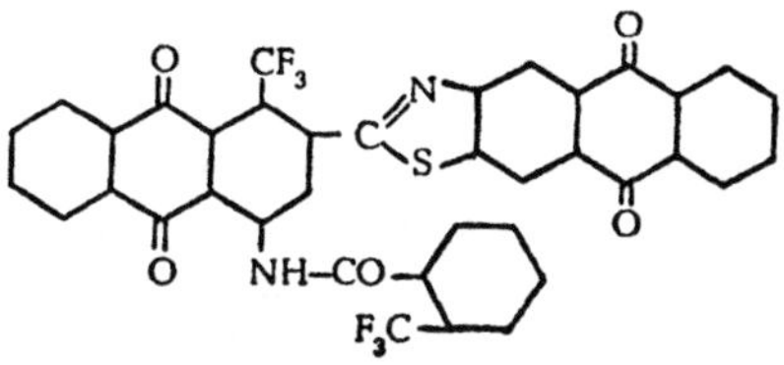

Es liefert auf Baumwolle und Kunstseide, auch auf Zellwolle sehr schöne Blautöne von hoher Gesamtechtheit. Als Küpenfarbstoff, der aus warmer Flotte gefärbt werden soll (sogen. IW-Färber), zeigt es auch ein bemerkenswertes Egalisiervermögen.

Ein von der gleichen Firma herausgebrachter Farbstoff der Benzanthronreihe, d. h. ein Violanthron, enthält zwar kein araliphatisch gebundenes Fluor im Sinne der früher gegebenen Definition, aber das aliphatisch gebundene steht den Benzol- bzw. Anthrachinonringen so nahe, daß es hier miterwähnt werden soll. Es handelt sich um einen symmetrischen Di-äther des Trifluoräthylalkohols, nämlich ein Blau der Formel:

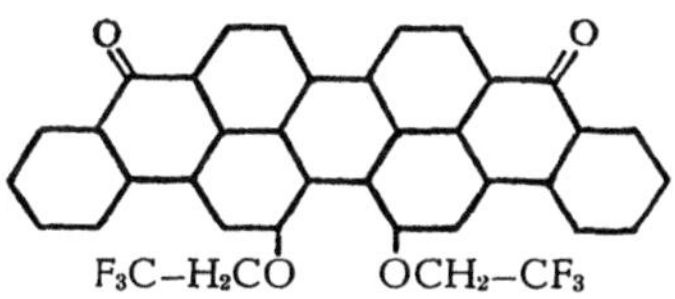

O. Scherer wies darauf hin, daß im Gegensatz zu dem Blauton dieses Farbstoffes die gleich gebauten Alkoxyviolanthrone, die also statt der Trifluoraethoxygruppen fluorfreie Alkoxyreste haben, grüne Farbstoffe darstellen.

Als Beispiel für indigoide Farbstoffe mit Trifluormethylgruppe sei unter D die Herstellung eines doppelt symmetrisch durch $-CF_3$ substituierten Thioindigos über Trifluormethyl-phenyl-thioglykolsäure (I) angeführt:

D)

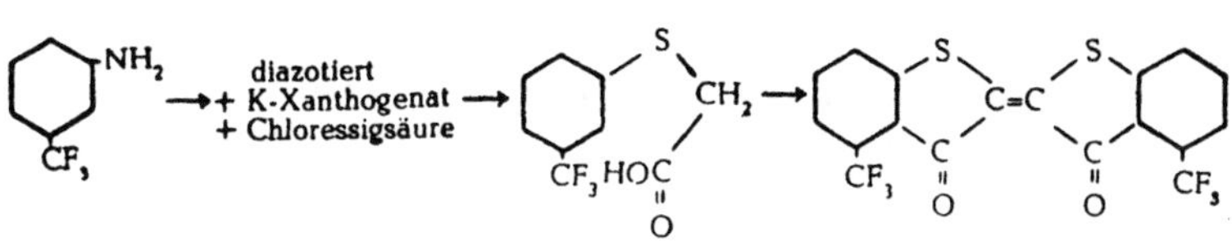

(I)

Diese Synthesen sind Gegenstand des A. P. 2 061 186 (6. 12. 33) **(119)** der Du Pont. Über die praktische Verwendung dieser indigoiden Farbstoffe ist nichts bekannt geworden. Der angegebene Thioindigo liefert auf Baumwolle rosa Ausfärbungen hoher Echtheit.

Ebenfalls als Farbstoffzwischenprodukte werden nach dem F. P. 820 795 (D. Pr. 18. 4. 36) **(328)** der I. G. Benzolkarbonsäurefluoride mit Trifluormethylgruppe durch Umsetzung mit wasserfreiem Fluorwasserstoff erhalten, z. B. aus ω-Trichlortoluylsäurechlorid durch 2- bis 3-stündiges Erwärmen mit Fluorwasserstoff auf 50 bis 100^0 $F_3C—C_6H_4—COF$ und entsprechend auch Benzoylfluoride mit 2 Trifluormethylgruppen oder Trifluormethyl-aryl-dikarbonsäuredifluoride Damit ist das Swartssche Verfahren (vergl. auch Kapitel 41 über Säurefluoride) überholt, nach dem derartige Säurederivate aus ω-Trifluormethyl-anilinen über die Einführung der Nitrilgruppe mittels der Sandmeyerschen Reaktion zu erhalten waren. Ein Produkt des genannten Verfahrens ermöglicht offenbar die Herstellung des obigen Indanthrenblau CLB auf brauchbare Weise.

Nach ihrer Gesamtmenge dürften einzelne araliphatische Fluorverbindungen mit Trifluormethylgruppe an erster Stelle unter den technisch hergestellten organischen Fluorverbindungen stehen und auch die für kältetechnische Zwecke hergestellten aliphatischen Frigene übertreffen.

Kapitel 25

Sonstige Verwendung araliphatischer Fluorverbindungen

In einzelnen der in den vorangehenden Kapiteln angeführten Farbstoffpatente wird darauf hingewiesen, daß Verbindungen mit Trifluormethylgruppen am aromatischen Kern als Zwischenprodukte zu Heilmitteln dienen können, sowie als insektizide oder fungizide Mittel. Wieweit sie praktisch erprobt und im Handel sind, ist nicht bekannt geworden.

Quecksilber-halogen-verbindungen mit Trifluor-methyl-phenylkernen finden in Amerika als Antiseptika Verwendung, z. B. eine Benzotrifluoridverbindung folgender Formel:

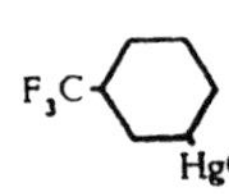

Diese erhält man aus dem oben mehrfach genannten m-Trifluortoluidin durch Diazotieren und Umsetzen mit Quecksilberchlorid $HgCl_2$. Dabei wird das Diazoniumquecksilberchlorid-Komplexsalz als solches isoliert und im Gemisch mit Kupferpulver durch Kochen unter Azeton zersetzt, wobei Stickstoff entweicht. Hierüber besteht das A. P. 2 050 075 (18. 10. 33) **(116)** der Abbott Laboratories, übertragen von E. H. Volwiler und E. B. Vliet, das auch noch andere substituierte Quecksilberverbindungen von Benzotrifluoridabkömmlingen der allgemeinen Formel $CF_3R(HgX)_mY_n$ als Antiseptika vorschlägt, wobei R ein Benzolring, X Halogen, Oxygruppe usw., Y Nitro-, Oxy-, oder Carboxylgruppe, m und n 1 oder 2 bedeuten.

Im A. P. 2 063 979 (23. 3. 35) **(122)** der Westinghouse Electric und Mfg. Co., übertragen von H. S. Booth, sind Halogenverbindungen des Benzotrifluorids wie Tri- und Tetra-chlorbenzotrifluorid als Isolierflüssigkeit für elektrische Apparate vorgeschlagen worden (vergl. S. 69). Als Eigenschaften, die sie besonders geeignet für diesen Zweck machen, werden hervorgehoben: hoher Siedepunkt, Unbrennbarkeit, Beständigkeit, leichte Mischbarkeit mit anderen halogenierten Isolierflüssigkeiten, niedriger Verlustwinkel und Stockpunkt sowie verhältnismäßig niedrige Viskosität. o-Chlor-benzotrifluorid vom Schmp. —7,4 ⁰ und Sdp. 151 bis 152,4 ⁰ wird von der Hooker Electrochemical Co. im Versuchsbetrieb hergestellt und soll als Lösungsmittel, Isolierflüssigkeit sowie als Zwischenprodukt Verwendung finden.

Auf das S. 67 besprochene F. P. 806 702 **(321)** sei hier nur kurz hingewiesen; dort sind als selektive Lösungsmittel ω-Trifluorkresol und ω-Trifluor-m-toluidin genannt.

Wie bereits früher gesagt, liegt jedoch die Hauptbedeutung araliphatischer Fluorverbindungen in ihrer Verwendung als Farbstoffe. Ähnliches wird auch für Verbindungen mit aromatisch gebundenem Fluor festzustellen sein, wenn in diesem Gebiet auch andere Verwendungsmöglichkeiten, insbesondere im pharmazeutischen und Schädlingsbekämpfungsgebiet, nicht zu vernachlässigen sind. Die Besprechung der aromatischen Fluorverbindungen soll im nächsten, 3. Hauptabschnitt unter den gleichen Gesichtspunkten erfolgen, wie sie für die aliphatischen und die araliphatischen Fluorverbindungen galten.

2. Technisches Interesse an aromatischen Fluorverbindungen

Verbindungen mit Fluor an aromatischen Ringen

Der ziemlich vielseitigen praktischen Verwendung, die aliphatische Fluorverbindungen gefunden haben, steht die Tatsache gegenüber, daß organische Fluorverbindungen, deren Fluor an einem aromatischen Kern sitzt, bisher nur in wenigen Einzelfällen technische Bedeutung erlangt haben. Der tiefere Grund dafür liegt offenbar in der noch festeren Bindung zwischen F und C, wenn dieses C einem aromatischen Ringsystem angehört. Die chemische Reaktionsfähigkeit aromatisch gebundenen Fluors ist daher besonders gering. Allerdings kann durch auflockernde Wirkung gewisser anderer Ringsubstituenten, z. B. Nitrogruppen in o- und p-Stellung, eine leichtere Abspaltung von Fluor bewirkt werden. Auch im Gebiete der aromatischen Halogenverbindungen gilt die Erfahrung, daß Jod am leichtesten, Brom etwas schwerer, Chlor nur noch wenig und Fluor fast garnicht Austauschreaktionen geben. Trotzdem ist es bisher nicht gelungen, beispielsweise Jodbenzol durch Umsetzung mit geeigneten anorganischen Fluoriden in Fluorbenzol überzuführen. Selbst Silberfluorid, das im aliphatischen Gebiet meistens noch Erfolg hat, wenn es auch für die industrielle Praxis nicht brauchbar ist, versagt bei aromatischen Jod- oder Bromverbindungen im allgemeinen (s. S. 19 und 140).

Da Fluor also am aromatischen Ring besonders schwer abzuspalten ist, nimmt nicht wunder, daß auch die aromatischen Fluorverbindungen wie die aliphatischen im allgemeinen ungiftig sind, sofern auch die Grundkörper keine Gifteigenschaften besitzen. Daher lag der Gedanke nahe, in einzelnen dazu geeigneten Fällen eine pharmakologische Wirksamkeit aromatischer Fluorverbindungen zu prüfen. So sind einige hierher gehörende Fluorverbindungen als Heilmittel herausgebracht worden. Ferner sind neben aliphatischen auch aromatische Fluorverbindungen zur Schädlingsbekämpfung empfohlen worden. Schließlich hat man auch Farbstoffe mit aromatisch gebundenem Fluor hergestellt, die allerdings nicht die Bedeutung der im vorigen Abschnitt besprochenen mit Trifluormethylgruppen erlangt haben. Aus neuester Zeit ist ein Sprengmittel zu erwähnen. Jedenfalls ist eine Besprechung der aromatischen Fluorverbindungen im Rahmen dieses Buches gerechtfertigt.

Teil 1

Herstellung aromatischer Fluorverbindungen

Kapitel 26

Allgemeine Vorbemerkungen

Verbindungen mit aromatisch gebundenem Chlor oder Brom lassen sich durch Einwirkung der Halogene, beispielsweise auf die Kohlenwasserstoffe oder sonstige Wasserstoffverbindungen herstellen. Dabei werden „Überträger“ wie Eisen, Schwefel, Jod u. a. verwendet. Jod allein wirkt nicht substituierend. Zum Jodieren muß ein Mittel hinzugefügt werden, das die entstehende Jodwasserstoffsäure bindet, z. B. Jodsäure.

Ältere Erfahrungen über die Einwirkung von elementarem Fluor auf aromatische Verbindungen wiesen darauf hin, daß seine Oxydationswirkung zu groß ist, als daß es einfach substituierend wirkte. Aus Benzol z. B. entstanden beim Einleiten von Fluor Ruß, niedere Kohlenstofffluoride, besonders Tetrafluormethan, und teerige, fluorhaltige Massen neben Fluorwasserstoff, und die Reaktion verlief unter Feuererscheinung äußerst heftig. Man hat zwar gelernt, diese stürmische Reaktion durch Verdünnen des Fluors mit Stickstoff und Kühlen des Benzols oder Lösen anderer aromatischer Verbindungen wie Toluol, Brombenzole, Dinitrobenzol, Chinon in Tetrachlorkohlenstoff oder von z. B. Anilin in wässriger Flußsäure zu mäßigen. Aber einfache Substitutionsprodukte wie Fluorbenzol usw. ließen sich dabei ebenso wenig fassen wie mit Hilfe von Katalysatoren wie Jod, Eisen, Antimontrifluorid, Aluminiumchlorid u. ä., die für Chlorierungen und Bromierungen bestens geeignet sind.

Offenbar beruht der Angriff elementaren Fluors auf aromatische Verbindungen nicht in einer Substitution, sondern in einer Anlagerung. Damit ist einerseits die Ähnlichkeit mit der Einwirkung von Ozon, andererseits das Auftreten von meist hochmolekularen, amorphen Polymerisationsprodukten erklärt. Jedenfalls spielt diese unmittelbare Fluorierung technisch keine Rolle.

Es muß aber erwähnt werden, daß das E. P. 429 591 (A. Pr. 10. 9. 32) **(260)** der Du Pont die Fluorierung von Halogen-, Amino-, Keto-, Sulfon-, Alkoxyverbindungen u. ä. der verschiedensten aromatischen Ringsysteme der Benzol-, Naphthalin-, Anthrazen-, Violanthron-, Anthrachinon-, Benz-anthron-reihe, des Indigos, Thioindigos, Auranthrons sowie der Pyridin- und Chinolin-reihe umfaßt. Das Verfahren wird jedoch sicher nicht ausgeübt.

Ein Ersatz der anderen Halogene am aromatischen Ring durch Fluor mittels Metallfluoriden gelingt im allgemeinen nicht, wie bereits oben ausgeführt wurde (S. 98). Hier sei jedoch auf ein vor kurzem bekannt gewordenes Verfahren zur Herstellung von Pikrylfluorid hingewiesen. Infolge der 3 Nitrogruppen in den o- und der p-Stellung läßt sich im Pikrylchlorid das Chlor sogar mittels Alkalifluorid durch Fluor ersetzen. Allerdings darf dabei keine wässrige oder gar alkalische Lösung zur Anwendung kommen; denn dann bildet sich infolge Hydrolyse Pikrinsäure. Nach dem A. P. 2 179 605 (2. 2. 37) **(134)** und dem zugehörigen E. P. 537 010 (2. 10. 39) **(277)** von V. Leonard wird die Lösung von Pikrylchlorid in Essigsäure, Ameisensäure oder Propionsäure mit wenig Wasser in kleinen Portionen mit Natriumfluorid oder Kaliumfluorid versetzt und das Lösungsmittel im Vakuum abdestilliert. Als Rückstand wird Pikrylfluorid als bräunlich-gelbe, kochsalzhaltige Masse gewonnen, es ist als Sprengmittel ähnlich Pikrinsäure verwendbar.

Trotz dieses Einzelerfolges wird eine industrielle Gewinnung aromatischer Fluorverbindungen im allgemeinen auf die in den nächsten Kapiteln zu besprechenden Umsetzungen diazotierbarer Amine zurückgreifen müssen.

Kapitel 27

Herstellung aromatischer Fluorverbindungen aus Anilinen über Diazoniumsalzlösungen

Die andere allgemein verwendete Methode zur Einführung von Chlor, Brom oder Jod in den aromatischen Kern ist die von Sandmeyer gefundene Umwandlung der Aminogruppe über ihre Diazotierung, wobei Kupferhalogenide bei der Zersetzung der Diazoniumsalzlösungen zugesetzt werden. Aber bei der Behandlung wässriger Diazoniumsalzlösungen mit Fluoriden in Gegenwart von Kupfersalzen entstehen keine aromatischen Fluorverbindungen, sondern Phenole, wie bereits Sandmeyer selbst fand.

Immerhin kann man beim Erwärmen konzentrierter Diazoniumsalzlösungen, am besten von Fluoriden, mit konzentrierter Fluorwasserstoffsäure zu aromatischen Fluorverbindungen gelangen. Die Ausbeute ist bei dieser früher recht viel angewandten Methode in den meisten Fällen schlecht und befriedigt für technische Zwecke nicht. Trotzdem bestand ein DRP. 96 153 (17. 7. 96) **(1)** von Valentiner & Schwartz auf dieses Verfahren, wobei sogar für einen ruhigen Verlauf der Zersetzung verdünnte Flußsäure empfohlen wurde.

Die Umsetzung der flußsauren Anilinsalzlösungen mit Natriumnitrit erfolgt in Kupfergefäßen, in denen auch die Erwärmung der Diazoniumsalzlösungen vorgenommen wird. Es bilden sich stets Phenole und verschiedene, meist harzige Nebenprodukte. Die Abtrennung der aromatischen Fluorverbindungen geschieht vielfach durch Wasserdampfdestillation, wobei auch die Phenole mit übergehen, und Trennung von diesen durch alkalische Ausschüttlungen mit anschließender Destillation. Die Ausbeute ist nach dem DRP. 186 005 (1. 10. 05) **(4)** durch Zusatz von Eisenchlorid bei der Diazotierung in wässriger Flußsäure, und zwar von 5% $FeCl_3$ in 10%iger Lösung, auf 40% erhöht worden.

Einen wesentlichen Fortschritt bedeutet das Verfahren, das die Diazotierung und anschließende Erwärmung in wasserfreier Flußsäure vornimmt. Dabei werden die Fluorverbindungen in sehr guter Ausbeute erhalten. Dieses Verfahren ist als DRP. 600 706 (24. 3. 33) **(22)** der I. G. mit Ph. Osswald und O. Scherer geschützt. Für einfachere Fluorverbindungen aus den entsprechenden Anilinen ist es das zurzeit beste Verfahren, zumal die technische Durchführung des im Folgenden zu besprechenden Borfluoridverfahrens noch nicht restlos gelöst ist.

Nach den Beispielen des genannten Patentes werden 500 g Anilin (oder m-Toluidin) in 1000 g wasserfreiem Fluorwasserstoff gelöst, also etwa 10 Mol Säure auf 1 Mol Amin angewandt, d. h. viermal so viel als sonst für Diazotierungen üblich ist. Die Diazotierung erfolgt durch Eintragen von festem trockenem Natriumnitrit bei $+5^0$ unter Kühlung in eisernen Behältern mit Rührer. Nach Beendigung der Diazotierung wird auf 30—40° erwärmt, wobei ruhige Stickstoffentwicklung stattfindet. Wenn diese zu Ende ist, werden 450 g Fluorbenzol, entsprechend 87% d. Th., durch Destillation erhalten oder 420 g m-Fluortoluol, d. h. 82% d. Th., nach vorherigem Dekantieren von der überschüssigen Fluorwasserstoffsäure.

Abgesehen von den Unannehmlichkeiten, die das Hantieren mit wasserfreier Flußsäure mit sich bringt, ist das Verfahren einfach und billig, zumal die überschüssige Flußsäure leicht vom Natriumfluorid zu trennen und für weitere Ansätze verwendbar ist.

Es sei kurz darauf hingewiesen, daß F. Swarts bereits mit 50—70%iger Flußsäure beim Molverhältnis Anilin : Fluorwasserstoff wie 1 : 20 Ausbeuten von 40 % an Fluorbenzol und bis 60 % an den Fluortoluolen erzielte. Zu wissenschaftlichen Untersuchungen wurde früher vielfach in konzentrierter Flußsäure diazotiert und verkocht, so erstmalig von W. Lenz (1877), von Paternó u. Oliveri (1882/83), dann von O. Wallach und F. Heusler (1886/88), von den Holländern A. F. Holleman, J. W. Beekman, M. Holleman, I. J. Rinkes (1904—1912) sowie von anderer Seite. Aber die dabei erzielten Ausbeuten waren unbefriedigend.

So hat z. B. Wallach nur 22%ige Ausbeute an Fluorbenzol aus Anilin erzielt und daher statt dieser Methode die Zersetzung von Diazopiperididen mit konz. Flußsäure als besseres Verfahren entwickelt (vergl. Kap. 49, S. 157). Dabei mußte jedoch mit dem kostspieligen Piperidin gearbeitet werden, ohne daß die konzentrierte Flußsäure vermieden war, auch können nur geringe Mengen Piperidid auf einmal zersetzt werden, und die Ausbeuten betragen bestenfalls etwa 50 % d. Th. Dieses Verfahren hat daher begreiflicherweise keinen Eingang in die Technik gefunden.

Kapitel 28

Herstellung aromatischer Fluorverbindungen aus Anilinen über Diazoniumborfluoride (Borfluoridverfahren)

Auf der Zersetzung von Diazoniumsalzen ohne Gegenwart von Wasser beruht das zweite brauchbare Verfahren zur Herstellung aromatischer Fluorverbindungen. Es wurde von G. Balz und G. Schiemann 1927 gefunden und in der Folgezeit als Borfluoridverfahren*) von dem letzteren nach verschiedenen Richtungen ausgebaut.

E. Wilke-Dörfurt und G. Balz hatten bei eingehender Untersuchung der Borfluorwasserstoffsäure eine auffällige Ähnlichkeit mit Überchlorsäure festgestellt. Sie fanden, daß die Diazoniumborfluoride ebenso schwer löslich sind wie die von K. A. Hofmann und K. Arnoldi dargestellten Diazoniumperchlorate. Sie schilderten als bemerkenswerten Unterschied, daß die Diazoniumborfluoride sehr beständig sind, z. B. unempfindlich gegen Schlag und Fallenlassen aus größerer Höhe (Privatmitteilung G. Balz 1927), während die Diazoniumperchlorate zu den brisantesten Stoffen gehören, die man kennt. G. Schiemann erklärte sich diesen Unterschied in der verschiedenen Stabilität der den beiden anionischen Bestandteilen $[ClO_4]$ und $[BF_4]$ zugrunde liegenden Verbindungen: in einem Falle mußten beim Zerfall des Perchlorations primär Oxyde des Chlors entstehen, die explosionsartig weiter zerfallen und als stärkste Oxydationsmittel die organischen Kationen zerreißen. Das aus $[BF_4]'$ entstehende, durchaus stabile, nur koordinativ ungesättigte Bortrifluorid dagegen gibt keine Veranlassung zu Explosionen. War diese Auffassung richtig, dann mußte der Zerfall der Diazoniumborfluoride nach der Gleichung verlaufen: $[ArN_2]BF_4 \rightarrow ArF + N_2 + BF_3$, und es mußte möglich sein, diese Zersetzung als ruhig verlaufende Reaktion bei Temperaturen durchzuführen, die die entstehenden aromatischen Fluorverbindungen gewinnen ließen. Das Experiment bestätigte diese Erwartungen und zeigte, daß im allgemeinen kurzes Anwärmen genügt, um die Zersetzung im vorhergesagten Sinne zu bewirken. Es sei erwähnt, daß Wilke-Dörfurt und Balz vorher vermutet hatten, man würde mittels der Diazoniumborfluoride den BF_4-Komplex in organische Verbindungen einführen können.

*) Der von Bockemüller (in seinem Buch Seite 60) gewählte Name „Diazoniumborfluoridverfahren" erscheint unnötig lang. Im amerikanischen Schrifttum ist vielfach die Bezeichnung „Schiemann-Verfahren" gewählt worden. Vergl. die ausgezeichnete Zusammenstellung von A. Roe in Organic Reactions, Bd. V, Kap. 4, S. 193—228 (New York 1949); dort auch eine vollständige Tabelle der nach diesem Verfahren bis 1946 dargestellten aromatischen Fluorverbindungen und Literaturnachweise.

Obwohl das Borfluoridverfahren auch heute noch die brauchbarste Laboratoriumsmethode darstellt, soll auf seine Einzelheiten erst im Teil II (Kapitel 50) eingegangen werden, weil seine Durchführung im fabrikatorischen Maßstabe, wie bereits gesagt, noch einige Schwierigkeiten bereitet.

Hier sei nur erwähnt, daß das Verfahren in Amerika der Du Pont durch das A. P. 1 916 327 (15. 6. 31) **(61)** geschützt worden ist. Nach diesem Patent werden die Aryldiazoniumborfluoride durch Ausfällen einer Diazoniumsalzlösung mit wässriger Natriumborfluoridlösung hergestellt, oder Bortrifluorid wird in wässrige Diazoniumfluoridlösungen eingeleitet. Die trockne Zersetzung der Diazoniumborfluoride soll bei Temperaturen von 90—100⁰ vorgenommen werden.

Wesentlich ist auch, daß durch das Borfluoridverfahren nicht nur ein Fluor in den Kern aromatischer Verbindungen eingeführt werden kann, sondern auch Diamine wie Phenylendiamin, Benzidin u. ä. nach Tetrazotierung ihre beiden Aminogruppen gleichzeitig gegen Fluor austauschen.

Kapitel 29

Allgemeiner Gang zur Herstellung substituierter aromatischer Fluorverbindungen

Wie aus den nächsten Kapiteln über die Umsetzungsmöglichkeiten aromatischer Fluorverbindungen klar werden wird, geht man zur Gewinnung komplizierterer kernfluorierter Verbindungen am besten so vor, daß man einfachere aromatische Fluorverbindungen zur Umsetzung bringt, die Einführung des Fluors in den Kern also als möglichst frühe Reaktionsstufe vornimmt. Als Beispiel hierfür sei der Weg zur Herstellung eines fluorsubstituierten Farbstoffes sowie des im Heilmittel „Pardinon" (s. S. 119) enthaltenen Fluortyrosins durch folgende Formel-folgen deutlich gemacht:

1) Nach dem A. P. 1 982 661 (27. 7. 33) **(70)** der Du Pont, übertragen von E. F. Hitch u. M. A. Dahlen, über fluorierte Arylamide aus Oxynaphtoesäuren und fluorierte Arylamine sowie den A. P. 2 023 590 vom gleichen Tage und 2 023 591 (4. 8. 33) **(92/93)** derselben Patentnehmer mit M. E. Friedrich zur Herstellung wasserunlöslicher Azofarbstoffe könnte etwa folgender Naphthol-AS-Farbstoff auf den durch die Formeln gezeigten Wegen dargestellt werden:

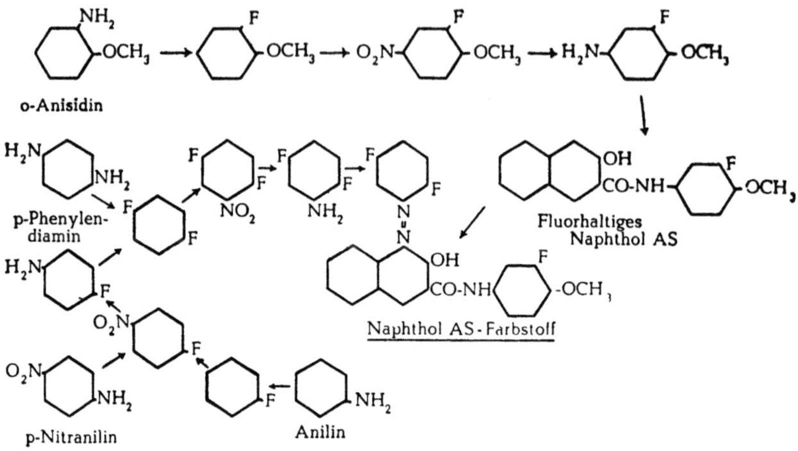

Entsprechend sind Farbstoffe, besonders der Naphtol-AS-Reihe, in großer Zahl aus einfachen aromatischen Fluorverbindungen hergestellt worden. Darüber wird im Kapitel 33 noch einiges gesagt werden.

2) Als weiteres Beispiel zeige folgende Formelfolge die Herstellung des oben genannten Fluortyrosins:

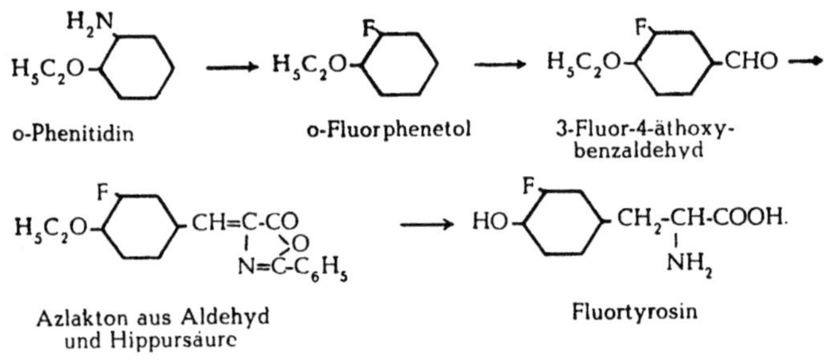

Die angegebene Umsetzung des Aldehyds ist der I. G. durch das DRP. 621 862 (1. 7. 32) **(24)**, übertragen von G. Schiemann, W. Winkelmüller und W. Roselius, geschützt.

Durch die beiden genannten Verfahren: Diazotierung in wasserfreier Flußsäure und Borfluoridverfahren, sind kernfluorierte aromatische Verbindungen heute technisch herstellbar und zu annehmbaren Preisen zugänglich.

In welchem Maße ihre technische Herstellung tatsächlich erfolgt, ist bisher nicht veröffentlicht worden, doch dürfte es sich in Einzelfällen bereits um nicht unwesentliche Mengen handeln, wie aus ihrer in den Kapiteln 33 bis 39 behandelten Verwendungsmöglichkeit hervorgeht.

Teil 2

Eigenschaften aromatischer Fluorverbindungen

Kapitel 30

Allgemeine Eigenschaften

Wie bereits in der Einleitung und bei den organischen Verbindungen mit Fluor an aliphatischen Ketten betont wurde, stehen die Fluorverbindungen nach ihren allgemeinen Eigenschaften ihren Grundkörpern nahe. Dies gilt besonders von den Verbindungen, deren Fluor an aromatische Ringsysteme wie Benzol und seine Derivate, Diphenyl oder Naphthalin gebunden ist. Bei den chemischen Umsetzungen, die im folgenden Kapitel besprochen werden sollen, zeigt sich diese besondere Gleichartigkeit mit den Grundkörpern ganz allgemein. Zu den Ausführungen in diesem und den folgenden Kapiteln vergl. die frühere Zusammenstellung des Verfassers, die im wesentlichen noch heute gilt.

Schon rein äußerlich bestehen meist nur geringe Unterschiede zwischen einer aromatischen Fluorverbindung und der entsprechenden Wasserstoffverbindung. So sind Fluorbenzol oder die drei Difluorbenzole, ja sogar das einzige bisher bekannte Trifluorbenzol durchaus benzolähnliche Flüssigkeiten, die Fluortoluole toluolähnlich, auch β-Fluornaphthalin gleicht dem Naphthalin weitgehend, ähnliches gilt für fluorierte Diphenyle. Die Fluoraniline sind äußerlich schwer von Anilin zu unterscheiden, fluorierte Phenole oder Phenoläther ähneln dem Phenol und seinen Äthern Anisol oder Phenetol, auch Fluor-chlor- oder Fluor-brombenzole sind dem Chlor- oder Brombenzol äußerlich gleich, dasselbe gilt von Fluornitrobenzolen. Fluorbenzoesäuren entsprechen Benzoesäure, ihre Ester deren Estern, so lassen sich viele Beispiele anführen. Und doch sind auch die aromatischen Fluorverbindungen typische Halogenverbindungen wie etwa die Chlorverbindungen. Nur ist der Eigenschaftssprung zwischen ihnen und dem Grundkörper wesentlich kleiner als der zwischen den Fluor- und Chlorverbindungen. Der Geruch der aromatischen Fluorverbindungen ähnelt im allgemeinen demjenigen der Chlorverbindungen und ist daher nicht sehr weit verschieden vom Geruch der Grundkörper, aber meistens mischt sich ihm eine eigentümliche, an Rettich und Lauch erinnernde scharfe Komponente bei, die weder dem Grundkörper noch den anderen Halogenverbindungen eigen ist. In besonderen Fällen wie beim α-Fluornaphthalin, das im Gegensatz zum Naphthalin flüssig ist, zeigt sich klar die Zwischenstellung, die die Fluorverbindung zwischen dem Grundkörper und den anderen Halogenverbindungen, besonders der Chlorverbindung einnimmt.

Die physiologische Wirkung organischer Fluorverbindungen ist verschiedentlich geprüft worden. Aber wie bereits erwähnt, haben diese Untersuchungen meist kein klares Bild ergeben, besonders weil eine einwandfreie Methode zur Bestimmung kleiner Fluormengen in organischem Material noch fehlt. Sicher ist, daß beim Verfüttern von Fluorbenzoesäure an Hunde Fluorhippursäure im Harn ausgeschieden wird. Von sonstigen aromatischen Fluorverbindungen sind vor einigen Jahren durch K. Lang Fluorbenzol, p-Fluortoluol und p-Fluoracetanilid in ihrer Einwirkung auf den tierischen Organismus untersucht worden. Dabei ergab sich bei Verfütterung an Kaninchen keine spezifische pharmakologische Wirkung.

An den untersuchten Organen: Muskel, Leber, Niere, Herz, Lunge, Knochen, zeigte sich nur im Herzen eine Fluorspeicherung und zwar relativ viel, absolut genommen nur eine unbedeutende Menge. Die Gaben von p-Fluortoluol wurden als p-Fluorbenzoesäure ausgeschieden. Nach Fluorbenzolverfütterung war im Gegensatz zu Benzol und in Übereinstimmung zu den chemischen Befunden über die leichtere Oxydation von Fluorbenzol gegenüber Benzol die Oxalatausscheidung im Harn vermehrt, der oxydative Abbau des Fluorbenzols also auch größer als der des Benzols. Die Umwandlung von p-Fluorazetanilid wurde nicht aufgeklärt. Schließlich waren am isolierten Froschherz Fluorbenzol und Fluorazetanilid wirkungslos, Fluortoluol äußerst giftig.

Suter und Weston prüften einige kernfluorierte β-Phenyläthylamine an Kaninchen, Meerschweinchen und Hunden, insbesondere zeigte das dem Ephedrin entsprechende p-Fluor-phenyl-äthyl-N-methylamin $FC_6H_4—CH_2—CH_2—NH—CH_3$ vom Sdp_{26} 105—107°, (salzsaures Salz Fp. 164°) gute sympathomimetische Wirkung bei geringer Giftigkeit.

Im übrigen wird im Kapitel 38 noch von der Wirksamkeit einzelner aromatischer Fluorverbindungen im Zusammenhange mit ihrer pharmazeutischen Verwendung die Rede sein.

Im Folgenden werden einige Angaben über ihr allgemeines Verhalten bei chemischen Umsetzungen sowie über einige Regelmäßigkeiten bei physikalischen Eigenschaften gemacht, bevor auf ihre technische Verwendung im einzelnen eingegangen wird.

Kapitel 31

Verhalten der aromatischen Fluorverbindungen bei chemischen Umsetzungen

Kennzeichnend für das chemische Verhalten der aromatischen Fluorverbindungen ist besonders das Festhaften des Fluors am Kern. Daher sind allgemein chemische Umsetzungen so durchführbar, als wäre kein Fluor im Molekül vorhanden. Hierfür seien einige Beispiele aufgezählt. Für Substitutionen an Benzolringen, die Fluor enthalten, hat zu gelten, daß das Fluor einen neu eintretenden Substituenten in die p-Stellung lenkt. Es zeigt sich damit als typisches Halogen und wie Chlor, Brom und Jod als Substituent I. Ordnung. Allerdings entstehen meist keine oder nur wenig o-Verbindungen. Wegen dieser ausgesprochenen p-Wirkung, gegen die die o-Wirkung ganz zurücktritt, ist ein Vergleich der „Direktionskraft" von Fluor mit der von Chlor und Brom bei p-Fluor-halogen-benzolen ungeeignet. Sonst sind für den Vergleich von Fluor-, Chlor-, Brom- und Jodverbindungen maßgebend die Stellung des Fluors im Periodischen System und seine Eigenschaften als Anfangsglied der Halogenreihe. Eine Abspaltung von Fluor vom aromatischen Ringsystem ist selten und tritt im allgemeinen erst ein, wenn auch der Ring selbst in seinem Bestand angegriffen wird.

Zum Beleg der angeführten allgemeinen Regeln seien folgende Reaktionsbeispiele genannt: Substitutionen wie Nitrierungen, Sulfonierungen, Halogenierungen, letztere am Kern oder an der Seitenkette, usw. sind in großer Zahl durchgeführt worden. Insbesondere haben die ersteren zum Aufbau höher fluorierter Verbindungen geführt. Reduktionen von Fluornitroverbindungen ergeben ohne Störung durch das Fluor die entsprechenden Fluoraniline. Mit diesen können alle an der Aminogruppe angreifenden Umwandlungen wie Azylierungen, Alkylierungen, Diazotierung und Kuppelung, auch andere Umsetzungen vorgenommen werden. Auch Teilreduktionen von Dinitroverbindungen und katalytische Reduktionen der Nitrogruppe werden durch aromatisch gebundenes Fluor nicht gestört. Dagegen erhielt S w a r t s bei der katalytischen Reduktion mit Nickel, also bei hoher Temperatur, aus Fluorbenzol unter Abspaltung von HF fluorfreies Zyklohexan. Grignardierungen von Fluor-bromverbindungen sind dazu geeignet, Fluorarylreste einzuführen, da nur das Brom, nicht das Fluor mit Magnesium reagiert. So konnten fluorierte Styrole dadurch aufgebaut und übrigens auch in fluorierte Polystyrole übergeführt werden, daß fluorierte α-Methyl-benzylalkohole aus grignardierten Fluorbrombenzolen dargestellt und dehydriert wurden. Kondensationen wie die Reimer-Thiemann-Synthesen oder die für die Gewinnung von fluorierten Zimtsäuren oder Phenylalaninen oder Tyrosinen wichtig gewordenen Umsetzungen von Fluorbenzaldehyden verlaufen normal und ohne Störung durch das in der Ausgangsverbindung vorhandene Fluor. Aus Fluorzimtsäuren, die durch Kondensation von Fluorbenzaldehyd mit Malonsäure erhalten wurden, ließen sich durch Reduktion Fluorhydrozimtsäuren herstellen. Auch Fluorstyrol ist aus Fluorzimtsäure gewonnen worden. Ebenso können Umsetzungen mit Aluminiumchlorid bei aromatischen Fluorverbindungen ohne Störung durch Fluor vorgenommen werden, so die Verseifung von Fluorphenoläthern oder Friedel-Crafts-Synthesen. Beispielsweise wurde aus Fluorbenzol und Propionylchlorid p-Fluorpropiophenon $F—C_6H_4—CO—CH_2—CH_3$ in 78 %iger Ausbeute dargestellt. Auch bei weiteren Umsetzungen, z. B. der letztgenannten Verbindung mit Dimethylamin und Schwefel zu N-Dimethyl-p-fluor-phenyl-thiopropionsäure-amid, stört das Fluor nicht. Verschiedene Fälle des Austausches von Fluor oder den anderen Halogenen in gemischt fluoriert-halogenierten Benzolverbindungen untersuchte Hodgson mit Nixon sowie anderen Mitarbeitern, ohne daß dabei ein überraschender Einfluß des Fluors festgestellt wurde. In normaler Reaktionsfolge konnte auch ein Übergang von der aromatischen in die aliphatische Reihe durch Überführung von Reaktionsprodukten des Perchlorbenzols mit Antimonpentafluorid in Perfluoradipinsäure, Oktafluorpentansäure u. ä. verwirklicht werden.

Auch bei der Einwirkung von Enzymen scheint aromatisch gebundenes Fluor fest am Kern zu bleiben; denn E. L. Bennett und C. Niemann konnten durch enzymatische Synthesen o-Fluorphenyl-alaninabkömmlinge gewinnen.

Nur wenige Fälle sind bekannt geworden, in denen am aromatischen Kern gebundenes Fluor einen besonderen Einfluß zeigt. So wurde eine Hinderung beim Abbau von o-Fluorbenzamid nach Hofmann, Curtius oder Schmidt durch das o-ständige Fluor beobachtet. Auch konnte 4-Fluor-2,6-dibromanisol im Gegensatz zu anderen Trihalogenanisolen nicht durch Salpetersäure nitriert werden, sondern es wurde zu Dibromchinon oxydiert.

Bei Oxydationen von Diphenyl- oder Naphthalinverbindungen wird vielfach ein Kern, der Fluor enthält, leichter angegriffen als ein fluorfreier. Diese leichtere Angreifbarkeit eines fluorierten Benzolringes macht sich z. B. bereits dadurch bemerkbar, daß bei der Oxydation von Fluortoluolen zu Fluorbenzoesäuren die Ausbeuten unbefriedigend sind, weil eine teilweise Zerstörung des fluorhaltigen Ringes eintritt. Wie im vorigen Kapitel gezeigt wurde, tritt bei Fluorbenzol auch im Organismus leichter Oxydation ein als beim Benzol selbst.

Ein Austausch von Fluor, besonders ein hydrolytischer, ist im allgemeinen schwer. Durch o- oder p-ständige Nitrogruppen wird aber Fluor in ähnlicher Weise gelockert wie Chlor oder Brom. Da hierbei Chlor leichter abspaltbar ist als Brom und Jod, ist verständlich, daß Fluor noch leichter entfernt werden kann. So konnte zwar o, p-Dinitrofluorbenzol aus der Chlorverbindung durch Erhitzen mit wasserfreiem Kaliumfluorid in Nitrobenzol auf 200 bis 205^0 dargestellt werden, aber es spaltet mit Wasser von 60^0 langsam Fluorwasserstoff ab unter Bildung von o, p-Dinitrophenol.

Nach diesem Überblick über die chemischen Eigenschaften der aromatischen Fluorverbindungen sind die Hinweise über die technische Herstellung aromatischer Fluorverbindungen, die im Kapitel 29 zusammengestellt wurden, ohne weiteres verständlich. Im folgenden Kapitel soll noch über einige Regelmäßigkeiten bei physikalischen Daten dieser Verbindungen berichtet werden, die auch für ihre technische Verwendung von Interesse sind oder werden können.

Kapitel 32

Einige Regelmäßigkeiten bei physikalischen Eigenschaften aromatischer Fluorverbindungen

Eine Betrachtung der physikalischen Eigenschaften von aromatischen Fluorverbindungen bringt die Tatsache der festen Haftung der C—F-Bindung besonders nahe. Auch hier zeigen sich die Fluorverbindungen durchaus als Halogenverbindungen, aber sie sind dadurch gekennzeichnet, daß Fluor dem Wasserstoff wesentlich näher steht als die anderen Halogene. Dadurch ist auch bei physikalischen Daten eine besondere Gleichartigkeit der Fluorverbindungen mit ihren Grundkörpern zu erkennen. Am wenigsten wird der Siedepunkt durch den Ersatz eines oder zweier Wasserstoffe durch Fluor verändert. Dies ist aus der folgenden Tabelle 9 zu ersehen.

Tabelle 9
Siedepunkte aromatischer Fluorverbindungen im Vergleich zu ihren Grundkörpern

	Sdp °
Benzol	*80,2*
Fluorbenzol	85
o-Difluorbenzol	93
m-Difluorbenzol	83
p-Difluorbenzol	88
1,2,4-Trifluorbenzol	88
Toluol	*110,8*
o-Fluortoluol	114
m-Fluortoluol	116
p-Fluortoluol	117
2,5-Difluortoluol	115
m-Xylol	*139*
4-Fluor-1,3-xylol	145
Äthylbenzol	*136*
o-Fluoräthylbenzol	136/7
p-Fluoräthylbenzol	141
ps-Kumol	*168*
Fluor-ps-kumol	174/5
Propylbenzol	*158,5*
Fluorpropylbenzol	150
Diphenyl	*254*
2-Fluordiphenyl	248[1])
4-Fluordiphenyl	253
3,3-Difluordiphenyl	260
4,4-Difluordophenyl	254[1])
Chlorbenzol	*132*
o-Fluorchlorbenzol	134
m-Fluorchlorbenzol	
p-Fluorchlorbenzol	131
Brombenzol	*156*
o-Fluorbrombenzol	159
m-Fluorbrombenzol	149
p-Fluorbrombenzol	154
Jodbenzol	*188*
o-Fluorjodbenzol	188
m-Fluorjodbenzol	187
p-Fluorjodbenzol	184
Phenol	*182*
o-Fluorphenol	151
m-Fluorphenol	178
p-Fluorphenol	180
Anisol	*154*
o-Fluoranisol	155
m-Fluoranisol	145
p-Fluoranisol	155
Phenetol	*172*
o-Fluorphenetol	171
m-Fluorphenetol	173 [1])
p-Fluorphenetol	171 [2])
Naphthalin	*218*
α-Fluornaphthalin	216
β-Fluornaphthalin	220
1,4-Difluornaphthalin	98
Benzaldehyd	*179*
o-Fluorbenzaldehyd	175
m-Fluorbenzaldehyd	173
p-Fluorbenzaldehyd	181
Benzoesäuremethylester	*199*
o-Fluorbenzoesäuremethylester	198
m-Fluorbenzoesäuremethylester	197
p-Fluorbenzoesäuremethylester	209
Benzoesäureäthylester	*213*
o-Fluorbenzoesäureäthylester	210
m-Fluorbenzoesäureäthylester	209
p-Fluorbenzoesäureäthylester	221
Anilin	*184*
o-Fluoranilin	173
m-Fluoranilin	184
p-Fluoranilin	183
2,4-Difluoranilin	170
2,5-Difluoranilin	176
Nitrobenzol	*209*
o-Fluornitrobenzol	200
m-Fluornitrobenzol	203
p-Fluornitrobenzol	205
2,4-Difluornitrobenzol	207
2.5-Difluornitrobenzol	210

[1]) sublimierbar
[2]) extrapoliert aus Messungen bei vermindertem Druck.

Auf Einzelheiten der obigen Ziffern sei nicht näher eingegangen. Die größten Differenzen zwischen dem Sdp. der Fluorverbindung und seinem Grundkörper treten bei o-Verbindungen auf, z. B. o-Difluorbenzol, o-Fluorphenol, o-Fluoranilin; auch 2,4-Difluoranilin ist offenbar kein Zufall. Aber auch diese „großen" Differenzen sind noch sehr klein gegenüber z. B. den Siedepunktsdifferenzen zwischen den entsprechenden Chlorverbindungen und den Grundkörpern.

Hier sei darauf hingewiesen, daß H. E. van Arkel und J. H. de Boer Zusammenhänge zwischen den Siedepunkten von organischen Fluorverbindungen, besonders einfachen aliphatischen, aber auch aromatischen, näher diskutiert haben. Dabei kamen sie zu dem Schluß, daß sich Fluor durchaus den anderen Halogenen anschließt. Da aber, wie bereits in der Einleitung gezeigt wurde, das Atomvolumen des Fluors demjenigen des Wasserstoffs so nahe steht, liegen die mit dem Atomvolumen zusammenhängenden physikalischen Größen wie auch der Siedepunkt der Fluorverbindungen den Grundkörpern besonders nahe.

Andere physikalische Daten sind gerade von aromatischen Fluorverbindungen in den letzten 15 Jahren sehr zahlreich bestimmt worden, doch sollen hier nur einige der dabei festgestellten Regelmäßigkeiten herausgegriffen werden, die für die Verwendung dieser Verbindungsklasse bedeutsam scheinen.

Für einen Vergleich von Schmelzpunkten an flüssigen organischen Verbindungen fehlen vielfach genaue Messungen.

So zeigt sich z. B. in der Reihe:

Benzol	Fluorbenzol	Chlorbenzol	Brombenzol	Jodbenzol
+5,6°	—41°	—45°	—31°	—28,5°

eine Erniedrigung des Benzol-Schmelzpunktes durch jedes der Halogene. Aber der Gang ist uneinheitlich; entweder für Fluorbenzol oder für Chlorbenzol, dessen Schmp. zwischen Fluor- und Brombenzol zu erwarten ist, bedarf es offenbar einer genauen Neubestimmung. Die Lage des Schmelzpunktes von Benzol selbst ist wohl durch seine Assoziation beeinflußt.

Im allgemeinen reihen sich die Schmelzpunkte der Fluorverbindungen gut in die der anderen Halogenverbindungen ein. Vielfach tritt durch ein Fluoratom in p-Stellung eine Erhöhung des Schmelzpunktes ein. Für die letztere Tatsache gibt die folgende Tabelle einige Beispiele.

Tabelle 10

Schmelzpunkte von p-Fluorverbindungen und ihren Grundkörpern

Fluorbenzol	—41	Benzaldehyd	—26
p-Difluorbenzol	—13	p-Fluorbenzaldehyd	—10
Chlorbenzol	—45	Benzoesäure	120
p-Fluorchlorbenzol	—27	p-Fluorbenzoesäure	183
m-Dichlorbenzol	—26	Anilin	—8
1-Fluor-2,4-dichlorbenzol	63	p-Fluoranilin	—1,9
		dagegen: o-Fluoranilin	—36
Brombenzol	—31	2,4-Difluoranilin	—7,5
p-Fluorbrombenzol	—8	dagegen: 2,5-Difluoranilin	13,5
Nitrobenzol	+6	Phenylhydrazin	19,6
p-Fluornitrobenzol	26,5	p-Fluorphenylhydrazin	39
Diphenyl	71	Phenylhydroxylamin	82
4-Fluordiphenyl	75	p-Fluorphenylhydroxylamin	90
4,4'-Difluordiphenyl	90,4		

Da meistens bei den isomeren Fluorverbindungen die o-Verbindung am niedrigsten, die p-Verbindung am höchsten schmilzt, ist öfters der Schmelzpunkt der m-Verbindung nur wenig vom Grundkörper verschieden. Oft liegen die Schmelzpunkte bzw. Erstarrungspunkte der o- und m-Verbindung sehr nahe beieinander, wobei die m-Verbindung manchmal am tiefsten von allen drei Isomeren schmilzt. Hierfür seien die Fluorphenole und die Fluorbenzoesäuren als Beispiele angeführt.

Tabelle 11

Schmelzpunkte (Erstarrungspunkte) der Fluorphenole und der Fluorbenzoesäuren mit ihren Amiden

	o-Fluor	m-Fluor	p-Fluor	Grundkörper
Phenol	16	13,7	28	41
Benzoesäure	126	124	183	120
	(122,5)		(181,5)	
Benzamid	116	130	154,5	128

Bei den Fluorbenzamiden ist der Gang o- m- p- „normal“ wie bei den Chlor-, Brom- und Jodbenzoesäuren und auch anderen kernsubstituierten Benzoesäuren wie Toluylsäuren oder Nitrobenzoesäuren. Der

Gang der Schmelzpunkte bei den drei Fluorphenolen entspricht demjenigen der Jodphenode (o- 43 °, m- 40 °, p- 94 °), während die Chlor- und Bromverbindungen auch hier den normalen Gang zeigen.

Aus den spezifischen Gewichten konnte das Atomvolumen des Fluors abgeleitet werden; es ergab sich zu 9. Die in einer größeren Zahl von Veröffentlichungen rein wissenschaftlichen Inhaltes hierüber mitgeteilten Ziffern sollen nicht im einzelnen aufgezählt werden.

An aromatischen Fluorverbindungen wurden auch refraktometrische Daten gemessen. Diese ergaben bei statistischer Auswertung folgende Zahlen für die Atomrefraktionen des organisch gebundenen Fluors: Für $H\alpha$ 0,984 Na_D 0,997 $H\beta$ 1,011.
Im Gegensatz zu Chlor, Brom und Jod wurden diese Werte von Fluor nicht aus einfachen aliphatischen Verbindungen abgeleitet. Sie bewähren sich aber auch bei aliphatischen Fluorverbindungen. Bemerkenswert ist das ganzzahlige Verhältnis der Atomrefraktionen mit denen der anderen Halogene, nämlich F : Cl : Br : J = 1 : 6 : 9 : 14. So zeigt sich in diesen optischen Eigenschaften der aromatischen Fluorverbindungen Fluor als typisches Halogen (vergl. auch die Ziffern für die Atomvolumina, Einleitung S. 2).

Hier seien auch Ergebnisse der thermischen Messungen von Swarts an aromatischen Fluorverbindungen mitgeteilt, und zwar in der Zusammenstellung von W. Swietoslawski. Nach ihm macht die Ermittlung der Verbrennungswärme keine Schwierigkeiten, weil in der kalorischen Bombe als einziges fluorhaltiges Produkt Fluorwasserstoff auftritt. Da dieser als wässrige Flußsäure gefunden wird, ist eine Korrektur von —11,8 Kal. nötig, um die Verbrennungswärme auf das Reaktionsschema mit gasförmigem Fluorwasserstoff zu beziehen. Diese Korrektur ist in der folgenden Tabelle berücksichtigt.

Tabelle 12

Verbrennungs- und Bildungswärmen einiger aromatischer Fluorverbindungen nach Swarts-Swietoslawski in Kal.

	Verbr.-W.	Bildgs.-W.		Verbr.-W.	Bildgs.-W.
Fluorbenzol	746,84	7,26	o-Fluorphenol	704,5	48,4
p-Difluorbenzol	706,1	29,2	m-Fluorphenol	695,5	57,7
o-Fluortoluol	902,47	14,73	p-Fluorphenol	695,46	57,4
p-Fluortoluol	902,72	14,48	m-Fluorphenetol	1018,1	60,3
Fluor-ps-kumol	1206,1	36,51	p-Fluorphenetol	1021,3	57,05

Von anderen Messungen physikalischer Größen an aromatischen Fluorverbindungen seien nur aufgezählt: Parachor, Ramaneffekt,

Ultraviolett-Absorption, Magnetochemische Daten. Von Fluorbenzol außerdem: Verdampfungswärme, Dampfdruck sowie Wärmeausdehnung in flüssigem Zustande, Viskosität und Oberflächenspannung, Binnendruck, elektrische und magnetische Doppelbrechung sowie magnetisches Drehungsvermögen.

In allen Messungen drückt sich die nahe Verwandtschaft der aromatischen Fluorverbindungen mit ihren Grundkörpern aus. Auch wo sich die Fluorverbindungen als typische Halogenverbindungen erweisen, — und das ist fast ausnahmslos der Fall —, ist der geringe Eigenschaftssprung zwischen den Grundkörpern und den Fluorverbindungen bei größeren Unterschieden zu den entsprechenden Chlor- und anderen Halogenverbindungen festzustellen. Hiermit stehen gerade im aromatischen Gebiet die physikalischen Eigenschaften der Fluorverbindungen mit ihrem chemischen Verhalten in gutem Einklang.

Teil 3

Technische Verwendung aromatischer Fluorverbindungen

Farbstoffe mit aromatisch gebundenem Fluor

In einer größeren Zahl von Patenten, besonders amerikanischer Firmen, sind aromatische Fluorverbindungen als Farbstoffe genannt. Der Einfluß des Fluors am Kern scheint in ähnlicher Richtung zur Geltung zu kommen, wie es für die Trifluormethylgruppe CF_3 vor Kap. 21 S. 86/87 geschildert wurde, nämlich in einer Erhöhung der Licht- und Waschechtheit und in der Erzeugung besonders lebhafter Töne. Auch hier gilt wieder, daß die Herstellerfirmen bisher nur in einzelnen Fällen bekanntgegeben haben, welche neueren Farbstoffe kerngebundenes Fluor enthalten. Über ihre mengen- oder wertmäßige Bedeutung können daher keine Ziffern angegeben werden.

Kapitel 33

Kernfluorierte Azofarbstoffe

Verschiedene Azofarbstoffe sind im Schrifttum erwähnt, erstmalig stellten wohl G. Schiemann und E. Bolstad fluorhaltige Azofarbstoffe mit Diphenylkernen dar, ohne daß diese technische Bedeutung erlangt haben. Im A. P. 2 213 740 (18. 7. 39) **(139)** der Eastman Kodak Co., übertr. von I. G. Mc. Nally und J. B. Dickey, werden Azofarbstoffe aus o-Fluoranilinen beschrieben. Besonders sind kernfluorierte Komponenten für die Entwicklungsfarbstoffe, also Naphthol-AS-Farbstoffe vorgeschlagen worden. So lautet das A. P. 1 982 661 (27. 7. 33) **(70)** der Du Pont, übertr. von E. F. Hitch, M. A. Dahlen und M. E. Friedrich, auf fluorierte Arylamide.

Nach diesem werden fluorierte Aniline von p- (I) oder o-Fluoranilin (II) oder 2,5-Difluoranilin (III) oder auch Fluoranisidin (o-Methoxy-p-fluoranilin) mit Oxynaphthoesäure unter Einwirkung von Thionylchlorid usw. in üblicher Weise zu folgenden 2,3-Oxynaphthoesäure-fluoraniliden umgesetzt, die als Kupplungskomponenten für Eisfarben geeignet sind, z. B.:

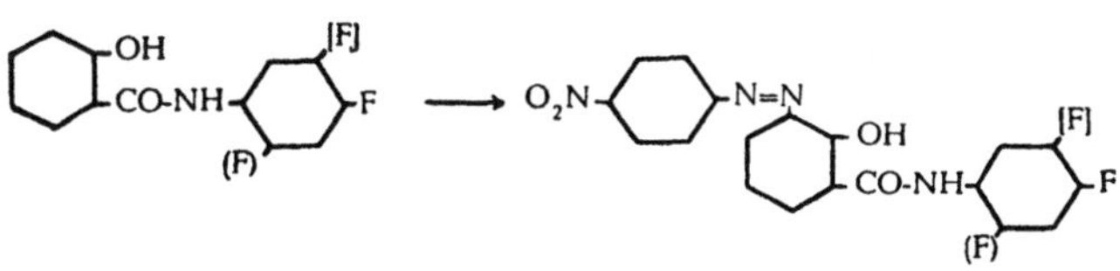

I, II mit ( ), III mit ( ) u. [ ]

Farbstoff mit oder ohne eingeklammerte Substituenten

Anstelle des in diesen Beispielen verwendeten p-Nitranilins (als Echtrotsalz GG) kann das fluorhaltige Anilid auch mit Diazoniumsalzkomponenten aus kernfluorierten Anilinen gekuppelt werden. Das erwähnte A. P. sowie das A. P. 2 023 591 (4. 8. 33) **(93)** der gleichen Patentnehmer enthält eine große Zahl Beispiele hierfür. Um über die Vielseitigkeit der darin vorgeschlagenen über 30 fluorhaltigen Aniline einen Begriff zu bekommen, seien genannt:

Mono- und Difluor-anilin, gemischt halogenierte Fluoraniline, fluorierte Toluidine, Xylidine, Anisidine, Phenetidine, Fluornitraniline, Fluornitrotoluidine sowie von mehrkernigen: Fluornaphthylamine, Fluor-amino-diphenyle, -diphenyläther, -diphenylmethane und -benzophenone.

Die damit erhaltenen Ausfärbungen sind in gelben, roten, blauen und sogar schwarzen Tönen erhalten worden. Auch sei erwähnt, daß die I. G. Patentschutz für Azofarbstoffe mit beispielsweise 1-Amino-2-halogen-benzol-6-karbonsäurealkylester als Diazoniumsalzkomponente besitzt, sodaß auch die entsprechenden Fluorkomponenten darunter fallen können. Im F. P. 784 364 (D. Pr. 19. 1. 34) **(307)** ist allerdings keine Fluorverbindung ausdrücklich genannt.

Kapitel 34

Kernfluorierte Anthrachinone

Fluorhaltige Anthrachinone sind in der wissenschaftlichen Literatur seit längerem bekannt, so die aus Benzoyl-benzoesäuren erhaltenen Fluoranthrachinone von Hahn und Reid und ein Fluorchinizarin von Dimroth und Hilcken. Für Fluoraminoanthrachinone:

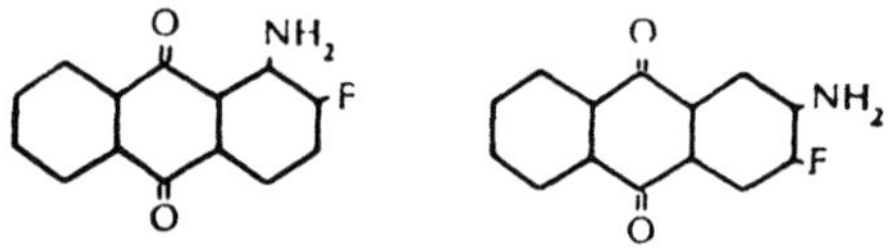

gibt das E. P. 365 165 (16. 10. 30) **(247)** der I. C. I. mit W. Smith und R. F. Thomson eine Darstellungsvorschrift aus 2(4'-Fluorbenzoyl)-benzoesäure. Ersteres färbt Azetatseide hellgelb.

Die letztgenannte Firma meldete 1931 auch ein DRP. (E. Pr. 18. 10. 30) an für Leukoschwefelsäureester des 3,3'-Difluor-Anthrachinonazins oder seines N,N-Dihydroderivates, doch ließ sich darüber wie über das entsprechende E. P. nichts näheres feststellen. Im Anthrachinongebiet einschließlich der Anthrachinonküpenfarbstoffe sind offenbar Fluorverbindungen noch ohne Bedeutung.

Kapitel 35

Kernfluorierte Triphenylmethan-Farbstoffe

Ein umfangreiches Material an Beispielen für kernfluorierte Triphenylmethanfarbstoffe enthält das A. P. 2 085 736 (6. 12. 33) **(126)** der Du Pont, übertragen von W. S. Calcott, W. Carleton und E. L. Mattison. Allgemein erhält man farbstarke, klare und lichtechte Färbungen. Folgende Beispiele mögen die Aufbaumöglichkeiten dieser Farbstoffe erläutern.

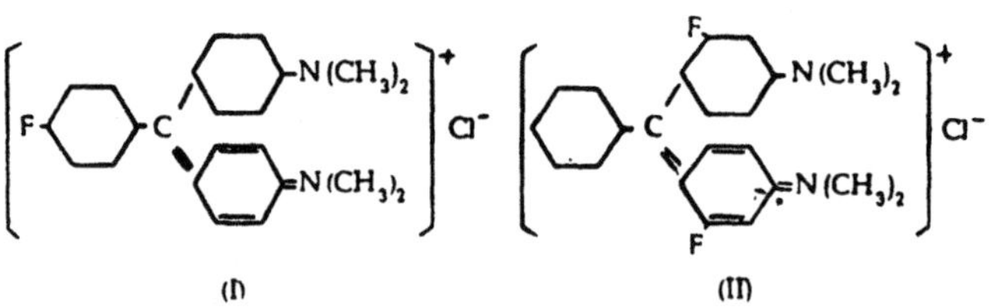

(I) (II)

p-Fluor-malachitgrün (I) kann durch Grignardierung von p-Fluorjodbenzol, das aus p-Fluoranilin zugänglich ist, und Umsetzung der Grignardverbindung mit M i c h l e r schem Keton dargestellt werden. Die o- und m-Verbindungen stellt man durch Kondensation der Fluorbenzaldehyde mit Dimethylanilin her. Aus m-Dimethylanilin und Benzaldehyd gelangt man zum 2,2''-Difluor-malachitgrün (II). Anstatt Benzaldehyd kann man auch substituierte Benzaldehyde verwenden und zu entsprechend substituiertem Nitro-, Chlornitro-, Sulfo- usw. -difluormalachitgrün kommen. Als kompliziertere Malachitgrüne sind fluorierte Pontazylgrüne BL (=Säuregrüne) genannt wie III aus 2,4-Difluorbenzaldehyd und Äthylbenzylanilin-sulfonsäure:

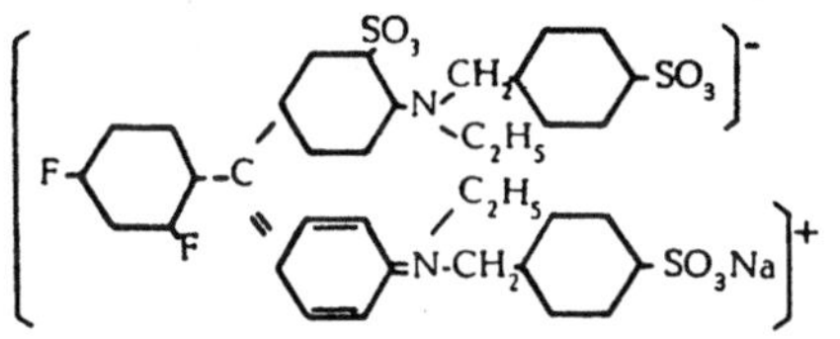

(III)

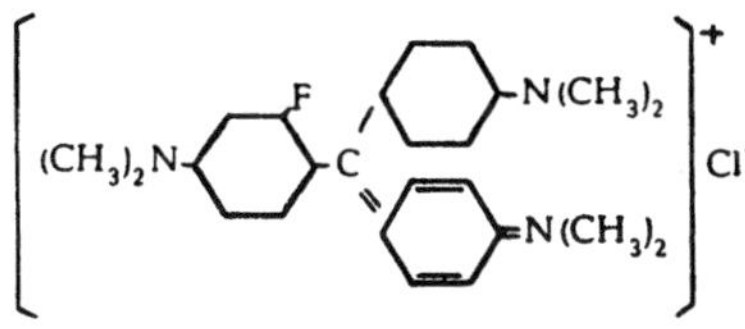

(IV)

Aus m-Fluor-dimethylanilin, das noch als Ausgangsverbindung für ein fluoriertes Methylenblau (s. unten) begegnen wird, könnte man schließlich mit M i c h l e r schem Keton ein Fluor-Kristallviolett IV aufbauen.

K a p i t e l 36

Kernfluorierte Thiazinfarbstoffe

Entsprechend der Darstellung von Methylenblau kann aus dem bereits für Triphenylmethanfarbstoffe als Ausgangsstoff genannten m-Fluor-dimethylanilin mit p-Amino-dimethylanilin nach der Thiosulfatmethode von B e r n t h s e n ein Fluor-methylenblau als Beispiel eines Thiazinfarbstoffes aufgebaut werden, wofür das S. 94 genannte A. P. 2 085 736 ebenfalls Schutz beansprucht.

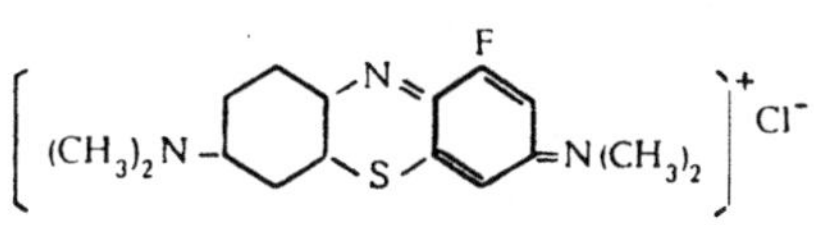

Auch mehrfach fluorierte Methylenblaus sind beschrieben worden, ohne daß sie wohl Handelsprodukte geworden sind.

Kapitel 37

Kernfluorierte indigoide Farbstoffe

Fluorindigo selbst ist bisher nicht beschrieben worden. Es wird nur kurz in dem S. 31 besprochenen E. P. 429 591 der Du Pont genannt. Dagegen sind der gleichen Firma auch kernfluorierte indigoide Farbstoffe geschützt worden, insbesondere durch das A. P. **2 061 186** (6. 12. 33) **(119)**, übertragen von J. E. Cole, und A. P. 2 061 200 (3. 4. 33) **(120)**, übertragen von H. A. Lutz und A. L. Fox. Diese betreffen fluorierte Thioindigos, deren Synthese von Fluoranilinen in der für Anilin bekannten Weise durchgeführt wird, z. B. über p-Fluorphenyl-thioglykolsäure zum 5,5'-Difluor-thioindigo (I) oder aus 6-Amino-1-fluor-2-methoxy-naphthalin zum Difluordimethoxy-dinaphthyl-thioindigo (II):

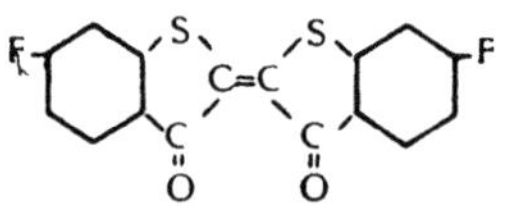

(I)

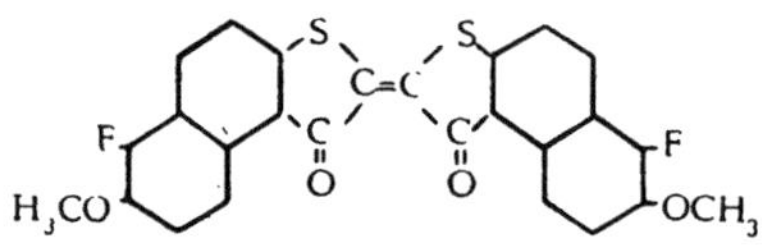

(II)

Die genannten Patente enthalten in ihren Beispielen noch eine größere Zahl solcher Thioindigoabkömmlinge.

Der Vollständigkeit halber sei erwähnt, daß in den Farbstoffpatenten, z. B. A. P. 2 085 736 **(126)** oder 2 061 186 **(119)**, auch von der pharmazeutischen Verwendbarkeit der Zwischen- und Endprodukte die Rede ist. Über die tatsächliche Anwendung ist allerdings nichts bekannt geworden.

Kapitel 38

Pharmazeutische Verwendung kernfluorierter aromatischer Verbindungen

In einem besonderen Indikationsgebiet, nämlich bei Erkrankungen der Schilddrüse, hat ein Präparat Bedeutung gewonnen, dessen wirksame Substanz ein Fluortyrosin $HOC_6H_3F\text{-}CH_2\text{-}CH(NH_2)\text{-}COOH$ ist (vergl. S. 104 Kap. 29). Dieses Heilmittel wird von den Farbenfabriken Bayer-Pharma in den Handel gebracht. Es verdankt seine Entstehung der Anregung von 2 Seiten, einer medizinischen und einer chemischen Forschung. W. May hatte einen Antagonismus zwischen Jod bzw. Thyroxin, dem jodhaltigen Hormon der Schilddrüse, und Natriumfluorid gefunden. Als nun die erstmalige Gewinnung von Fluortyrosin durch Schiemann und Winkelmüller bekannt gegeben wurde, entstand der Plan, dieses darauf zu untersuchen, ob ein ähnlicher Antagonismus bestand, der auf das organisch, also nicht ionogen gebundene Fluor zurückgeführt werden konnte. Als Ergebnis dieser Arbeiten, an denen die I. G. maßgebend beteiligt war und die in einer größeren Zahl von medizinischen Veröffentlichungen besonders von W. May und G. Litzka (s. S. 185) ihren Niederschlag fanden, wurde das Heilmittel „Pardinon“ als organisches Fluorpräparat zur Behandlung von Hyperthyreosen entwickelt. Chemisch ist es also eine Aminosäure, sein Na-salz ist in Wasser leicht löslich und gut resorbierbar. Die Giftigkeit wurde eingehend geprüft, bevor seine therapeutische Verwendung in Vorschlag gebracht wurde. Jede Tablette = 1 Tagesdosis enthält 1 mg der wirksamen Substanz.

Inzwischen sind noch weitere Arbeiten von medizinischer Seite über Erfolge mit diesem Mittel veröffentlicht worden. Daß die Schilddrüse mit dem Fluorstoffwechsel des Organismus in Verbindung steht, geht auch aus einem Befund von R. Wilson und F. de Eds hervor. Nach ihnen wird eine Bräunung der Zähne bei Ratten sowohl durch Fluorzugabe als auch durch Zugabe von Schilddrüse zur Nahrung verhindert. Sie erklären dies damit, daß der Organismus durch Schilddrüsenintoxikation empfindlicher gegen Fluor wird. K. Niedner hat auch den Einfluß von Pardinon auf das Wachstum von Tumoren untersucht. Das Mittel hat sich jedenfalls seinen Platz als Heilmittel gegen Schilddrüsenerkrankungen, besonders morbus Basedow, errungen. Einen Vergleich zwischen Pardinon und dem unten besprochenen Capacin mit den neuen thyreostatischen Stoffen Thioharnstoff und Thiouracil als Medikamente gegen Schilddrüsenüberfunktionen stellte Deckenbrock an.

In den letzten Jahren wurden von amerikanischer Seite auch 3,5-Difluor- und 3-Fluor-5-jod-tyrosin (I) dargestellt. Außer dem obigen Fluortyrosin haben Schiemann und Winkelmüller auch ein erstes Fluorthyronin (II) dargestellt, und in neuerer Zeit beschrieben Niemann, Mead und Benson einige dem Hormon der Schilddrüse Thyroxin noch näher stehende Fluorjodthyronine wie 3'-Fluor-3,5,5'-trijod-thyronin (III) und zwei niedriger jodierte Fluorthyronine sowie 3',5'-Difluor-3,5-dijodthyronin (IV) und jodärmere Abkömmlinge. Praktische Verwendung haben diese Verbindungen noch nicht gefunden.

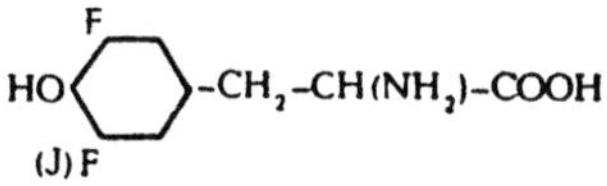

(I)

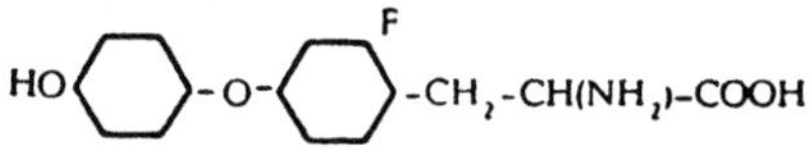

(II)

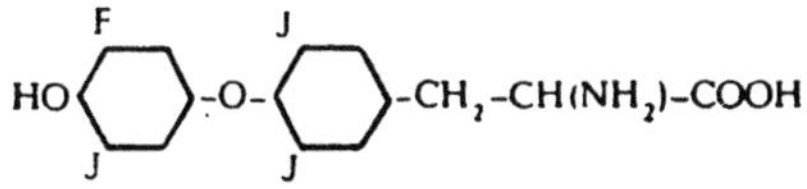

(III)

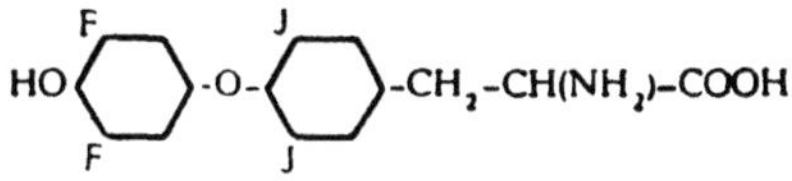

(IV)

Außer Pardinon ist die chemisch einfachere 3-Fluor-4-oxy-phenylessigsäure 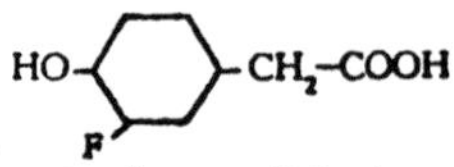 zur Fluortherapie leichter und mittelschwerer Hyperthyreosen durch K. Kraft vorgeschlagen worden. Sie ist durch die Knoll A. G. als „Capacin", zunächst unter der Fabrikbezeichnung „K 17" in den Arzneischatz eingeführt worden, jede Tablette davon enthält 3 mg der genannten Säure. Diese ist bemerkenswert wenig toxisch: an der weißen Maus wurde die tödliche Dosis mit 3,5 g je Kg Körpergewicht festgestellt. Bei Behandlung leichter bis mittelschwerer Thyreotoxikosen sowie besonders bei der Operationsvorbereitung und Nachbehandlung schwerer Fälle sind beachtenswert gute Erfolge erzielt worden, über die H. Casterra 1947 berichtet hat. Einer Senkung des krankhaft erhöhten Grundumsatzes folgten eine Besserung des Schlafes, Gewichtszunahme und Steigerung der körperlichen Leistungsfähigkeit; die allgemeinen nervösen Symptome wurden beseitigt oder wenigstens gemildert. Fluorschäden wurden auch bei lange andauernder Verabreichung und verhältnismäßig großen Einzelgaben nicht beobachtet.

Die Herstellung der Fluoroxyphenylessigsäure ist der Knoll A. G. durch das D. R. P. 741 780 (18. 6. 42) **(47)** mit K. Kraft geschützt, und die gleichen meldeten auch die D. R. P. Anm. K 167 374 (2. 2. 43) **(54)** an auf ein Verfahren zur Herstellung kernsubstituierter Phenylessigsäuren. Das erstere betrifft die Kondensation von o-Fluorphenol oder o-Fluorphenoläthern mit Formaldehyd in Gegenwart von Halogenwasserstoffsäuren und Chlorzink, wobei in p-Stellung zur phenolischen Oxy- oder Alkoxygruppe eine Halogenmethylgruppe -CH_2Halg eintritt. Beim Anmeldungsverfahren wird eine in p-Stellung zur Oxy- oder Alkoxygruppe stehende Benzylcyanidgruppe -CHR-CN verseift und gegebenenfalls die Verbindung gleichzeitig reduziert. Auch eine nachträgliche Einführung der Oxygruppe war mitbeansprucht worden.

Wesentlich älter als die Fluortherapie von Schildrüsenerkrankungen ist der Vorschlag, andere aromatische Fluorverbindungen äußerlich gegen Bronchialerkrankungen, besonders Keuchhusten, oder gegen Rheuma anzuwenden. Der wirksame Bestandteil des „Antitussin" genannten Mittels der Firma Valentiner & Schwarz in Großdeuben bei Leipzig ist das 4,4'-Difluordiphenyl, FC_6H_4-C_6H_4F, das aus Benzidin leicht darstellbar ist. Die Antitussinsalbe zum Einreiben, besonders der Brust, enthält 5 % der genannten Fluorverbindung, die ihrerseits 20 % Fluor enthält.

Neuere medizinische Literatur über dieses Mittel ist nicht bekannt geworden, es sei daher nur aus den älteren Angaben folgendes kurz angeführt: P. Timm gab über die Toxizität des Difluordiphenyls an, daß 2 g pro die bei Kaninchen unschädlich seien und 1 g pro die auch von Menschen vertragen werde. Tischer und Beddies, lieferten Angaben über die Diffusion durch tierische Membranen. M. Hein, Fischl, W. Meitner, L. Fürst, A. Briess und H. Krauss berichteten über die Keuchhustenbehandlung durch Antitussin.

Früher wurde außerdem ein „Epidermin", bald darauf „Fluor-Epidermin" genanntes Wunddesinficienz in gleicher Darreichungsform mit 4% Difluordiphenyl und 1% Fluorpseudocumol (aus ps-Cumidin), von Valentiner & Schwarz in den Handel gebracht, vergl. E. Kraus u. A. Bass, Wolffberg und W. Meitner.

Die gleiche Herstellerfirma hat übrigens noch ein drittes Einreibemittel geschaffen, das „Fluorrheumin" genannt wurde und Fluorphenetol (wohl p-) enthält. Es ist gegen rheumatische Schmerzen empfohlen worden; vergl. Freudenberg, Vehmeyer und W. Meitner.

Andere aromatische Fluorverbindungen sind gelegentlich auf bestimmte pharmazeutische Wirkungen geprüft worden, ohne daß dabei Feststellungen gemacht wurden, die ihre Einführung in den Arzneischatz veranlaßten. Erwähnt sei als Beispiel, daß Fluorverbindungen der Methoxydiphenylätherreihe keine besondere Desinfektionskraft entfalten. Auch Alkaminester der p-Fluorbenzosäure zeigten zwar anästhesierende Wirkung bei niedriger Toxizität; aber sie rufen Entzündungserscheinungen hervor, die ihre klinische Anwendung nicht ratsam erscheinen lassen.

Ein A. P. 1 981 123 (26. 2. 31) **(69)** der American Tar Products Co. Inc. schützt Fluorphenole als Desinfektionsmittel, doch scheint sich keines davon wirklich eingeführt zu haben.

Im Rahmen von Untersuchungen über den Einfluß von Fluorsubstitution auf chemotherapeutisch wirksame Stoffe sind von H. L. Bradlow und C. A. Vanderwerf eine Anzahl von Verbindungen mit aromatisch gebundenem Fluor hergestellt worden, von denen folgende genannt seien: 4-sec.Amyl-3-fluorphenol aus m-Fluorphenol; p,p′-Difluor-diphenyl-sulfon und p-Fluor-p′-oxy-diphenylsulfon; ein Fluorsalvarsan, d. h. 3,3′-Diamino-4,4′-difluor-arsenobenzol; aus m-Flurorphenol und Mercuriazetat 2-Azetoxy-mercuri-5-fluor-phenol; 2,2-Bis-(4-fluorphenol)-phthalid, das aus Phthalylchlorid und Fluorbenzol mittels Aluminiumchlorid gewonnen wurde; schließlich ein Acridin-abkömmling, nämlich 2-Fluor-6-chlor-9(1-methyl-4-diaethyl-aminobutyl)-amino-acridin und das einfachere 2-Fluor-6,9-dichlor-acridin, das durch Umsetzung von p-Fluoranilin und Dichlorbenzoesäure in Gegenwart von Kupfer, Kaliumkarbonat und -azetat sowie nachfolgendem Ringschluß mittels Phosphoroxychlorid entstand. In Stellung 1 oder 2 fluorierte Akridine, und zwar 5-Chlor- oder 5-Amino-derivate stellten J. H. Wilkinson und I. L. Finar aus p- oder m-Fluoranilin in entsprechender Reaktionsfolge her.

Schließlich berichteten kürzlich C. M. Suter und A. W. Westen über die Herstellung und Prüfung einiger kernfluorierter Verbindungen aus dem Prontosilgebiet. Sie gingen von p-Fluorazetanilid aus, das sulfoniert wurde, worauf die erhaltene Sulfonsäure mit N-Azetylsulfanilsäure-chlorid umgesetzt wurde. Die auf diesem Wege erhaltenen Sulfanilamid-derivate erwiesen sich als unwirksam. Nur Sulfanil-N-(p-fluor-phenyl-)amid vom Schmp. 163—164° zeigte schwache Wirkung bei Streptokokkeninfektion. p'-Fluor-sulfanilanilid und Succinyl-derivate wurden auch von den oben genannten Bradlow und Vanderwerf beschrieben. Ebenfalls nur geringe Wirkung zeigten fluorsubstituierte 5-Amino-acridine, so waren 5-Amino-1,2,2',3'-pyrido-acridine gegen Trypanosomen ganz unwirksam.

Wenn auch die Verwendung organischer Fluorverbindungen mit aromatisch gebundenem Fluor als Heilmittel keine große Allgemeinbedeutung hat, so sind immerhin beachtliche Einzelerfolge errungen worden, die es rechtfertigen, daß die Entwicklung auf diesem Gebiete auch von ärztlicher Seite mit Aufmerksamkeit verfolgt wird.

Kapitel 39

Verwendung kernfluorierter aromatischer Verbindungen zur Schädlingsbekämpfung

Auch als Schädlingsbekämpfungsmittel sind, ebenso wie aliphatische, einige aromatische Fluorverbindungen schon vor 25 Jahren vorgeschlagen worden. So nennt das DRP. 504 886 (14. 9. 27) **(8)** der I. G. mit E. Tietze, W. Scheppe und W. Hentrich unter anderem Fluor-ps-kumol oder 1-Fluor-naphthalin-5-sulfonsäure als Mittel gegen Mottenfraß und andere Textilschädlinge (s. S. 64). Es liegt nahe, daß auch Triphenylmethanverbindungen mit Fluorsubstituenten im Kern für die Behandlung von Textilfasern zum Zwecke des Festmachens gegen Mottenfraß erprobt worden sind, weil sich derartige fluorfreie Verbindungen als „Eulane“ bestens bewährt haben. Aber es ist über derartige Prüfungen bisher nichts bekannt geworden. Außer der Anwendung als Farbstoffe ist in den Patenten der Kapitel 33—38 für verschiedene Produkte als Verwendung auch Schädlingsbekämpfung angegeben. Sie dürften aber gegenüber anderen organischen, fluorfreien Schädlingsbekämpfungsmitteln oder einfachen bzw komplexen anorganischen Fluoriden zu teuer für eine allgemeine Anwendung sein; und über eine besondere Wirksamkeit ist bisher nichts veröffentlicht worden.

Dagegen hat sich als Kontaktinsektizid eine aromatische Fluorverbindung als besonders hoch wirksam erwiesen, nämlich das 4,4'-Difluor-diphenyl-trichlormethyl-methan (I), auch FC- oder DFDT-Wirkstoff genannt, auf dessen hervorragende Eigenschaften R. Riemschneider aufmerksam machte. Es handelt sich hier um das Fluor-Anologon zu II, der Hauptkomponente von „Gesarol", wie aus den beiden Formeln ohne weiteres ersichtlich ist. Wie das letztere aus Chloral und Chlorbenzol als Hauptprodukt neben einigen Isomeren, praktisch hauptsächlich der o,p'-Dichlorverbindung, entsteht, so ist I aus Chloral und Fluorbenzol leicht in einer Ausbeute von 45 % herstellbar und nach der D. R. P. Anm. I 74 628 (19. 3. 43) **(53)** der I. G., Werk Höchst, mit O. Scherer unter Verwendung von Chlorsulfonsäure sogar mit 90 %. Es ist der Wirkstoff in dem von der genannten Firma seit 1943 auf Grund der D. R. P. Anm. I 72 171 (4. 5. 42) **(51)** mit K. Pfaff, M. Erlenbach, O. Scherer und W. Finkenbrink herausgebrachten Insektenvertilgungsmittel „Gix".

(I) 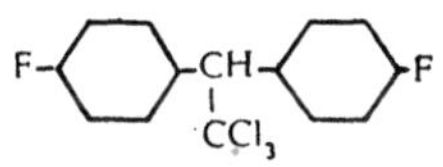

(II) 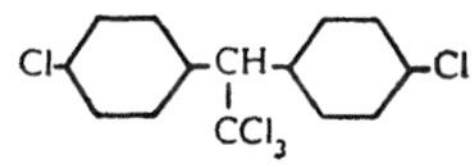

Es ist besonders gegen Fliegen, Mücken, sonstiges Ungeziefer, vor allem in Kellerräumen und Ställen wie Asseln, Ameisen und auch Pilzmilben empfohlen worden. Dabei wird es in zwei verschiedenen Verfahren angewendet. Das Sprühverfahren benötigt 3 %ige Gixemusionen und eignet sich für Wohnräume, in denen Fleckenbildung vermieden werden soll. Beim Spritzverfahren wird mit 0,3 %iger Spritzbrühe auf Wände, Decken und Gegenstände eine Menge von etwa 150 ccm auf den qm gespritzt und dadurch eine nachhaltigere Wirkung erzielt. Das Mittel ist unschädlich für Mensch und Haustier, auch soll es weder den Geruch noch den Geschmack von Vorräten beeinflussen. Fische schädigt es.

Auch von amerikanischer Seite wurde auf die Wirkung als Kontaktgift von einer Verbindung hingewiesen, in der 2 von den 5 Chloratomen des Gesarols, d. h. im wesentlichen von II, durch Fluor ersetzt sind, womit offenbar ebenfalls I gemeint ist.

Riemschneider wies darauf hin, daß die Toxizität von I für höhere Lebewesen nicht größer ist als die von II, dagegen I erheblich größere Kontaktgiftwirkung und Initialtoxizität besitzt als II. Z. B. wurden 15 mg I von weißen Mäusen gut vertragen. Über die Wirksamkeit gegen Schaflausfliegen (melaphagus ovinus L) und Bettwanzen (cimes lectularis) sowie Kleiderläuse (pediculus humanus) führte er aus:

Wurden die ersteren mit einem 10%igen Präparat von I bestäubt, so zeigten sie bereits nach 15 Min. Fortbewegungsunfähigkeit (Rückenlage), was bei Behandlung mit gleich starken Präparaten von II erst in 60 Min. eintrat. Die Wanzen ließen sich bereits mit einer unter 10% liegenden Konzentration vollzählig abtöten, und bei Kleiderläusen wurde dies bereits mit einem 1%igen Präparat von I erreicht.

Die Verwendung von I in der praktischen Seuchenbekämpfung und als hochwirksames Kontaktinsektizid zur Schädlingsbekämpfung in größerem Maßstabe, z. B. auch gegen den Kartoffelkäfer (septinotarsa decemlineata) wurde daher dringend empfohlen. Im übrigen hat Riemschneider auch andere organische, besonders aromatische Fluorverbindungen in seine systematischen Untersuchungen über Kontaktinsektizide einbezogen, um zu prüfen, ob die mit ihnen erzielbare Wirkungssteigerung gegenüber den entsprechenden Chlorverbindungen die Einführung einzelner Fluorverbindungen in die Praxis ratsam macht. Aus diesen gründlichen und umfangreichen Untersuchungen mit annähernd 150 verschiedenen Verbindungen seien die Ergebnisse mit aromatischen fluorhaltigen Kontaktinsektiziden im folgenden zusammengestellt. Sie wurden an Schaflausfliegen als geeignet erkannten Versuchsinsekten erzielt.

4,4'—Difluordiphenyl ließ in 1%iger Mischung mit Talkum leichte Lähmungserscheinungen bei sämtlichen geprüften Insekten in 5 Stunden, 2,4,4'—Trifluordiphenyl das gleiche bereits in 3 Stunden erreichen, α,β-Dichlor-$\alpha,\alpha,\beta,\beta$-tetra (4-fluor-phenyl) -äthan in 10%iger Talkummischung in 8 Stunden, α,α-Dichlor-β,β- bis (4-fluor-phenyl) -äthan ebenso in weniger als 1 Stunde, α,α-Dichlor-β- (p-toluyl) -β- (4-fluor-phenyl) -äthan ebenso in 1 Stunde, α,α,α-Trifluor-β,β- bis -(4-fluor-phenyl)-propan ebenso in weniger als 1 Stunde und α,α,β-Tichlor - γ, γ - bis (4-fluor-phenyl) -α-propylen das gleiche in 7 Stunden.

Hier sei auch angefügt, daß α,α,α-Trifluor-β,β- bis (4-chlor-phenyl)-propan (III), in dem also rein aliphatisch gebundenes Fluor vorliegt, in 10%iger Talkummischung die leichten Lähmungserscheinungen der geprüften Insekten innerhalb 2 Stunden und α,α α-Trifluor-β,β- bis (trifluor-methyl)-phenyl)-äthan (V) mit aliphatisch und araliphatisch gebundenem Fluor dasselbe innerhalb 5 Stunden ergab.

III: $(ClC_6H_4)_2C < {CF_3 \atop CH_3}$ IV: $(F_3C\text{-}C_6H_4)_2CH{-}CCl_3$ V: $(F_3C{-}C_6H_4)_2CH{-}CF_3$

Beide wurden außer an Schaflausfliegen an 3 Läusearten, nämlich an Kleider-, Pferde- und Schweineläusen geprüft.

In diesem Zusammenhange ist nicht uninteressant, daß zur Herstellung von DDT selbst aus Chlorbenzol und Chloral (s. o.) Fluorsulfonsäure als Kondensationsmittel vorgeschlagen worden ist: Can. P. **449 652** (2. 6. 48) **(243)** der Dominium Rubber Co., übertragen von Ch. W. Gates. Die Wiedergewinnung von Fluorsulfonsäure dabei behandelt übrigens das Can. P. 449 650 (6. 5. 48) **(242)** der gleichen Patentnehmer und Wm. P. Woods.

Hierher gehört schließlich auch das bereits S. 65 erwähnte E. P. 284 643 (D. Pr. 2. 2. 27) **(245)** der Schering-Kahlbaum A. G. Es betrifft das Wachstum von Hefe und Bakterien hindernde Mittel, bestehend aus organischen Fluorverbindungen, von denen u. a. Fluorbenzoesäure und Fluorbenzolsulfonsäure genannt sind. Z. B. soll ein mit Fluorbenzoesäure versetztes Bier für Tropenländer haltbar sein.

Anhangsweise seien noch folgende Patente erwähnt: Zum Flammschutz, nämlich für die Holzimprägnierung zum Zwecke des Unbrennbarmachens hat V. Horak das erstmalig von G. Schiemann und E. Bolstad dargestellte Trifluor-diphenyl im. Tschech. P. 51 220 (29. 4. 32) **(369)** vorgeschlagen, gegebenenfalls zusammen mit anorganischen Salzen, z. B. des Chroms oder Strontiums, deren Verwendung als Flammschutzmittel ja bekannt ist. Praktische Bedeutung hat das Trifluordiphenyl jedoch nicht erlangt. Anorganische Fluoride wie Na-, K-, Cu-, Zn-, Al-, Pb- oder Na-Al-fluoride schützt das DRP. 682 144 (8. 11. 33) **(39)** der Alkaliwerke Westeregeln G. m. b. H. in Kombination mit Chlornaphthalinen in kolloider Dispersion oder Suspension, gegebenenfalls mit Zusätzen von Streck-, Back- oder Haftmitteln als Schädlingsbekämpfungsmittel.

Die I. G. hat ein F. P. 846 406 (D. Pr. 25. 11. 37) **(331)** zum Schützen von Kunstseide und Zellwolle gegen Insektenfraß genommen, in dem neben anorganischen auch organische Salze der Flußsäure oder komplexer Fluorsäuren wie Kieselfluorwasserstoffsäure, Bor- oder Titanfluorwasserstoffsäure genannt sind.

Als Abschluß der Besprechung von praktischen Verwendungsvorschlägen für aromatische Fluorverbindungen sei noch auf die kürzlich empfohlene Anwendung von 2-Fluorpyridin als selektives Lösungsmittel zur Zerlegung von Kohlenwasserstoffölen verwiesen, wie S. 67 besprochen wurde. Die Darstellung dieser heterozyklischen Verbindung kann nach dem Borfluoridverfahren oder durch Flußsäurediazotierung aus dem unschwer zugänglichen α-Aminopyridin in der S. 101 ff. für isozyklische aromatische Verbindungen geschilderten Weise erfolgen.

Tschitschibabin und Rjasanzew gaben an: Diazotierung einer Lösung von 2-Aminopyridin in 50%iger Flußsäure mittels Amylnitrit unter Kühlung. Als Sdp. wurde 125,8° unter 753 mm gefunden, und es sind verschiedene physikalische Daten gemessen worden.

Übrigens ist das isomere 3-Fluorpyridin von C. Räth als an der Luft schnell braun werdende Verbindung mit stechend pyridinartigem Geruch vom Sdp. 106 — 108° unter 750 mm beschrieben worden. Er erhielt es durch

Diazotieren von 3-Aminopyridin in 75%iger Flußsäure und Eintragen von Cu-Paste in die Lösung bis zur beendeten Stickstoffentwicklung in 22%iger Ausbeute. Praktische Anwendung hat dieses Isomere nicht gefunden. Beide Fluorpyridine beschrieben übrigens auch A. Roe und G. F. Hawkins, während sie das 4-Isomere nicht erhalten konnten; denn an seiner Stelle bildete sich N(4'-Pyridyl-)4-pyridon in ähnlicher Weise, wie man dieses auch aus 4-Chlorpyridin erhält.

Wie die bisherigen Kapitel gezeigt haben, haben einige organische Fluorverbindungen eine technische Bedeutung erlangt, die der ganzen Stoffklasse erhöhte Beachtung zukommen läßt. Insbesondere sind die als Frigene bezeichneten, zunächst in Amerika unter dem Namen Freone eingeführten Fluorchlormethane sowie einige Fluorchloräthane als Kältemittel in der Kühltechnik wichtig geworden. Die moderne Entwicklung der Klimaräume oder der Haushaltskühlschränke ist eng mit dem Einsatz der Frigene für diese Zwecke verknüpft. Auch im Gebiete der Farbstoffe haben einige organische Fluorverbindungen praktische Anwendung gefunden. Hier sind es vor allem Naphthol-AS-Farbstoffe mit Trifluormethyl als Substituenten am aromatischen Ring, die in der Baumwollechtfärberei besonders geeignete Gelbrots und Scharlachtöne hervorbringen lassen, von denen auch an dieser Stelle nochmals das offizielle Fahnenrot der ehemaligen Reichsflagge erwähnt sei. Als Schädlingsbekämpfungsmittel hat sich „Gix“ gut eingeführt. Schließlich sind einige organische Fluorverbindungen, besonders mit Fluor am aromatischen Ring, als Heilmittel zu einiger Bedeutung gelangt. Den genannten Verwendungen gegenüber sind die übrigen technischen Anwendungen, die in den vorangegangenen Kapiteln besprochen worden sind, zunächst weniger bedeutungsvoll. Immerhin sind noch weitere Ansätze für die technische Verwendung organischer Fluorverbindungen vorhanden.

Über die technisch-praktische Zielsetzung der voranstehenden Abschnitte hinaus sollen als zweiter Teil noch einige Kapitel zur Chemie der organischen Fluorverbindungen folgen. Durch sie soll das Bild, das der Leser von den Gewinnungsmöglichkeiten und den Eigenschaften dieser Körperklasse erhält, vervollständigt werden.

II. HAUPTTEIL

Zur Chemie der organischen Fluorverbindungen, insbesondere über Darstellungsverfahren mit rein laboratoriumsmäßiger Bedeutung

Bei der Schilderung der Herstellungsverfahren und der praktisch interessierenden organischen Fluorverbindungen, wie sie gemäß der Zielsetzung dieser Sammlung im vorangegangenen I. Hauptteil des Buches vorgenommen wurde, mußten reine Laboratoriumsverfahren und die Schilderung von chemischen Einzeltatsachen zurücktreten, wenn sie kein unmittelbares technisches Interesse haben. Aber aus der Fülle des in den letzten Jahrzehnten und besonders den letzten Jahren gesammelten Experimentalmaterials über organische Fluorverbindungen lohnt es sich, einiges zur Ergänzung der vorangegangenen Kapitel anzuführen, auch wenn es keine oder noch keine besondere Beachtung in der Praxis gefunden hat. Der Verfasser ist sich dabei klar, daß die Auswahl dessen, was in den folgenden Kapiteln gebracht wird, subjektiv getroffen worden ist.

Die Verfahren, mit denen es gelingt, mittels wasserfreier Flußsäure Fluor anstelle von Chlor in aliphatische Chlorkohlenwasserstoffe einzuführen, haben ausgesprochen technischen Charakter. So konnten sie, deren Beschreibung den verschiedenen Patentschriften zu entnehmen ist, im Hauptteil I, Teil 1, A, Kapitel 2 und 3 als die besten modernen Verfahren der Praxis geschildert werden. Bei laboratoriumsmäßigen Untersuchungen, von denen hier die Rede sein soll, haben sie keine entscheidende Rolle gespielt, denn die Grundlagen der Chemie aliphatischer Fluorverbindungen wurden lange Jahre vor ihrer industriellen Verwertung geschaffen. Damals waren organische Fluorverbindungen nur auf dem Umweg der Übertragung des Fluors aus seinen wasserfreien Salzen durch Methoden zugänglich, die in den früheren Kapiteln nur gelegentlich erwähnt wurden und über die in den folgenden Kapiteln 40 ff. ein Überblick gegeben werden soll. Sie werden auch heute noch vielfach im Laboratoriumsmaßstabe verwendet, besonders wenn es sich um Fluorverbindungen handelt, zu denen man von keiner der technisch hergestellten organischen Fluorverbindungen ausgehen kann. Die Besprechung soll sich an die im I. Hauptteil verwendete Einteilung halten. Zunächst sollen noch einige Ergänzungen zur Einwirkung von Fluorwasserstoff auf Äthylen und seine Homologen mitgeteilt werden.

Zum chemischen Verhalten kann hier ebenfalls noch einiges nachgetragen werden. So erhält man organische Fluor-Schwefel-Verbindungen nach dem A. P. 2 443 003 (11. 12. 44) **(227)** der Du Pont, übertragen von W. E. Hanford, durch Anlagerung von gesättigten Kohlenwasserstoffsulfiden, -disulfiden oder Thiolen mit höchstens 8 C-Atomen an Verbindungen der allgemeinen Formel $X_2C=CX_2$, worin X = Chlor oder Fluor, und zwar mindestens 2 X Fluor bedeuten. Die Reaktionsteilnehmer werden dabei auf 75 bis 350 ^{0} erwärmt, die erhaltenen Verbindungen sind sehr beständig und dienen als Lösungsmittel, Schmiermittel oder Dielektrika. Polyfluoralkyläther können in ähnlicher Weise durch Anlagerung von Alkoholen an $F_2C=CFCl$ nach J. D. Park, D. K. Vail, K. R. Lea und J. R. Lacher dargestellt werden. Das Trifluorchloraethylen, das aus Trifluortrichloraethan durch Einwirkung von Zink erhalten wurde, leiteten die Verfasser in gesättigte alkoholische Kalilaugen der aliphatischen Alkohole von Methyl bis Butyl von unten her ein.

In β-Stellung doppelt fluorierte aliphatische Säuren sind ohne besondere Schwierigkeiten darstellbar, z. B. β,β-Difluorpropionsäure oder β,β-Difluorbuttersäure. Die letztere entsteht aber nicht bei der Verseifung ihrer Ester, da hierbei ebenso wie bei den entsprechenden Chlorverbindungen Halogenwasserstoff, also Fluorwasserstoff abgespalten wird unter Entstehen von β-Fluor-crotonsäure $H_3C\text{-}CF=CH$—COOH. Als Sonderfall kann die Herstellung von Difluoressigsäure angemerkt werden nach dem A. P. 2 442 995 (7. 3. 46) **(226)** der Du Pont, übertragen von D. D. Coffman, durch saure oder alkalische Hydrolyse von symmetrisch durch $\text{-}CHF_2$ substituierte Triazine.

Gegen Oxydationen sind einfache organische Fluorverbindungen durchaus beständig, so greift Kaliumpermanganat Fluoraethylalkohol noch weniger an als unfluorierten Alkohol, auch Hypochloritlösung zeigt keinen, und Thiosulfat bei z. B. 90 ^{0} nur wenig Angriff.

Normale Oxydation konnten A. L. Henne und Earl G. de Witt an 3,3-Difluor-pentadien-(1,4) durch Kaliumpermanganat erzielen und dadurch Difluormalonsäure HOOC—CF_2—COOH gewinnen, ohne daß die Fluoratome störten. Auch im A. P. 2 439 505 (28. 6. 46) **(221)** der American Viscose Corp., übertragen von D. W. Chamy, über perfluorierte Acrylonitrile werden Oxydationen von z. B. Fluorchlorpropylenen mit Sauerstoff und Chlor unter gleichzeitiger Belichtung beschrieben, bei denen die Fluoratome unangegriffen im Molekül verbleiben. Permanganatoxydationen zyklischer Fluor-kohlenwasserstoffe führen zu fluorierten aliphatischen Säuren, z. B. Tetrafluorbernsteinsäure. Das A. P. 2 414 706 (21. 1. 47) **(193)** der Hooker Elektrochemical Co., übertragen von J. H. Babcock und A. D. Kischitz, gründet auf die Oxydation des billig zugänglichen Hexafluordichlorbutens $F_3C—CCl=CCl—CF_3$ bezw. allgemein von Butenen $F_3C—CCl=CX—CF_3$, in denen X außer Chlor auch Fluor sein kann, ein Verfahren zur Herstellung von Trifluoressigsäure und ihren Alkalisalzen durch alkalische Oxydation, vornehmlich mit Kaliumpermanganat. Henne und Trott verbesserten diese Methode noch. Im E. P. 601 596 der I. C. I. (10. 5. 48) **(284)** zur Halogenierung organischer Fluorverbindungen werden in fluorierten Aethylenverbindungen durch Einwirkung von Chlor unter Belichtung ebenfalls die Fluoratome nicht abgespalten. Im übrigen sind die Halogenierungen dieses Verfahrens nicht uninteressant. Durch Erwärmen eines Tetrahalogenaethylens mit gesättigten Kohlenwasserstoffen auf 50 bis 250 ^{0} werden Verbindungen erhalten der allgemeinen Formel $H(CHalg_2—CHalg_2)_nR$, in denen mindestens 4 Halg. Fluor sind und n nicht größer als 12 ist.

Andererseits werden Fluoratome auch bei Reduktionen vielfach nicht abgespalten trotz der erheblichen Bildungsfreudigkeit von Fluorwasserstoff. So kann man nach Henne und Mitarbeitern Trifluoraethanol durch Reduktion eines Säurechlorids oder Esters von Trifluoressigsäure mit Lithium-Aluminium-Hydrid in wasserfreiem Äther gewinnen. Die gleiche Verbindung erhielten Gilman und Jones aus Trifluorazetamid $F_3C—CO—NH_2$ durch Reduktion mit Platinoxyd-Katalysator in ätherischer Lösung, wobei ebenfalls das Fluor nicht abreduziert wurde; in gleicher Weise wurde übrigens auch Trifluorisopropanol aus Trifluorazeton dargestellt. Die Herstellung von Trifluoräthern aus beispielsweise dem erwähnten Trifluoraethanol ist Gegenstand des A. P. 2 452 944 (28. 11. 44) **(236)** der Perdue Research Foundation, übertragen von Earl T. Mc Bee und W. E. Weesner. Zunächst wird $F_3C—CH_2OH$ in Dioxanlösung mit metallischem Natrium in das Alkoholat übergeführt und dieses mit Alkylbromid in der Nickelbombe 89 Std. bei 130 bis 135 ^{0} zum Trifluoraether umgesetzt. Umsetzungen von Trifluorazetonitril oder Trifluorazetylchlorid mit Grignardverbindnugen der Benzylreihe führten R. G. Jones zu aliphatischen Ketonen und Aminen mit Trifluormethylgruppe, über deren pharmakologische Eigenschaften er Mitteilungen in Aussicht stellte. Physikalische Daten sind in den letzten Jahren an Fluorverbindungen zahlreich gemessen worden. Erwähnt sei z. B., daß aus Dreh- und Schwenkaufnahmen fester Stoffe unterhalb ihrer Erst.-Temperaturen interessante Schlußfolgerungen auf den Fluorradius in

C-F-Verbindungen gezogen werden konnten. Auf Unterschiede bei der Dimerisation von Polyfluoraethylenen gegenüber Polychloraethylenen wiesen A. L. Henne und R. P. Ruh hin.

Kapitel 40

Anlagerung von Fluorwasserstoff an Äthylen und Homologe bzw. allgemein an Doppelbindungen

Im Anschluß an die Ausführungen im Kapitel 9 über Fluorwasserstoffanlagerung an aliphatische Doppelbindungen sei über eine Untersuchung berichtet, die für die Herstellung von Alkylfluoriden brauchbare Unterlagen enthält.

A. v. Grosse und C. B. Linn stellten Vergleichsversuche über die Anlagerung von Fluorwasserstoff an Olefine und Ringkohlenwasserstoffe an. Sie fanden, daß die Addition keine katalytisch zu beeinflussende Reaktion ist. Es wurde in Metallautoklaven oder paraffinierten Gefäßen gearbeitet. Außer einfacher Anlagerung kann Fluorwasserstoff noch Polymerisation zu Poly-olefinen oder Bildung höhermolekularer Fluorverbindungen bewirken. Diese Nebenreaktionen müssen bei der Darstellung einfacher Fluorverbindungen durch Fluorwasserstoffanlagerung möglichst vermieden werden. Sie stören am wenigsten bei niederen Temperaturen und kurzer Reaktionszeit. Folgende Tabelle gibt die Ergebnisse der genannten Autoren wieder.

Tabelle 13

Anlagerung von Fluorwasserstoff an Olefine und Zykloolefine

Ausg.-Olefin	Mole HF	Temp. °	Zeit Std.	Endprodukt	% Ausbeute
Äthylen	10	90	5	Äthylfluorid	80
Propylen	10	0	1	i-Propylfluorid	61
Zyklopropen	4	25	1/4	n-Propylfluorid	80
Zyklohexen	10	—35	1 1/4	Zyklohexylfluorid	80

Die Bildung von i-Propylfluorid aus CH_3—$CH=CH_2$ überrascht nicht, da auch die übrigen Halogenwasserstoffe die i-Propylhalogenide liefern, und auch die Aufspaltung der Tri- und Hexamethylenringe verläuft mit den anderen Halogenwasserstoffen analog (Vergl. hierzu auch das S. 36 über das A. P. 2 220 713 **(140)** Gesagte).

Eine neue Methode zur Darstellung aliphatischer Difluor-kohlenwasserstoffe gab Mary W. Renoll an. Hiernach wird wasserfreier Fluorwasserstoff an Monochlorolefine der allgemeinen Formel $H_2C=CClR$ oder $RHC=CClR$ angelagert.

1 Mol des Chlorolefins und 2 Mole HF, beide auf —78⁰ gekühlt, werden vereinigt und je nach der Substanz unter 4 bis 11 Atm. Druck auf 35 bis 46⁰ erwärmt, wobei HCl durch einen mit fester Kohlensäure gekühlten Kühler entweichen kann. Die Aufarbeitung erfolgt nach mehrstündigem Stehen durch Eingießen in Eiswasser, Neutralisieren und Wasserdampfdestillation.

So wurden		in einer Ausbeute
2,2-Difluorbutan	$H_3C—CF_2—CH_2—CH_3$	von 67 %
2,2-Difluorpentan	$H_3C—CF_2—CH_2—CH_2—CH_3$	64 %
3,3-Difluorpentan	$H_3C—CH_2—CF_2—CH_2—CH_3$	60 %
2,2-Difluor-4-methyl-pentan	$H_3C—CF_2—CH_2—CH(CH_3)_2$	70 %
und 2,2-Difluor-octan	$H_3C—CF_2—CH_2—CH_2—CH_2—CH_2—CH_2—CH_3$	59 %

erhalten und jeweils durch Schmelzpunkt, Siedepunkt, Dichte und Brechungsindex (n_D) gekennzeichnet.

In ähnlicher Weise erhielten A. L. Henne und A. M. Whaley aus 1,1-Dichlorpropen(1) $Cl_2C=CH—CH_3$ mit wasserfreiem Fluorwasserstoff bei 75, später 95⁰ und anschließender Behandlung der auf —78⁰ gekühlten Reaktionsmasse mit Antimonfluoridchlorid unter Druck 1,1-Difluor-1-chlor-propan $F_2ClC—CH_2—CH_3$ und durch weitere Fluorierung mit HF, SbF_3 und Chlor unter Druck 1,1,1-Trifluorpropan $F_3C—CH_2—CH_3$, dessen Chlorierung sie näher untersuchten. Umgekehrt kann man eine Abspaltung von Fluorwasserstoff aus Polyfluoralkanen nach dem A. P. 2 442 993 der Du Pont, übertragen von O. W. Cass, (5. 9. 46) **(225)** erreichen. Nach diesem Verfahren soll man Polyfluoralkane mit 2 bis 4 Kohlenstoffatomen und mindestens 2 Fluor an einem Kohlenstoff sowie einem H am benachbarten C mit 0,1 bis 10 % Sauerstoff auf 250 bis 700⁰ erhitzen. Aus Difluoraethan bildet sich so Vinylfluorid.

Während die Anlagerung von Fluorwasserstoff an asymmetrisch halogenierte Olefine ebenfalls glatt verläuft, ist die schwierigere an Vinylhalogenide durch Bortrifluorid als Katalysator wesentlich verbessert worden. Doch wiesen A. L. Henne und R. C. Arnold darauf hin, daß steigende Mengen dieses Katalysators schaden können, da sie die Harzbildung ebenfalls katalysieren und dadurch die Ausbeuten verringern.

Aus Äthylenoxyd und wasserfreier Flußsäure gewinnt man Äthylenfluorhydrin entsprechend der „Aufrichtung" des Äthylenoxydringes beispielsweise durch Salzsäure unter Bildung von Chlorhydrin. Bemerkenswert ist, daß der Fluorwasserstoff dabei wasserfrei sein muß, da sonst nur Glykol gefaßt werden kann. Allerdings erwärmt

J. L. Knunjanz, der verschiedene Olefinoxyde mit Fluorwasserstoff umsetzte, im Stahlautoklaven auf dem Wasserbade unter Zusatz von geringe Mengen Wasser enthaltendem Äther. Die allgemeine Anlagerung von Fluorwasserstoff an aliphatische Oxyde, beispielsweise Aethylenoxyd untersuchten Knunjanz und Mitarbeiter näher. Dabei entstanden Fluorhydrine, aber auch in manchen Fällen nur fluorfreie Verbindungen, indem HF abgespalten wurde.

Ebenfalls entsprechend der Chlorwasserstoffanlagerung bildet wasserfreie Flußsäure mit Ketenen Säurefluoride, Keten selbst liefert also Azetylfluorid nach 1). Auch an andere Mehrfachbindungen erfolgt glatte Anlagerung, z. B. an Zyansäure unter Bildung von Karbaminsäurefluorid nach 2):

$$1)\ H_2C{=}C{=}O \rightarrow H_3C\text{-}FC{=}O \qquad 2)\ HN{=}C{=}O \rightarrow H_2N\text{-}FC{=}O$$

Dabei ist die Fluorwasserstoffaddition an die olefinische Doppelbindung nach 1) ganz analog derjenigen an die C=N-Bindung: in beiden Fällen tritt das F an den Kohlenstoff der Karbonylgruppe, das H an das andere Atom der Doppelbindung. Die Darstellung von Säurefluoriden anstatt durch Anlagerung an Ketene durch Halogenaustausch aus Säurechloriden wird noch im folgenden Kapitel 41 zu behandeln sein.

Die Anlagerung wasserfreien Fluorwasserstoffs an die dreifache Bindung erfolgt ebenfalls am besten bei niederen Temperaturen, z. B. —25 bis —60°, und zwar bilden sich mit 2 Molen HF je C≡C stets die unsymmetrischen Verbindungen, z. B. ergibt Butin (2) (I) das 2,2-Difluorbutan oder Methyl-propylenfluorid (II):

$$(I)\ H_3C\text{-}C{\equiv}C\text{-}CH_3 \rightarrow H_3C\text{-}CF_2\text{-}CH_2\text{-}CH_3\ (II).$$

Abgesehen von einzelnen Fällen hat aber die Anlagerung von Fluorwasserstoff an mehrfache Bindungen für die Darstellung von organischen Fluorverbindungen keine weitere Bedeutung (vergl. Kapitel 9). Vielmehr beruhen die laboratoriumsmäßig brauchbaren Verfahren zur Gewinnung aliphatischer Fluorverbindungen im allgemeinen auf dem Austausch von Chlor oder Brom durch Fluor (vergl. Kapitel 42 ff.). Als Ergänzung zu dem obigen Kapitel 9 möge das Mitgeteilte genügen.

Kapitel 41

Gewinnung von Säurefluoriden

Bei den Eigenschaften der Säurefluoride zeigt sich wiederum eine festere Bindung des Fluors als des Chlors bzw. der anderen Halogene in den entsprechenden Säurechloriden, -bromiden oder -jodiden. Dementsprechend sind Säurefluoride aus Säurechloriden durch Austausch des Chlors gegen Fluor darstellbar. Die Säurefluoride sind noch weniger leicht hydrolysierbar, als es von den entsprechenden Säurechloriden bekannt ist. Daher haben die Säurefluoride praktisch keine besondere Bedeutung. Denn die Reaktionen, die mit ihnen durchführbar sind, werden mit den Säurechloriden in gleicher oder ähnlicher Weise und natürlich billiger erzielt. Mit Wasser bilden sich Säuren, mit Alkoholen Ester oder mit Hydroxylverbindungen allgemein Alkylverbindungen, mit Ammoniak Säureamide; mit Benzoylfluorid ist die Friedel-Crafts-Reaktion zur Darstellung von Benzophenon sogar noch leichter durchführbar als mit Benzoylchlorid. Daß die Säurefluoride gegen Hydrolyse beständiger sind als die anderen Säurehalogenide, kommt z. B. bei organischen Sulfonsäurefluoriden darin zum Ausdruck, daß sie aus Sulfonsäurechloriden durch Kochen mit wässriger Kaliumfluoridlösung darstellbar sind. Auch sonst besitzen die Säurefluoride im allgemeinen eine größere Beständigkeit als Säurechloride. Während beispielsweise ein Formylchlorid noch unbekannt ist, ist Formylfluorid bei Raumtemperatur mehrere Stunden haltbar, bis Zersetzung zu Kohlenoxyd und Fluorwasserstoff stattfindet (s. u.).

Im folgenden sind die Darstellungsmethoden für organische Säurefluoride zusammengestellt. Technische Bedeutung hat keine dieser Methoden gewonnen, weil kein einfaches Säurefluorid in technischem Maßstabe dargestellt oder verwendet wird.

Durch Einwirkung wasserfreien Fluorwasserstoffs auf ein Karbonsäureanhydrid entsteht allgemein in glatter Reaktion das entsprechende Säurefluorid, wie bereits Colson 1897 fand. Nur Dikarbonsäureanhydride wie Maleinsäureanhydrid oder Phthalsäureanhydrid bleiben mit flüssigem Fluorwasserstoff längere Zeit unverändert. Meist liefert die Sättigung flüssiger, geschmolzener oder gelöster Säureanhydride mit wasserfreiem Fluorwasserstoffgas die Säurefluoride in guter Ausbeute.

In mäßiger bis schlechter Ausbeute kann man auch aus den Säuren selbst durch Erwärmen mit Fluorsulfonsäure FSO_3H in Platingefäßen die Säurefluoride gewinnen. Durch das gleiche Mittel kann man aromatische Verbindungen in aromatische Sulfonsäurefluoride überführen. Das DRP. 477 242 (22. 2. 27) (6) von W. Steinkopf, das dieses Darstellungsverfahren schützt, nimmt ausdrücklich Anilin und andere im Kern nicht substituierte primäre aromatische Amine aus. Diese Methode entspricht der Herstellung von aromatischen Sulfonsäurechloriden mittels Chlorsulfonsäure. Fluorsulfonsäure stellt man nach J. Meyer und G. Schramm aus Kaliumbifluorid und rauchender Schwefelsäure in Glasgefäßen dar. Sogar trockene Destillation von Natriumsalzen der Karbonsäuren mit Natriumfluorsulfonat FSO_3Na führt zu Karbonsäurefluoriden, und auch diese Umsetzung kann in Glasgefäßen vorgenommen werden.

Während einfache aliphatische Säureester gegen wasserfreien Fluorwasserstoff beständig sind, auch damit verkocht werden können, liefern sie Verseifung zu Alkohol und Säurefluorid, wenn im Fluorwasserstoff etwas Wasser ist. Bei mehr Wasser bildet sich kein Säurefluorid mehr, sondern nur die Säure selbst.

Wasserfreier Fluorwasserstoff kann auch auf Säurechloride zur Einwirkung gebracht werden, wobei nach Fredenhagen die Säurefluoride ebenfalls in guter Ausbeute gewonnen werden.

Diesen Halogenaustausch kann man auch mit Metallfluoriden durchführen, von denen sich Zinkfluorid am besten bewährt hat. Silberfluorid ist weniger gut, da offenbar durch Abscheidung von unlöslichem Silberchlorid auf der Oberfläche der Silberfluorid-Körner die Reaktion behindert wird. Auch Überleiten der Säurechloriddämpfe über erhitztes Silberfluorid ergibt nur schlechten Umsatz. Mit Arsenfluorid oder dem im I. Teil als besonders gut bewährtes Austauschmittel viel genannten Antimontrifluorid tritt bereits bei Raumtemperatur leicht Umsetzung ein. Diese, besonders das erstgenannte Arsenfluorid, haben aber den Nachteil, daß sie infolge ihrer hohen Flüchtigkeit mit dem Säurefluorid überdestillieren und es daher schwer von ihnen zu reinigen ist. Da ferner Säurefluoride der Friedel-Crafts-Reaktion leicht zugänglich sind und in dieser das Aluminiumchlorid durch die genannten dreiwertigen Metallfluoride ersetzt werden kann, ist auch hierin eine Störung der Darstellungsreaktion gegeben. Zinkfluorid, das diesen Nachteil nicht besitzt, ist bereits 1892 von Meslans für die Herstellung von Säurefluoriden vorgeschlagen und in neuerer Zeit wieder von Dann, Davies, Hambly, Paul und Lemmens verwendet worden. Auch Thalliumfluorid gibt leicht Umsetzung mit Säurechloriden, so mit Chlorkohlensäureestern.

Das für die angegebene Umsetzung benötigte Zinkfluorid wird in trockenem Zustande folgendermaßen erhalten: Zinkkarbonat wird in überschüssigen, heißen, konzentriert wässrigen Fluorwasserstoff eingetragen, wobei sich aus der anfänglich entstehenden Lösung bald weiße Kristalle des Zinkfluorids ausscheiden. Die Mischung wird ohne Filtration auf der Heizplatte eingedampft und der Rückstand bei 300° getrocknet.

Erwähnenswert sind die Versuche von Nesmejanow und Kahn, Säurechloride mit Alkalifluoriden umzusetzen. Während Kaliumfluorid mit Azetylchlorid unmittelbar nicht reagiert, erhält man aus trockenem Kaliumbifluorid und Benzoylchlorid bereits bei Raumtemperatur Benzoylfluorid. Da ferner Kaliumfluorid in Eisessig löslich ist, ergab sich eine gute Methode zur Darstellung von Azetylfluorid durch Erwärmen dieser Lösung auf Wasserbadtemperatur. Statt Eisessig kann auch Essigsäureanhydrid verwendet werden. Fügt man zu einem Gemisch von Benzoylchlorid und Kaliumfluorid eine Karbonsäure, deren Säurefluorid niedrig siedet, so kann man durch Erwärmen das Fluorid der Karbonsäure unmittelbar aus dem Gemisch abdestillieren. Dabei kann anstelle Benzoylchlorid auch Benzotrichlorid angewendet werden. Die Reaktionsgleichungen, die diesem eleganten Darstellungsverfahren für niedrig siedende Karbonsäurefluoride zugrunde liegen, sind folgende:

$$C_6H_5COCl + R—COOH \rightarrow C_6H_5COOH + R—COCl$$

oder

$$C_6H_5CCl_3 + R—COOH \rightarrow C_6H_5COCl + R—COCl + HCl$$

$$R—COCl + KF \rightarrow R—COF + KCl.$$

Nach dem Gleichgewicht:

$$C_6H_5COF + R—COOH \rightleftharpoons C_6H_5COOH + R—COF$$

bildet sich auch aus Benzoylfluorid und der Karbonsäure durch Abdestillieren der flüchtigen Komponente RCOF diese nach. Daher hat auch die primäre Bildung von Benzoylfluorid nach:

$$C_6H_5COCl + KF \rightarrow C_6H_5COF + KCl$$

Bedeutung für den geschilderten Vorgang, wenn das trockene Kaliumfluorid in der umzusetzenden Karbonsäure löslich ist. Bemerkenswert ist, daß auf diese Weise durch Einwirkung von Benzoylchlorid auf eine Lösung von Kaliumfluorid in wasserfreier Ameisensäure bei Raumtemperatur auch Formylfluorid HCOF hergestellt werden konnte, wobei allerdings nur eine 16 %ige Ausbeute dieser bei —26° siedenden Verbindung erhalten werden konnte.

Zur unmittelbaren Umsetzung von beispielsweise Phthalylchlorid mit Natriumfluorid sind höhere Temperaturen von 250—300° nötig, bei denen in 48 Stunden eine Ausbeute von 53 % an Phthalylfluorid erzielt wurde, während die Umsetzung mit Zinkfluorid bereits bei 60° durchgeführt werden kann.

Für die Gewinnung von aliphatischen oder aromatischen Sulfonsäurefluoriden steht außer der oben erwähnten Kochung der Sulfonsäurechloride mit wässriger Kaliumfluoridlösung die Umsetzung mit Zinkfluorid in Analogie zur Karbonsäurefluorid-Darstellung zur Verfügung.

Die in diesem Kapitel angegebenen Verfahren zur Darstellung von Säurefluoriden aus Säurechloriden durch Austausch des Chlors durch das Fluor von Metallfluoriden stehen in engem Zusammenhange mit dem entsprechenden Chloraustausch mittels Metallfluoriden, von denen in den folgenden 4 Kapiteln die Rede sein soll.

Zum Halogen-Austausch Halogen → Fluor durch Metallfluoride

Die folgenden Kapitel vermitteln einen Überblick darüber, welche Metallfluoride zum Austausch aliphatisch gebundenen Halogens, besonders Chlors, aber auch von Brom und Jod, durch Fluor angewendet worden sind. Vor Ausarbeitung der technischen Verfahren mit Fluorwasserstoff bzw. Antimonfluorid war man zur Gewinnung von aliphatischen Fluorverbindungen ganz auf diese Methoden angewiesen, und auch heute spielen einige Metallfluoride noch eine gewisse Rolle für die Darstellung aliphatischer Fluorverbindungen im Laboratoriumsmaßstabe.

Zunächst sollen einige Ergänzungen zur Anwendung von Antimonfluoriden als Fluorierungsmittel gegeben werden.

Kapitel 42

Umsetzungen mit Antimonfluoriden,

besonders mit Antimontrifluoriden, soweit sie nicht in den Kapiteln 6 und 7 behandelt worden sind.

Auf Seite 28 wurde bereits darauf hingewiesen, daß der Ersatz aliphatisch gebundenen Chlors durch Fluor mittels Antimontrifluorid in Gegenwart 5-wertigen Antimons seit dem Vorschlage von F. Swarts das in wissenschaftlichen Arbeiten am häufigsten angewandte Verfahren ist. Die von letzterem schon vor nunmehr 50 Jahren durchgeführte Umsetzung von Tetrachlorkohlenstoff mit Antimontrifluorid + Brom in molekularem Verhältnis nahmen Th. Migdley und A. L. Henne wieder auf. Sie konnten durch Arbeiten bei 100°, das wegen der Flüchtigkeit der Reaktionsteilnehmer im Stahlautoklaven erfolgte, schon bei Zusatz kleiner Mengen Brom als Hauptprodukt in über 90%iger Ausbeute Difluordichlormethan gewinnen. Die Umsetzung ist auch bis zum Ersatz dreier Chloratome durch Fluor gesteigert worden, dagegen wird Tetrafluormethan auf diese Weise nicht erhalten. Ganz entsprechend liefert diese Methode aus Chloroform Fluordichlormethan und Difluorchlormethan, aus Bromoform Fluordibrommethan und Difluorbrommethan. Es trat also Ersatz des letzten Chlors durch Fluor mittels Antimontrifluorid nicht ein. Dagegen ergab Methylenchlorid Fluorchlormethan und Methylenfluorid (Henne), also bei 2 Chlor wurden beide ausgetauscht. Ähnliche Gründe, wie sie zum Austausch von nur 2 Chloratomen in Chloroform führen, sind wohl auch dafür maßgebend, daß die einfachen Homologen des Methylenchlorids R-$CHCl_2$ garnicht nach der genannten Methode umgesetzt werden können, man dagegen bei den Disubstitutionsprodukten R_2CCl_2 sehr gute Ergebnisse mit ihr erzielt, sodaß beispielsweise 2,2-Difluorpropan in 85%iger Ausbeute aus Dichlorpropan darzustellen ist.

Außer den genannten Methanderivaten hat Henne auch verschiedene hoch chlorierte Äthane untersucht, und unter Heranziehung weiterer aliphatischer Chlorkohlenwasserstoffe sind folgende Regelmäßigkeiten festzustellen (vgl. W. Bockemüller):

Am leichtesten reagiert die $-CCl_3$-Gruppe, wobei $-CFCl_2$ und $-CF_2Cl$ ohne weiteres entstehen, auch der vollständige Ersatz der Cl-Atome bis zur Bildung von $-CF_3$ oftmals gelingt und zwar, wenn die $-CCl_3$-Gruppe an Halogen oder an ungesättigten Resten steht, auch an C=O oder, wie in Kapitel 18 bereits gezeigt und Kapitel 48 noch näher behandelt werden soll, am aromatischen Kern.

Im System $-CCl_2-CCl_3$ erfolgt allerdings der Ersatz der Cl-Atome in der Reihenfolge: $-CCl_2-CFCl_2 \rightarrow -CCl_2-CF_2Cl \rightarrow CFCl-CF_2Cl$ ($\rightarrow$ $-CF_2-CF_2Cl$), wobei der letzte Schritt nur schwer zu verwirklichen ist; die benachbarte $-CCl_2$-Gruppe wirkt also ähnlich wie eine Methylengruppe.

Die $-CCl_2$-Gruppe reagiert ihrerseits mit Antimontrifluorid in Gegenwart von 5-wertigem Antimon sehr leicht, wenn sie zwischen C-Atomen steht, die Wasserstoffe tragen.

Die $-CHCl_2$-Gruppe reagiert ziemlich träge in Nachbarstellung zu einer $-CCl_2$-Gruppe, zu einer $-CH_2$-Gruppe garnicht mehr mit Antimontrifluorid. Hier muß der Ersatz durch wasserfreien Fluorwasserstoff oder Mercurofluorid erfolgen (s. Kapitel 44 und 3/4).

Ebenso ist die Gruppe -CHCl- mit nur einem Halogen nicht mit Antimontrifluorid in -CHF- überzuführen, wie bereits in Kapitel 7 besprochen wurde. In neuerer Zeit konnte H. G. Heal Äthoxychlorsilane mittels Antimontrifluorid in Äthoxyfluorsilane überführen, wodurch sich erweist, daß am Silizium stehendes Chlor offenbar leichter durch Fluor ausgetauscht werden kann als ein am aliphatischen Kohlenstoffatom stehendes Chlor.

Die Gruppe -CFCl- schließlich ist, wenn auch schwieriger, in $-CF_2$- umzusetzen. Das als Katalysator der Antimontrifluoridumsetzung benützte Halogen wie Chlor, Brom oder ihr Umsetzungsprodukt $SbCl_5$ bzw. $SbBr_5$ kann auf olefinische Verbindungen auch so einwirken, daß Halogen addiert wird. So erklärt sich die Entstehung von beispielsweise Tetrafluordichloräthan aus Tetrachloräthylen nach:

$$Cl_2C{=}CCl_2 \rightarrow FClC{=}CClF \rightarrow FCl_2C{-}CCl_2F \rightarrow F_2ClC{-}CClF_2.$$

Neuerdings teilten Henne, Whaley und Stevenson Ergebnisse der Einwirkung von Antimontrifluorid ohne Gegenwart von

Halogen oder 5-wertigem Antimon auf Hexachlorpropylen $Cl_2C{=}CCl$ $—CCl_3$ und andere $—CCl_3$-Gruppen enthaltende Verbindungen mit. Dabei zeigte sich ein ähnlicher Einfluß eines Chlors, das an dem der CCl_3-Gruppe benachbarten Kohlenstoff steht.

Beim Arbeiten unter hohem Druck, z. B. 10 Atm. konnten übrigens A. L. Henne und Zimmerschied mit Antimonfluorid in Gegenwart von Chlor bzw. mit einem Gemisch aus SbF_3 und SbF_3Cl_2 auch Fluorierungen an Zyklopenten durchführen, wobei also Fluoraddition an die Doppelbindung des Ringes erfolgte und fluorierte Zyklopenten- und Zyklopentanderivate erhalten wurden. Aufgrund des in den früheren Kapiteln 6 und 7 Mitgeteilten und der obigen Ergänzungen ergibt sich ein vollständiges Bild über die Wirkungsweise des Antimontrifluorids. Im folgenden werden auch für andere Metallfluoride als Mittel zur Einführung von Fluor anstelle von Chlor einige Ergänzungen gegeben.

Kapitel 43

Austausch $\geqslant$C-Halg $\rightarrow$ $\geqslant$CF mittels Silberfluorid

Bereits im Kapitel 4 des I. Hauptteiles (S. 19) wurde erwähnt, daß in älteren wissenschaftlichen Untersuchungen der Austausch von Halogen am Kohlenstoff durch Fluor mittels Silberfluorid vielfach versucht wurde. Im gleichen Kapitel wurde berichtet, daß eine größere Zahl organischer Fluorverbindungen erstmalig aus den entsprechenden Bromverbindungen mittels Silberfluorid hergestellt wurde. Wie bei anderen Metallfluoriden ergab sich allerdings, daß vielfach eine angestrebte Umsetzung nicht eintrat oder eine bestimmte gewünschte organische Fluorverbindung nur in geringer Ausbeute erhalten wurde. Immerhm ist Silberfluorid auch in neuerer Zeit zur Gewinnung organischer Fluorverbindungen mit Erfolg benützt worden.

Für die Umsetzung mit organischen Halogenverbindungen ist ein Silberfluorid geeignet, das wie folgt dargestellt wird:

Reines Silberkarbonat wird durch Einfließenlassen einer Silbernitratlösung in eine verdünnte Natriumbikarbonatlösung, Dekantieren und Waschen des Niederschlages bis zum Verschwinden der Salpetersäurereaktion bereitet. Dieses Silberkarbonat wird in überschüssiger reiner, konzentrierter Fluorwasserstoffsäure gelöst und die klare Lösung rasch zur Trockene gedampft. Dabei wird bis zur beginnenden Kristallisation über freier Flamme eingeengt, dann im Sandbade mit einem langen Platinspatel umgerührt. Das so hergestellte Silberfluorid ist feinkörnig, sehr hygroskopisch und infolge etwas ausgeschiedenen Silbers und Silberoxyds braunschwarz sowie nicht mehr vollständig in Wasser löslich. Es muß in völlig trockenem

Zustande zur Verwendung kommen. Das käufliche Silberfluorid wird z. B im Vakuumexsikkator über Schwefelsäure getrocknet.

In einigen Fällen hat sich ein Silberfluorid bewährt, das in fein verteilter Form auf Kalziumfluorid niedergeschlagen ist. Hierfür wird eine Lösung von 2 Gewichtsteilen Silberkarbonat in 1 Gewichtsteil 40 %iger Flußsäure mit 4 Gewichtsteilen Kalziumfluoridpulver angeteigt und das Produkt zunächst bei 100°, darauf mehrere Stunden bei 140° bis zur Staubfeinheit getrocknet.

Die Darstellung von Tetrafluormethan, die bereits von Chabrié (1890) beschrieben wurde, kann durch mehrstündiges Erhitzen von sorgfältig getrocknetem Silberfluorid obiger Darstellung und Tetrachlorkohlenstoff auf 220° im Bombenrohr vorgenommen werden. Das Glasrohr wird dabei kaum angegriffen, das entstehende Gas kann durch Fraktionieren leicht gereinigt werden.

Die in Tabelle 14 gegebene Zusammenstellung soll einen Überblick darüber vermitteln, welche Verbindungen man mit Silberfluorid als Reaktionsteilnehmer dargestellt hat. Die Reaktionsbedingungen sind der Tabelle zu entnehmen. Für die Umsetzung der Brom- oder Jodverbindungen mit Silberfluorid braucht man 2 Äquivalente des Silbersalzes, weil Silberfluorid mit Silberbromid oder Silberjodid leicht schmelzbare Doppelsalze liefert, die nur noch langsam mit den organischen Halogenverbindungen reagieren und Silberfluorid einschließen, das dadurch der weiteren Reaktion entzogen wird.

Bei der Herstellung von Alkylfluoriden mittels Silberfluorid stört gelegentlich eine Halogenwasserstoffabspaltung, die zur Olefinbildung führt. Eine solche ist auch verantwortlich dafür, daß z. B. aus n-Butylbromid neben dem Hauptprodukt n-Butylfluorid auch sek. Butylfluorid gefaßt worden ist; denn Silberfluorid lagert n-Butylfluorid ebensowenig um, wie dies etwa Fluorwasserstoff tut. Desreux gab hierfür a. a. O. näheres an. Die in die Tabelle mit aufgenommene Gewinnung von Decylfluorid aus Amylbromid zeigt, daß ein primärer Austausch des Halogens durch Fluor mittels Silberfluorid auch von einer Folgereaktion begleitet sein kann, die zur Aneinanderfügung von 2 Molekülen der Ausgangsverbindung führt.

Silberfluorid kann auch in wasserfreier Lösung mit organischen Halogenverbindungen umgesetzt werden. Als Lösungsmittel verwendeten hierfür Fredenhagen wasserfreie Flußsäure, Helferich und Mitarbeiter Azetonitril. Mit dem letzteren Mittel konnte β-Azetofluorglukose aus der Bromverbindung bereits bei Raumtemperatur hergestellt werden, obwohl es das angewandte Silberfluorid nicht vollständig löst. Auch Lösungen organischer Halogenverbindungen in indifferenten Lösungsmitteln wie Kohlenwasserstoffen oder Äthern können mit Silberfluorid umgesetzt werden.

Tabelle 14

Beispiele
für die Umsetzung organischer Halogenverbindungen mit Silberfluorid nach R Halg. + AgF → RF + AgHalg.

Fluorverbindung	Ausg.-Verbdg.	Umsetzungsbedingungen	Sdp. od. Fp. der F-verbdg.	Bearbeiter	Jahr
Methylfluorid	CH_3J	Raumtemp.	—78°	Moissan, Meslans; Moles, Batuecas	1888 1916
Aethylfluorid	C_2H_5J	Raumtemp.	—32°	Moissan	1888
n-Propylfluorid	C_3H_7J	Raumtemp. bis 50°	— 3°	Meslans	1894
i-Propylfluorid			—11°		
Allylfluorid	C_3H_5J	35,° Cu-Kolben	— 3°	Meslans	1890
i-Butylfluorid	C_4H_9Br		+16°	Desreux	1934
sec. Butylfluorid			+25°	Moissan, Meslans, Young	1888
n-Octylfluorid	$C_8H_{17}J$	100,° Sand hinzu	142°	Swarts	1921
sec.-Octylfluorid		150,°	135°	Swarts	1921
n-Dezylfluorid	$C_5H_{11}Br$	100°	183,6	Swarts	1921
n-Hexadezylfluorid	$C_8H_{17}J$	100° Sand hinzu	287,5°	Swarts	1921
Methylenfluorid	CH_2J_2	höhere Temp.	„Gas"	Chabrié	1890/2
Fluoroform	$CHCl_3$	100—200,° Bombe 340,° Überleiten über $AgF—CaF_2$	184,4°	Meslans Chabrié Valentiner Ruff	1890 1892 1899 1936
Tetrafluormethan	CCl_4	195—220,° Überleiten über AgF	—128°	Moissan, Chabrié, Güntz	1890
Fluorbromoform	CBr_4	Dest—Kolb., 50—60,°	107°	Rathsburg	1918
Difluor-dibrommethan	CBr_4	Beg., 140—170,° Badtemp.	24,5°	Rathsburg	1918
Fluorcyan	BrCN	220,° Bombe	—74°	Cosslet	1931
symm. Difluoraethan	$C_2H_4Br_2$		„Gas"	Chabrié	1890
Fluoressigsäuremethylester	JCH_2COOCH_3	170,° Bombe	104,5°	Swarts	1894
ß-Fluorpropion-säuremethylester	$BrC_2H_4COOCH_3$	140,° 20 Std.	103°	Swarts	1921
4, 4'-Difluordiphenyl	$BrC_{12}H_8Br$	Bombe (neben Diphenol)	Fp. 94,5°	Mieleitner	1915

In neuerer Zeit wurde für Fluorierungen in der Dampfphase Silberdifluorid AgF_2 vorgeschlagen. Dieses wird aus Silberchlorid und elementarem Fluor dargestellt und mit Stickstoff verdünnt zur Einwirkung gebracht, wofür McBee und Bechtol eine Apparatur angaben. Beispielsweise wurden mehrkernige aromatische Kohlenwasserstoffe wie Naphthalin, Azenaphthen, Inden, Anthrazen, Fluoren oder Terphenyl bzw. Chlorverbindungen dieser fluoriert. Eine besondere Bedeutung haben die erhaltenen Fluorierungsprodukte, von denen die perfluorierten meist als einheitliche Verbindungen erhalten wurden, bisher nicht erlangt. Die Fluorierung von Petroleumölen in flüssiger Phase mit Silberdifluorid führte zu Perfluorkohlenstoffen, die als Reaktionsmedien bei Fluorierungen vorgeschlagen worden sind.

Für technische Zwecke kommt Silberfluorid als Fluorierungsmittel nicht in Betracht, worauf bereits mehrfach hingewiesen wurde. Es ist durch wasserfreien Fluorwasserstoff als überholt zu bezeichnen. Bis zu gewissem Grade gilt dieses auch von den Quecksilberfluoriden, von denen das nächste Kapitel handeln soll.

Kapitel 44

Austausch ⩾C-Halg → ⩾CF mittels Quecksilberfluorid

Wie bereits im Kapitel 4 (S. 21) erwähnt wurde, ist vielfach anstelle von Silberfluorid das leichter darzustellende Merkurofluorid zum Austausch aliphatischen Chlors, Broms oder Jods verwendet worden. Die Umsetzungen verlaufen im allgemeinen gleichartig. Die Darstellung von Merkurofluorid erfolgt nach Finkener (1860, vergl. **Ruff**) in folgender Weise:

Frisch gefälltes Merkurokarbonat (z. B. gibt man eine Lösung aus 150 g Quecksilbernitrat in 450 ccm Wasser mit 60 ccm verdünnter Salpetersäure in dünnem Strahl und unter kräftigem Schütteln in eine Lösung von 50 g Kaliumbikarbonat in 1 l Wasser) wird in 40%ige reine Flußsäure eingetragen und nach Aufhören der Kohlensäureentwicklung die überschüssige Säure vom abgeschiedenen gelben Merkurofluoridpulver abgegossen. Nach Zusatz von einigen weiteren ccm konzentrierter Flußsäure wird im verdunkelten Abzuge zur Trockne eingedampft und nach etwa 2 bis 3-stündigem Trocknen bei 120—150° im Exsikkator über Phosphorpentoxyd aufbewahrt.

Die Darstellung ist also derjenigen von Silberfluorid sehr ähnlich, nur noch etwas bequemer. Henne und Rennol, die in neuerer Zeit über die Darstellung berichteten, erhielten ein Produkt mit 91,28 % Hg (ber. 91,35) und 8,86 % F (ber. 8,65), das in Gefäßen aus Kupfer oder

Kunststoff aufbewahrt werden kann. Auch hier kann in einzelnen Fällen vorteilhaft Kalziumfluorid als Flußspatpulver zur Fällung hinzugegeben werden, als günstigste Mischung wurde dafür HgF : CaF_2 wie 1 : 1,2 gefunden.

Bei der Herstellung von Alkylfluoriden wurden mit Merkurofluorid besonders vorteilhaft Alkyljodide und mit etwas geringerer Ausbeute auch Alkylbromide umgesetzt. Dagegen ist dieses Fluorierungsmittel gegenüber Alkylchloriden nicht geeignet.

Während einfache aliphatische Jodide mit mehr als einem Jod keine Umsetzung mit Merkurofluorid zeigten, ergaben entsprechende Chloride Salzsäureabspaltung, wenn sie reagierten. Auch Äthylenbromid lieferte ebenso wie Äthylidenbromid nur Vinylbromid, also keinen Ersatz des Broms durch Fluor. Azetylentetrabromid ergab neben Zersetzungsprodukten mit doppelten und dreifachen Bindungen sowie Polymeren nur wenig 1-Fluor-1,2,2-tribromäthan. Aus 1,1,2-Tribromäthan wurden ebenfalls die fluorfreien Vinylidenbromid und symm. Dibromäthylen neben 1-Fluor-1,2-dibromäthan erhalten. Diese Umsetzungen nahmen Henne und Rennol bei 120—140° vor.

Die Herstellung von Fluoroform und als Nebenprodukten Fluordijodmethan und Difluorjodmethan wurde von Ruff und Mitarbeitern eingehend bearbeitet. Dabei wurden etwa 55 % des Jodoforms unverändert zurückerhalten, im besten Falle rund 70 % Gesamtausbeute, und zwar knapp 48 % an monofluorierten, 17 % an Difluorprodukt und fast 6 % Fluoroform bei 20 mm Hg und einem Mischungsverhältnis von HgF: CHJ_3 wie 2 : 1 erhalten; die Ausbeute an Fluoroform konnte bei 400 mm Hg und einem Mischungsverhältnis von HgF : CHJ_3 wie 4 : 1 auf 25 %, bezogen auf angewandtes Jodoform, gesteigert werden. Die S. 20 erwähnten Angaben der beiden Patente von Valentiner und Schwarz über die Herstellung von Fluoroform aus Jodoform mittels Silberfluorid konnten dabei nicht bestätigt werden.

Swarts, der die Verwendung von Merkurofluorid anstelle von Silberfluorid zum Austausch organisch gebundenen Halogens vorgeschlagen hat, hob außer seiner billigeren und einfacheren Darstellung als besondere Vorzüge hervor, daß es keine Doppelsalzbildung zeigte und daß dadurch das bei Silberfluorid erwähnte Zusammenbacken nicht eintritt. Außerdem gibt Merkurofluorid keine Sekundärreaktionen, wie sie im vorigen Kapitel bei der Umsetzung von Amylbromid geschildert wurden, und weniger Olefinbildung. Auch bei Merkurofluorid bringt die Zugabe von Jod, und zwar bereits einer Spur Jod, eine wesentliche Reaktionsbeschleunigung. Diese ist durch teilweise Bildung von Merkurisalz zu erklären, ähnlich wie es beim Antimontrifluorid im Kapitel 7 für die Wirkung von Brom als Zusatz zu diesem näher ausgeführt wurde.

Methylfluorid konnte durch Merkurofluorid + wenig Jod in 80 %iger Ausbeute aus Methyljodid dargestellt werden, aus Methylenjodid wurde Methylenfluorid, aus Äthylidenbromid Äthylidenfluorid und aus Azetylentetrabromid 1,1-Difluor-2,2-dibromäthan erhalten. Anstatt Jod führte ebenso Chlor zum Ziele, und zwar auch zum Halogenersatz in Polybromiden und Polyjodiden, die mit Merkurofluorid allein nicht im gewünschten Sinne reagierten. Mit einem gemischten Fluorchlorquecksilber der Zusammensetzung HgFCl, das durch wiederholtes Einleiten von Chlor in Merkurofluorid unter Druck im vorher evakuierten Stahlautoklaven dargestellt war, traten allerdings wieder Nebenreaktionen ein, so entstand aus Äthylenbromid neben Äthylenfluorid und 1-Fluor-2-bromäthan auch 1-Fluor-2-chloräthan.

Die letztgenannten Methoden zum Austausch organisch gebundenen Halogens durch Fluor mittels Merkurofluorid + Jod oder Chlor leiten zwanglos über zu Merkurifluorid als Austauschreagenz.

Wie bereits S. 21 gesagt, ist Merkurifluorid ein ausgezeichnetes Hilfsmittel zur Darstellung aliphatischer Fluorverbindungen. Es hat nur den Nachteil, daß es weniger leicht darstellbar ist als Silber- und Merkurofluorid. Nach einer Arbeitsweise, die bereits im Kapitel 8 besprochen wurde, kann man auf Quecksilberoxyd trockenen, gasförmigen Fluorwasserstoff einwirken lassen, und es wurde schon zum Ausdruck gebracht, daß dieser Arbeitsweise technische Bedeutung zukommen kann.

Für die Darstellung von Merkurifluorid stehen zwei Methoden zur Verfügung, die ebenfalls S. 21 schon genannt wurden: Die Behandlung von Merkurichlorid mit elementarem Fluor oder das Erhitzen von Merkurofluorid im Chlorstrom. Das erstere Verfahren wurde von Henne und Midgley jr. angegeben. Sie erhielten durch Einleiten von Fluor in ein mit Merkurichlorid beschicktes rotierendes, kupfernes Reaktionsgefäß das gegen Feuchtigkeit hoch empfindliche Merkurifluorid in 75%iger Ausbeute.

Für die Herstellung von 25 g Merkurifluorid aus 50 g Merkurofluorid im Chlorstrome gab Ruff eine Vorschrift. Nach dieser wird das Merkurofluorid in einer Platinschale, die in einen Porzellanexsikkator gesetzt ist, etwa 4 Stunden lang auf 275° erhitzt und ein mit Luft, Stickstoff oder Kohlensäure verdünnter Chlorstrom darüber geleitet. Ergänzend sei noch bemerkt, daß anstelle des Chlorstromes ein Strom von Bromdampf verwendet werden kann und Merkurifluorid auch durch Erhitzen von Merkurofluorid allein nach: $2\,HgF \rightarrow HgF_2 + Hg$ erhalten werden kann.

Gegen organisch gebundenes Brom oder Chlor tauscht Merkurifluorid seine beiden Fluoratome aus, es gehört überhaupt zu den besten Mitteln für den Halogenaustausch durch Fluor. So werden nach Henne und Midgley die niederen Alkylbromide und -jodide schnell und nahezu quantitativ in die Alkylfluoride übergeführt, die Alkylchloride setzen sich langsamer um; Äthylenbromid liefert neben

Äthylenfluorid 1-Fluor-2-bromäthan, Äthylidenbromid Äthylidenfluorid neben 1-Fluor-1-bromäthan. Infolge von Nebenreaktionen treten auch Butylfluorid und Butadien dabei auf; Azetylentetrabromid wird über faßbare Zwischenprodukte in Azetylentetrafluorid übergeführt. Als Lösungsmittel bei diesen Umsetzungen können z. B. auch Methylenchlorid und Chloroform dienen, die bei Raumtemperatur selbst nicht durch Merkurifluorid angegriffen werden. Dagegen bringen Alkohole, Ester und Äther die Umsetzungen zum Stillstand.

In einem besonderen Fall des schwierigen Austausches von Chlor gegen Fluor, nämlich der Darstellung von 9,9-Difluor-fluoren, half die gleichzeitige Verwendung von Fluorwasserstoff und Merkurifluorid, während Quecksilberoxyd und Fluorwasserstoff, dieser allein oder andere Katalysatoren wie SbF_3, SbF_5 oder ZnF_2 nur Fluorenon neben teerigen Produkten lieferten, wie F. E. Ray und C. E. Albertson berichteten.

Kapitel 45

Austausch von Halogen gegen Fluor mittels anderer Metallfluoride und deren fluorierende Wirkung auf Kohlenwasserstoffe in der Dampfphase

Auch andere Fluoride als die genannten Schwermetallfluoride mit vergleichsweise niedrigem Schmelzpunkt sind gelegentlich als Mittel zum Austausch organisch, besonders aliphatisch gebundenen Chlors, Broms und Jods herangezogen worden. Eine technische Bedeutung kommt keinem davon zu, und auch im präparativen Laboratoriumsmaßstabe haben sie sich keinen besonderen Platz erringen können. Darum mag eine kurze Aufzählung hier genügen.

Vorangestellt seien Umsetzungen von Alkalifluoriden. Erst kürzlich benützte F. W. Hoffmann zur Herstellung aliphatischer Fluoride trockenes Kaliumfluorid in Lösungsmitteln für dieses. Als solche Lösungsmittel fand er Glykol, Glyzerin, auch höhere Glykole wie Diaethylglykol, Polyaethylenglykole usw. und arbeitete in Glasgefäßen ohne Überdruck. Dabei vollzog sich die Umsetzung nach: —CHX— oder $—CH_2X \rightarrow$ —CHF— oder $—CH_2F$, und es entstand z. B. β-Fluoraethylalkohol in über 42 %iger, 1-Fluor-n-hexan in 54 %iger Ausbeute.

Kaliumfluorid soll nach dem Verfahren des A. P. 2 403 576 (18. 4. 45) **(160)** der American Cyanamid Co., übertragen von C. W. Bradley, einen Austausch von Chlor gegen Fluor beim Kochen eines Gemisches von Chlorylazetamid und Xylol mit dem Salz bei 135° erreichen lassen, sodaß auf diese Weise Fluorazetamid herstellbar ist. M. E. Gryszkiewicz-Trochimowski und J. Wnuk stellten fluorierte Ester aliphatischer Säuren, Fluorkohlenwasserstoffe, -äther und auch Epifluorhydrin aus den entsprechenden Chlorverbindungen durch Umsetzung mit wasserfreiem, überschüssigem Kaliumfluorid im V2A-Autoklaven her und erreichten dabei sogar Ausbeuten bis 90 % bei Fluoressigsäure und beispielsweise 40 % bei Mono-fluor-diaethylaether sowie -malonsäureester oder 20 % bei Fluorhexan. Alkali- und Erdalkalifluoride haben bei der Herstellung von Säurefluoriden aus Säurechloriden, im Falle des Phthalylfluorid z. B. bei 48-stündigem Erwärmen der Mischung mit Natriumfluorid auf 250—300°, einen Austausch nach - COCl → - COF in nennenswerter Ausbeute (53 %) ergeben.

Ähnlich lieferte Zinkfluorid ohne weiteres Säurefluoride (siehe Kap. 41). Aber mit Jodoform ergab es z. B. bis etwa 100° keine Umsetzung zu Fluoroform, desgleichen wurde mit Kupferfluorid CuF_2 und Kobaltifluorid CoF_3 keine Umsetzung erreicht.

Bleifluorid PbF_2 wurde gelegentlich zur Umsetzung von Chloroform mit herangezogen, aber nicht weiter verfolgt, weil die entstehenden Produkte, bei 500° etwas Fluordichlormethan, auch Difluordichlormethan, bereits durch Einwirkung von Antimontrifluorid auf Brom und Chloroform leichter zugänglich sind.

Als Zwischenprodukte sind Fluoride anderer Metalle in manchen Fällen der Fluorierung unter Mitwirkung von Metallhalogeniden wie beispielsweise nach den Verfahren, die im Kapitel 8 geschildert wurden, anzunehmen. Ferner sei auf die Angaben über Thallofluorid im Kapitel 4, S. 21 hingewiesen.

Zur Fluorierung von Kohlenwasserstoffen in der Gasphase hat sich als bestes und allgemein befriedigendes Mittel das oben genannte Kobaltifluorid bewährt. Es bildet sich aus Kobaltofluorid und elementarem Fluor nach der Gleichung:

$$2\,CoF_2 + F_2 \rightarrow 2\,CoF_3 + 58\ \text{Kal.} \pm 3$$

Die Herstellung von Perfluorbutan bis Perfluorzetan, besonders von Perfluorheptan und ähnlichen Verbindungen aus Polyfluorpolyhalogenheptenen, auch von zyklischen Fluorverbindungen wie Perfluormethylzyklohexanen oder Perfluordimethylzyklohexanen ist geschildert worden, wobei auch die Beschreibung eines Versuchsbetriebes für das Verfahren veröffentlicht worden ist. Zu erwähnen ist hier auch eine Vorbehandlung mit Antimonpentafluorid mit nachfolgender Einwirkung von Kobaltifluorid. Die Fluorierung von Petroleumölen, z. B. leichtem Schmieröl in flüssigem Zustande bei 275° oder auch unter gleichzeitiger Einwirkung von elementarem Fluor in der Dampfphase bei 300° führte zu technisch brauchbaren Produkten. Eine Nachbehandlung mit Silberfluorid (s. S. 138 ff.) kann angeschlossen werden, um noch mehr Fluor einzuführen. In einigen Fällen wurden noch höhere Ausbeuten als mit Kobaltifluorid bei der Fluorierung mittels Manganifluorid MnF_3 oder Zerifluorid CeF_4 erzielt. Fowler und Mitarbeiter gaben als Ausbeuten mit diesen drei Fluoriden folgende Zahlen an, die sie aus leichtem Schmieröl, sogenanntem Diol 45, erhielten:

Ausbeuten an Perfluor-öl mit	CoF_3	MnF_3	CeF_4
an Fraktionen vom Sdp. $_{10}$ 147 bis 218°	17—20	etwa 35	—%
Rohausbeuten an 4 verschied. Fraktionen	50	59	58 %

Hier waren Plumbifluorid PbF_4, Wismutpentafluorid BiF_5, Merkurifluorid HgF_2 oder Chromfluoride ungeeignet.

Kapitel 46

Zur Einwirkung von elementarem Fluor auf Kohlenstoff, Methan usw.

Die Einwirkung von Fluor auf elementaren Kohlenstoff ist mehrfach untersucht worden und hat zu wissenschaftlich ganz interessanten Ergebnissen geführt, die insbesondere nach den Arbeiten von O. Ruff und Mitarbeitern durch W. Bockemüller übersichtlich zusammengestellt worden sind*). Nachdem zunächst Moissan und 1919 Humiston beobachtet hatten, daß amorpher Kohlenstoff in Fluorgas Feuer fängt, wobei sie die Entstehung von Tetrafluormethan annahmen, haben Ruff und Keim sowie kurz vorher Lebeau und Damiens Fluor auf verschiedene Kohlenstoffarten in Abwesenheit von Luft oder Feuchtigkeit zur Einwirkung gebracht. Interessant war dabei die Feststellung verschiedener Arten von festem Kohlenstoffmonofluorid $(CF)_x$ als thermolabile Verbindung.

Je nachdem, ob graphitischer Kohlenstoff oder Norit (Aktivkohle) mit Fluor behandelt werden, bildet sich „graphitisches Kohlenstoffmonofluorid" oder eine andere Modifikation. Im ersteren ist die Graphitstruktur gegenüber dem Ausgangsgraphit aufgeweitet. Dies wurde durch Röntgenstrukturanalyse festgestellt und zur Erklärung der Tatsache herangezogen, daß durch seine Bildung die elektrische Leitfähigkeit des Graphits verloren geht. Die Entstehung von $(CF)_x$ erklärt auch, warum länger gebrauchte Graphitelektroden von Fluorgeneratoren unbrauchbar werden. Das auf ihrer Oberfläche gebildete $(CF)_x$ leitet infolge seines hohen elektrischen Widerstandes den Strom nicht mehr in die Kaliumfluoridschmelze.

Im übrigen stellt das Kohlenstoffmonofluorid $(CF)_x$ eine einheitliche chemische Substanz dar und ist als graues, in den üblichen organischen Lösungsmitteln unlösliches Pulver gewonnen worden. Der Verlauf seiner thermischen Zersetzung richtet sich nach der Art der vorliegenden Modifikation. Sie liefert neben Tetrafluormethan noch an-

*) W. Bockemüller, Organische Fluorverbindungen (Stuttgart 1936), S. 12—15.

dere gasförmige Kohlenstoff-Fluor-Verbindungen wie Hexafluoräthan, ferner Ruß und Kohlendioxyd.

Auf Graphit ließ W. Rüdorff Fluor einwirken, und zwar auf eine Suspension in wasserfreiem Fluorwasserstoff. Dabei entstanden schwarze, z. T. einheitliche Produkte, besonders ein als Graphitbifluorid bezeichnetes der angenäherten Zusammensetzung $[C_{24}]^+HF_2^- \cdot 2H_2F_2$. Seine leichte Bildung wurde auch zur Erklärung des Angriffes der Graphitelektroden in Fluorgeneratoren bei Verwendung von HF-reichen KF.HF-Schmelzen herangezogen.

Bei der Einwirkung von Fluor auf einfache Kohlenwasserstoffe spielen die energetischen Beziehungen eine entscheidende Rolle, auf die bereits in der Einleitung, S. 2 kurz hingewiesen wurde. W. Bockemüller berechnete als Wärmetönungen in Kal/Mol folgende Werte:

1) nach: $\geqslant CH + X_2 = \geqslant CX + HX$

für X =	Fluor	Chlor	Brom	Jod	
	102,2	23,2	5,8	—13,6	Kal/Mol.

2) nach: $\geqslant C{-}C \leqslant + X_2 = \geqslant CF + \geqslant CF$

für X =	Fluor	Chlor
	90,2	16,2.

Aus diesen Zahlen allein erklärt sich bereits, warum die Reaktionen mit elementarem Fluor so heftig verlaufen und die Reaktionsbedingungen so gewählt werden müssen, daß die frei werdende Energie schnell abgeführt wird. Dies wird z. B. bei genügender Verdünnung erreicht. Abgesehen hiervon vollziehen sich die Fluorierungen organischer Verbindungen in Atommechanismen, die grundlegend den Chlorierungen entsprechen.

Bereits 1886 untersuchte Moissan bald nach seiner Entdeckung des elementaren Fluors dessen Einwirkung auf Methan. Dabei tritt sehr heftige Reaktion ein, die auch bei — 187°, also mit flüssigem Fluor und festem Methan, noch heftig ist. Als Produkt entsteht Tetrafluormethan neben anderen fluorierten Methanverbindungen, Kohlenstoff und Fluorwasserstoff. Auch wenn man nach Humiston das Fluor mit Stickstoff oder Kohlensäure verdünnt, erhält man aus Methan außer teerigen Produkten nur Tetrafluormethan und Fluorwasserstoff. Erst Hadley und Bigelow gelang, beim Mol-Verhältnis Fluor zu Methan wie 2 zu 1 und fünffacher Verdünnung mit Stickstoff mehr flüssige Produkte zu fassen, die als verschieden hoch fluoriertes Methan wie Methylfluorid, Methylenfluorid, Fluoroform und Tetrafluormethan sowie durch Kettenreaktion entstandene Fluoräthan, -propan u. a. festgestellt wurden.

Hexafluoräthan C_2F_6 wird in guter Ausbeute neben etwas Tetrafluormethan aus Äthan nach Calfee, Bigelow gewonnen, wenn man Fluor und den Kohlenwasserstoff als Gas über einen Kupferkontakt leitet, wobei sich von selbst eine Temperatur von etwa 50° einstellt. Bigelow untersuchte übrigens die Fluorierung von noch anderen Kohlenwasserstoffen in der Dampfphase, so von Toluol, Naphthalin und einer Reihe von Substitutionsprodukten. Grosse und Mitarbeiter leiteten mit Stickstoff verdünnte Gase von Kohlenwasserstoffen und Fluor über einen Kupferkontakt, der mit einer dünnen Schicht von Silberfluoriden überzogen war. Sie erhielten geradkettige und verzweigte Fluorkohlenwasserstoffe von Perfluorbutan bis Perfluorhexadekan und Naphthen-fluor-kohlenwasserstoffe von C_6F_{12} bis $C_{18}F_{30}$ sowie fluorierte flüchtige Schmieröle. Sie schreiben dabei wohl nicht mit Unrecht der Zwischenbildung von AgF_2 aus AgF und Fluor die fluorierende Wirkung zu. Eine Fluorierung bei tiefen Temperaturen und in sehr verdünnten Lösungen nahmen Dimroth und Bockemüller vor. Sie gewannen so Zyklohexylfluorid aus 10 g Zyklohexan in 150 g Difluordichlormethan unter Kühlung mit Kohlensäureschnee in guter Ausbeute. Ebenso ließen sich n-Hexadien oder Buttersäure durch Monofluorierung umsetzen.

Auf die Untersuchungen von Fredenhagen und Mitarbeitern, besonders Cadenbach, über die Einwirkung elementaren Fluors wurde bereits im Kapitel 8, S. 33 hingewiesen. Sie gingen von verschiedenen organischen, insbesondere aromatischen Kohlenwasserstoffen aus, auch Paraffin wurde fluoriert, aber das daraus als zähe, fadenziehende Flüssigkeit erhaltene Produkt war noch nicht frei von als Lösungsmittel verwendetem Tetrachlorkohlenstoff. Es wurde nicht näher charakterisiert und nur angegeben, daß es 16 % Fluor enthielt. Ähnlich erhielten sie im Laboratoriumsmaßstabe aus Palmitinsäure in Tetrachlorkohlenstofflösung ein dickflüssiges, schwach gelbliches Produkt von kampherartigem Geruch und einem Fluorgehalt von 21 %, das noch tetrachlorkohlenstoffhaltig war und daher 12 % Chlor enthielt. Eine nähere Indentifizierung nahmen sie allerdings auch hier nicht vor. Bei Hexan wurde ohne Verdünnungsmittel gearbeitet und ein Produkt vom Fluorgehalt 20 % erhalten, was dem Eintritt von wenig mehr als einem Fluor entspricht ($C_6H_{13}F$ ber.: 18,2 %).

Zur Frage der Einwirkung von elementarem Fluor auf aromatische Verbindungen, die bereits im Teil I, Kapitel 26, S. 99 berührt wurde, sei hier noch auf eine Untersuchung von W. Fukuhara und S. Bigelow hingewiesen. Diese erhielten aus einem Gemisch von Benzol, Fluor und Stickstoff, meist im Mol-Verhältnis 1:4:2 in der Dampfphase über Kupfergase bei etwa 90° nachstehende Verbindungen, die durch fraktionierte Destillation getrennt werden konnten:

Tetrafluormethan CF_4, Oktafluorpropan $F_3C—CF_2—CF_3$,
Hexafluoräthan $F_3C—CF_3$, Dekafluorbutan $F_3C—CF_2—CF_2—CF_3$

sowie Dekafluorzyklopentan C_5F_{10} (I) und als Hauptprodukt Dodekafluorzyklohexan C_6F_{12} (II), ferner ein Gemisch aus C_6HF_{11} (III) und $C_{12}F_{22}$ (IV) vom Schmelzpunkt 19—21 ° und $Sdp._{90}$ 90 °, die vermutlich Undekafluorzyklohexan und Di- (undekafluorzyklohexyl) sind.

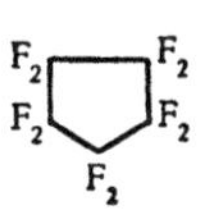

(I)

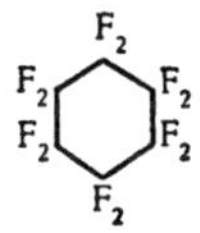

(II)

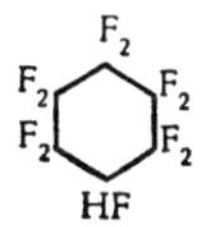

(III)

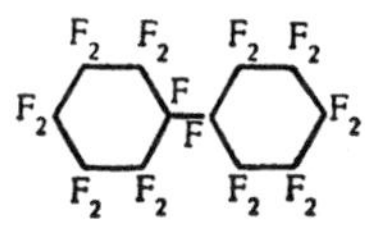

(IV)

Aromatische Fluorverbindungen wurden dabei nicht gefaßt in Übereinstimmung mit den früheren Befunden, nach denen die Einwirkung elementaren Fluors auf aromatische Verbindungen keine Substitution, sondern eine Addition bewirkt. Weitere Mitteilungen B i g e l o w ' s und Mitarbeiter bestätigten und ergänzten diese Befunde.

Alle diese Fluorierungen haben aber bisher keine praktische Bedeutung erlangt, soweit sie nicht im Teil I besprochen worden sind.

Kapitel 47

Einwirkung von Fluor auf Äthylendoppelbindungen und Umgehung des elementaren Fluors durch Bleitetrafluorid oder Aryljodidfluoride

Wie bereits im Kapitel 8 erwähnt wurde, hat man die Anlagerung von elementarem Fluor an olefinische Doppelbindungen vielfach versucht. Dabei hat sich gezeigt, daß sie grundsätzlich ebenso möglich ist wie die der anderen Halogene. Aber ein wesentlicher Unterschied zur Addition der anderen Halogene an die C=C—Bindung ist die bei der Anlagerung von Fluor auftretende große Wärmetönung. Diese übersteigt die Spaltungsarbeit einer einfachen C—C—Bindung aliphatischer Verbindungen von 71 Kal. wesentlich. Dadurch ist bei der Einwirkung von Fluor auf ungesättigte Verbindungen die Gefahr vorhanden, daß eine solche C—C—Bindung aufspaltet, wodurch der glatte Verlauf der Fluoranlagerung gestört und die Ausbeute an gesättigter Difluorverbindung herabgesetzt wird. W. Bockemüller gab als energetische Grundlage für die Addition von Halogen an olefinische Doppelbindungen nach: $>C=C< + X_2 \rightarrow >CX—CX<$ folgende Zahlen an:

Für X =	Fluor	Chlor	Brom	Jod	
	107,2	33,2	18,8	0,4	Kal/Mol.

Bei der Vereinigung von Fluor mit dem Olefin wird also viel Energie frei. Danach empfiehlt sich bei der Fluoraddition Arbeiten bei tiefer Temperatur und in möglichster Verdünnung, damit die Reaktionswärme schnell abgeführt und örtliche Überhitzung vermieden wird.

An symm. Tetrachloräthylen wurde Fluor unter Bildung von symm. Difluor-tetrachlor-äthan angelagert nach:

$$Cl_2C=CCl_2 + F_2 = FCl_2C—CCl_2F$$

bei 0^0 in Tetrachlorkohlenstoff durch Bockemüller,
bei $—78^0$ in Difluordichlormethan durch Miller,
bei 130^0 in der Dampfphase durch Miller, Calfee u. Bigelow.

Die letzteren arbeiteten in einer Apparatur, die der von Fredenhagen und Cadenbach beschriebenen ähnlich ist, jedoch das Erhitzen des als Katalysator wirkenden Kupferspiraldrahtnetzes erlaubt (s. S. 33).

Dabei bildet sich Fluor-pentachlor-äthan $FCl_2C—CCl_3$ als Nebenprodukt, indem offenbar ein Teil des Chlors durch Fluor freigemacht wird und sich in Sekundärreaktion an die Doppelbindung anlagert. Als weitere Nebenreaktion findet die Bildung von Verbindungen mit doppelter Zahl von C-Atomen statt. So wurde bei der Fluorierung von Tetrachloräthylen etwa $^1/_5$ der Ausgangsverbindung in 1,4-Difluor-oktachlor-butan $FCl_2C—CCl_2—CCl_2—CCl_2F$ umgewandelt und in entsprechender Weise aus Trichloräthylen und Fluor in Trifluortrichloräthanlösung Difluor-hexachlor-butan, wahrscheinlich $FCl_2C—CHCl—CHCl—CCl_2F$, erhalten. Die Fluoranlagerung an Krotonsäure zeigte ein weniger klares Bild, da außer dimeren auch höher molekulare Produkte entstanden entsprechend der größeren Polymerisationsneigung der Ausgangsverbindung. Im übrigen verlief die Fluoranlagerung an olefinische Doppelbindungen insofern der Anlagerung der anderen Halogene, insbesondere von Chlor gleich, als auch hier sowohl cis- wie trans-Verbindungen auftraten.

Anlagerung von Fluor, das in einer Nickel-Elektrolysierzelle aus Kaliumfluorid und Flußsäure entwickelt wurde, an olefinische Doppelbindungen führte zu gesättigten Fluorkohlenwasserstoffen. Aus C=C entstehen dabei die gesättigten normalen Anlagerungsprodukte CF—CF. Niedrige Temperaturen, z. B. 0 oder —55°, begünstigen die Bildung von Dimeren CF—C—C—CF, so aus Trifluorchloräthylen $F_2C=CFCl$ bei tiefer Temperatur vorwiegend dimerem Fluorchlorbutan der Formel $F_3C—CFCl—CFCl—CF_3$. Aus Perfluorbutadien entstanden bei zunächst —78°, dann 0° Polymere, die als Schmieröle verwendbar waren. Vergl. S. 77.

Schließlich ist noch auf die Notwendigkeit hinzuweisen, das zur Anlagerung an Doppelbindungen verwendete Fluor frei von Sauerstoff und Fluoroxyden zur Einwirkung zu bringen. Sonst treten Molekülspaltungen an der Doppelbindung zu stark in den Vordergrund.

Anstatt mit elementarem Fluor hat man auch mit Metallfluoriden, die durch Übergang aus einer höheren Wertigkeitsstufe in eine niedrigere ihr Fluor teilweise abgeben können, versucht, Fluorierungen organischer Verbindungen durchzuführen. Streng genommen gehören hierher auch die in früheren Kapiteln beschriebenen Verfahren mit 5-wertigem Antimon oder mit Merkurifluorid. Doch steht bei diesen im Vordergrund der Austausch von anderen Halogenen durch Fluor, während es sich hier um echte Fluorierungen handelt, die der Einwirkung von elementarem Fluor entsprechen.

Dimroth und Bockemüller ließen Bleitetrafluorid auf verschiedene organische Verbindungen einwirken. Sie stellten es aus Bleitetraazetat und Fluorwasserstoff dar. Ersteres wird in Chloroform gelöst und in diese Lösung unter guter Kühlung wasserfreier Fluorwasserstoff in einer Menge von 4 Molen eingeleitet.

Reines Bleitetrafluorid ist schwierig darzustellen, weil es bereits bei 35° 2 Fluor abgibt und in das beständige Bleifluorid PbF_2 übergeht. Die gleiche Menge Fluor ist leicht an olefinische Doppelbindungen anzulagern, z. B. geht Diphenyläthylen leicht in β,β-Diphenyl-α,β-difluor-äthan $(C_6H_5)_2$-CF-CH_2F über. Dabei wurde eine Ausbeute von 42 % erzielt.

Die gleiche Verbindung und ähnliche Fluorchloräthane erhielt A. F. Henne mit Bleitetrafluorid (Plumbifluorid) in statu nascendi und durch dessen Zersetzung innerhalb des Olefins. Im Metallgefäß, das Bleidioxyd, überschüssiges Olefin und elementares Fluor enthielt und in der Kälte bei —78° verschlossen wurde, trat beim Ansteigen der Temperatur heftige Reaktion und zeitweise hoher Druckanstieg bei starker Wärmeentwicklung auf.

Auch Phenyljodidfluorid $C_6H_5JF_2$, das aus Jodosobenzol mit Fluorwasserstoff zu gewinnen ist, gibt nach Bockemüller sein Fluor leicht an Doppelbindungen ab. Später verwendeten amerikanische Forscher Toluyljodidfluorid, das sie auf Anthrazen einwirken ließen. Das dabei in bescheidener Ausbeute erhaltene 9-Fluoranthrazen ist wohl über ein 9,10-Difluor-additionsprodukt entstanden, das sekundär Fluorwasserstoff abgespalten hat. Bei diesen Additionsreaktionen mit Aryljodidfluoriden ist die Anwesenheit von wenig Fluorwasserstoff oder Siliziumtetrafluorid erforderlich. Praktische Bedeutung haben sie bisher nicht bekommen.

Kapitel 48

Ergänzungen zu araliphatischen Fluorverbindungen

Verbindungen mit Fluor an Seitenketten aromatischer Verbindungen sind in wissenschaftlichen Untersuchungen wesentlich weniger bearbeitet worden als rein aliphatische oder rein aromatische Fluorverbindungen. Als Ergänzung zu dem, was in früheren Kapiteln, besonders S. 78 und 83 mitgeteilt worden ist, soll hier zunächst über die Hydrierung berichtet werden. Diese wurde bereits vor mehr als 20 Jahren von F. Swarts bearbeitet. Dabei erhielt er aus ω-Trifluortoluol in guter Ausbeute Trifluormethylzyklohexan. Die Kernhydrierung verlief also ohne Störung durch das Fluor, und dieses wurde nicht in nennenswerter Menge abgespalten trotz der großen Neigung des Elementes, bei Reduktionsbedingungen in Fluorwasserstoff überzugehen. Vergl. z. B. die Bemerkungen über die Abspaltung von Fluor bei der katalytischen Hydrierung von Fluorbenzol im Kap. 31, S. 107. Dagegen wurde bei der Hydrierung von α,α-Difluortoluol (Benzalfluorid) außer α,α-Difluor-methyl-zyklohexan auch fluorfreies Methylzyklohexan gebildet. Aus α,α-Difluor-α-chlortoluol entstanden unter Abspaltung des gesamten Halogens Toluol und Methylzyklohexan, außerdem chlorfreies α,α-Difluortoluol. Hier zeigte sich also deutlich, daß die Halogenwasserstoffabspaltung beim Chlor in der Seitenkette gegenüber einer Kernhydrierung bevorzugt und auch beim Fluor bemerkbar ist. Diese Hydrierungen erfolgten nach Sabatier, also bei recht energischen Bedingungen. Bei milderen ist die Neigung zur Abspaltung von Fluor oftmals gering genug, um es im Molekül zu erhalten. Das aus ω-Trifluor-m-kresol hergestellte ω-Trifluormethyl-zyklohexanol ergab bei vorsichtiger Oxydation ω-Trifluormethyl-zyklohexanon, durch Behandeln mit Phosphorpentoxyd wiederum ω-Trifluormethyl-zyklohexen, die Oxydation des ωTrifluormethyl-zyklohexans selbst Trifluoressigsäure. Für die Herstellung dieser wurde von Swarts die Oxydation von m-Trifluortoluidin (vergl. S. 83) mit Chromschwefelsäure benützt, die über das entsprechende Trifluormethyl-chinon verlaufen dürfte (s. S. 63).

Hier sei erwähnt, daß Swarts unter den Reaktionen dieser Trifluoressigsäure besonders auch die Darstellung von Trifluorazetessigester und eine größere Zahl von Azetessigester-Synthesen von dieser Verbindung ausgehend bearbeitete. Dadurch machte er trifluormethyl-substituierte Verbindungen verschiedenster Art zugänglich, u. a. auch 1-Phenyl-3-trifluormethyl-pyrazolon (5) und daraus einen dem Hansagelb entsprechenden ω-Trifluormethyl-azofarbstoff. Auch Desirant beschrieb einige Reaktionen fluorierter Azetessigester, so die Ketonspaltung von Difluorazetessigester zum unsymmetrischen Difluorazeton.

Im Rahmen der Darstellung von Merkaptoessigsäuren als Vorstufen für Penicillin wurde neben vielen anderen Verbindungen durch Q. F. Soper, C. W. Whitehead, O. K. Behrens, J. W. Corse und R. G. Jones m-Trifluormethyl-phenyl-merkapto-essigsäure dargestellt sowie m-Trifluormethyl-thiophenol vom Sdp. (40) 84 bis 86°, letzteres durch Umsetzung der Grignardverbindung aus m-Trifluormethyl-jodbenzol mit Schwefel.

Diese Reaktionen verliefen durchweg ohne Störung durch das im Molekül vorhandene Fluor. Andere araliphatische Fluorverbindungen wurden erstmalig von Swarts dadurch dargestellt, daß er auf einfache aliphatische Fluorverbindungen Synthesen wie die nach Perkin anwendete. So wurde aus Benzaldehyd und Fluoressigsäure α-Fluorzimtsäure erhalten, die in gewohnter Reaktionsfolge und wiederum ohne Störung durch das im Molekül vorhandene Fluor bei der Hydrierung α-Fluorhydrozimtsäure, mit Brom α-Fluor-α,β-dibromzimtsäure und bei der Dekarboxylierung ω-Fluor-styrol lieferte; letzteres wurde ebenfalls als Dibromverbindung identifiziert.

Über die Herstellung von im Kern chlorierten und fluorierten Benzotrifluoriden sei schließlich eine Übersicht gegeben, die von H. S. Booth und Mitarbeitern stammt.

o-Chlorbenzotrifluorid (III) konnte mit Antimontrifluorid aus o-Chlorbenzotrichlorid (II) erhalten werden, vergl. S. 79 und dieses durch Chlorieren von o-Chlortoluol (I). Dagegen war das entsprechende Benzotrifluorid (IV) mit o-ständigem Fluor nicht aus o-Fluorbenzotrichlorid (V) darzustellen. Die m-Verbindungen wurden aus m-Trifluortoluidin (VI), die Chlorverbindung (VII) durch Sandmeyer-Reaktion, m-Fluor-benzotrifluorid (VIII) durch das Borfluoridverfahren hergestellt. Die p-Verbindungen schließlich wurden durch Umsetzung von p-Chlorbenzotrichlorid (IX) und p-Fluorbenzotrichlorid (X) mittels Antimontrifluorid erhalten, das erstere seinerseits durch Chlorierung von p-Chlortoluol aus der Toluolchlorierung, die Fluorverbindung durch Chlorierung von p-Fluortoluol und das letztere aus p-Toluidin nach dem Borfluoridverfahren. Auch 3,4-Dichlorbenzotrifluorid (XI) wurde entsprechend durch Chlorierung von 3,4-Dichlortoluol (XII) und anschließende Umsetzung mit Antimontrifluorid gewonnen.

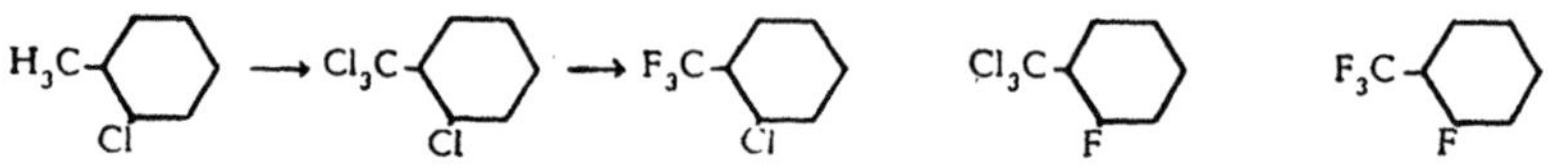

(I) (II) (III) (V) (IV)

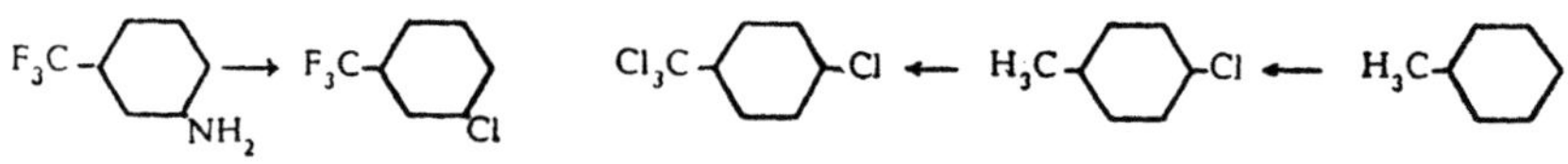

(VI (VII) (IX)

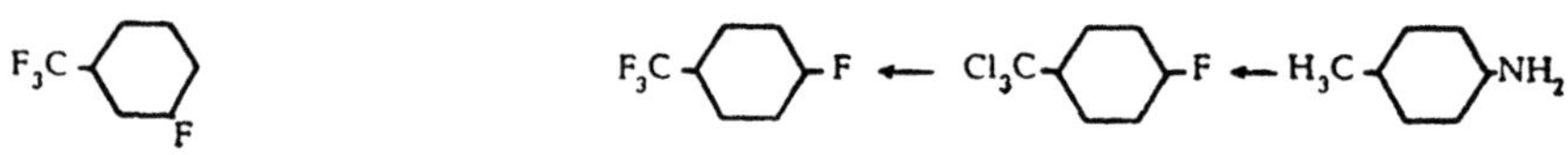

(VIII) (X)

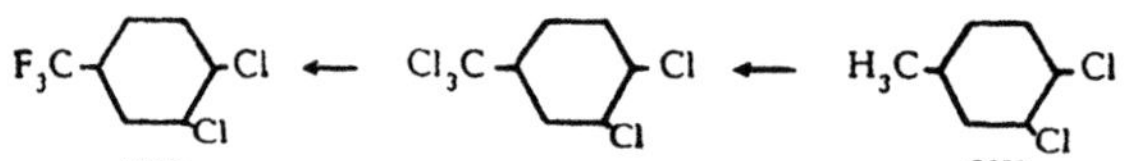

(XI) (XII)

In ähnlicher Weise kann man zur Darstellung anderer araliphatischer Fluorverbindungen verfahren, wie für praktisch wichtigere Verbindungen bereits S. 78 ff. gezeigt wurde.

Durch nacheinander erfolgende Umsetzung von Pentachlor-(trifluor-methyl-)benzol (XIII) mit Bromtrifluorid BrF_3, Antimonpentafluorid und Zinkstaub in Alkohol kann man schließlich Perfluortoluol (XVIII) erhalten. Als Zwischenstufen ergeben sich hierbei sowohl Trifluormethyl-zyklohexanderivate (XIV, XVI) wie Trifluormethylhalogenbenzole (XV, XVII):

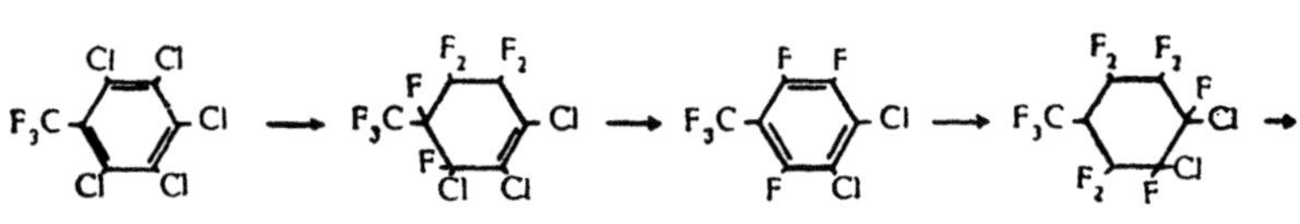

(XIII) (XIV) (XV) (XVI)

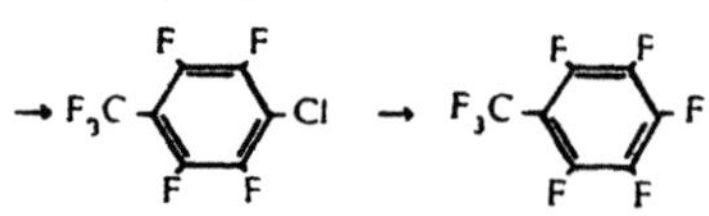

(XVII) (XVIII)

Aus technischem Xylol oder reinem m- sowie p-Xylol wurden durch Chlorierung Gemische von 1,3- (XIX) und 1,4-Bis-(trifluormethyl)-benzol (XX) oder diese beiden Verbindungen einzeln dargestellt durch Chlorierung und Umsetzung der erhaltenen Bis-trichlormethyl-benzole mit Fluorwasserstoff in Nickel- oder Stahlautoklaven, am besten in Gegenwart von Antimonfluoridchlorid bei 100° oder 110 bis 120° und unter Rühren. Dagegen ist das entsprechende fluorierte o-Xylol nicht auf gleichem Wege erhalten worden, wohl aber wurden in der Seitenkette

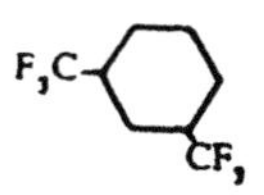

(XIX)

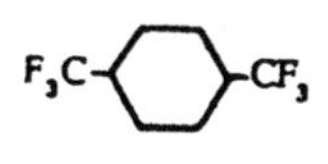

(XX)

fluorierte Xylole und Äthyl- sowie Diäthyl-benzole, Äthyltoluole, p-Cymole (p-Isopropyl-toluol), daneben Isopropyl-benzol, ferner Mesitylene beschrieben. Ebenso konnten aus Dimethyl-pyridinen schließlich Bis-(trifluormethyl)-pyridine über entsprechende Chlorverbindungen und aus Tris-(trichlormethyl)-triazin Tris-(trifluormethyl)-triazin hergestellt werden. Meist entstanden daneben gemischt fluoriert-chlorierte Verbindungen.

Als Beispiel von heterozyklischen Verbindungen mit Trifluormethylgruppe sei angeführt, daß die isomeren 5-, 7- und neuerdings auch 6- und 8-Trifluormethyl-chinoline durch Skraupsche Synthese dargestellt worden sind, ohne daß ihnen bisher eine technische Bedeutung zukommt.

Kapitel 49

Ältere Verfahren zur Darstellung aromatischer Fluorverbindungen im Laboratoriumsmaßstabe

Entsprechend den Erfahrungen an aliphatischen Verbindungen hat man verschiedentlich versucht, auch in aromatischen Halogenverbindungen wie Jodbenzol, Brombenzol und Chlorbenzol sowie Substitutionsverbindungen dieser das Halogen durch Fluor auszutauschen. So wurde bei der Umsetzung mit Silberfluorid im Kapitel 43, S. 140 auf die Herstellung von Difluordiphenyl aus Dibromdiphenyl und Silberfluorid hingewiesen. Infolge der wesentlich festeren Haftung aromatisch gebundenen Halogens am Kohlenstoff des Kernes gegenüber Halogen, das an aliphatischen Kohlenstoffen steht, sind keine wesentlichen Erfolge mit diesen Halogenaustauschreaktionen erzielt worden. Frühzeitig hat man auch entsprechend der Herstellung von aromatischen Chlor-, Brom- und Jodverbindungen versucht, Fluorverbindungen über die Diazotierung der Aminogruppe aus Anilinen darzustellen. Bereits Sandmeyer gab an, daß seine Methode, die bei den anderen Halogenen so erfolgreich war, für eine Einführung von Fluor an den aromatischen Kern versage. Bei niederen Konzentrationen von Flußsäure führt eine Diazoniumsalzverkochung auch in Gegenwart von Kupferfluorid oder von Kupfersulfat in flußsaurer Lösung nicht zu aromatischen Fluorverbindungen, sondern unter hydrolytischer Spaltung der Diazoniumsalze zu Phenolen.

Durch Diazotierung von Verbindungen mit aromatisch gebundenen Aminogruppen in konzentrierter Flußsäure und Verkochen dieser Lösungen kann man allerdings zu Fluorbenzolverbindungen gelangen, worauf bereits S. 101 hingewiesen wurde. Lange Zeit wurde diese Methode trotz schlechter Ausbeute mangels besserer Verfahren allgemein von den Forschern, die aromatische Fluorverbindungen untersuchten, angewendet. Dabei wurde ein großer Überschuß an Flußsäure, z. B. 10 Mol auf 1 Mol Anilin angewendet. Als Gefäßmaterial bewährte sich Silber, während Kupfer einen ungünstigen Einfluß hatte. Das Verfahren sei an einem Beispiel erläutert:

Gewinnung von p-Fluortoluol aus p-Toluidin nach der Formelfolge:

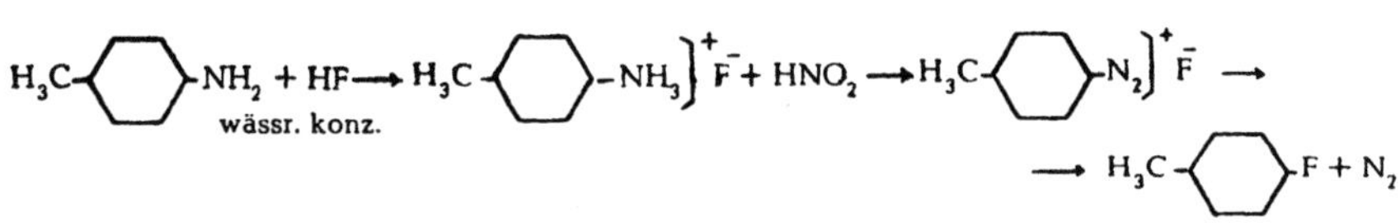

107 g p-Toluidin werden in 1 l Wasser und 100 g konzentrierter Schwefelsäure diazotiert. Dann wird die Lösung in 500 ccm heiße 55%ige Flußsäure in einem geschlossenen Silbergefäß mit absteigendem Kühler einlaufen gelassen, wobei 65 g p-Fluortoluol in fast 60%iger Ausbeute erhalten werden.

Als bessere Methode, insbesondere für einkernige aromatische Fluorverbindungen, konnte die von O. Wallach sowie diesem und F. Heusler gefundene Umsetzung von Diazopiperididen mit konzentrierter Flußsäure gelten, die ebenfalls bereits früher im Kapitel 27, S. 101 erwähnt wurde. Entsprechend den Diazoaminoverbindungen erhält man beim Hinzufügen von Piperidin zu Diazoniumsalzlösungen, z. B. von Anilindiazoniumchlorid-Lösung, Verbindungen wie das Benzoldiazopiperidid der Formel Aryl—N=N—HN $<\begin{matrix}CH_2-CH_2\\CH_2-CH_2\end{matrix}>CH_2$, die aus der Lösung meist in sehr guter Ausbeute als wenig lösliche Produkte ausfallen. Nach ihrer Trocknung werden sie mit konzentrierter Flußsäure übergossen oder in diese nach und nach eingetragen, worauf unter Wärmeentwicklung oder gelindem zusätzlichem Erwärmen die Zersetzung unter Stickstoffentwicklung zur Fluorverbindung ArylF stattfindet. Der hohe Preis des Piperidins sowie die auch aus dem folgenden Beispiel zu ersehende Tatsache, daß nur kleine Mengen Diazopiperidid auf einmal zersetzt werden können, sind Nachteile des Verfahrens, das im übrigen das Arbeiten mit konzentrierter Flußsäure nicht vermeidet. Es sei durch folgendes Beispiel erläutert:

Gewinnung von Fluorbenzol aus Anilin nach der Formelfolge:

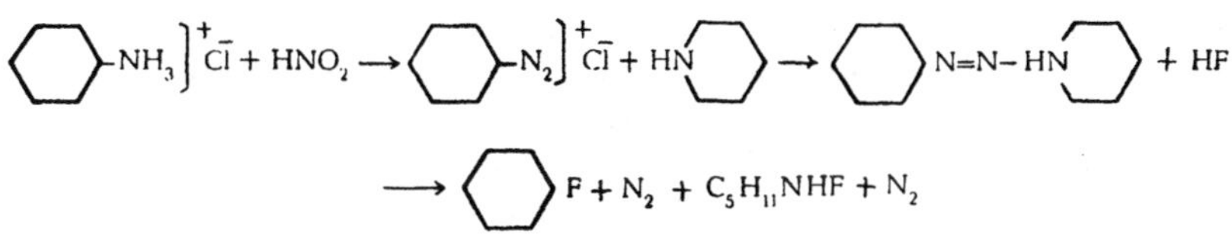

Beim Vermischen einer wässrigen Lösung von Benzoldiazoniumchlorid mit Piperidin fällt die etwa der Theorie entsprechende Menge an Benzoldiazopiperidid aus. 10 g der lufttrocknen und fein zerriebenen Verbindung werden in einem nicht zu dünnwandigen Rundkolben mit 20—30 ccm konzentrierter Flußsäure übergossen und, falls die Reaktion nicht nach kurzer Zeit von selbst beginnt, gelinde erwärmt, worauf das entweichende Fluorbenzol durch sehr gute Kühlung in einer Vorlage abgeschieden wird. Die Reinigung beginnt mit Herauswaschen der Reste mitgerissener Flußsäure durch Natronlauge und führt nach Destillation zu 50%iger Ausbeute an Fluorbenzol, das z. T. auch aus dem Kolbenrückstand durch Neutralisation und Wasserdampfdestillation gewonnen wird.

Beiden geschilderten Methoden ist das Borfluoridverfahren wesentlich überlegen. Über das hierüber im Kapitel 28 Gesagte hinaus soll diese z. Zt. bequemste Laboratoriumsmethode zur Darstellung aromatischer Fluorverbindungen im folgenden, letzten Kapitel noch näher erläutert werden.

Kapitel 50

Zusammenstellungen über das Borfluoridverfahren

Das Borfluoridverfahren wurde bereits im Kapitel 28 als beste Laboratoriumsmethode zur Darstellung von aromatischen Fluorverbindungen bezeichnet, d. h. von solchen Verbindungen, die ihr Fluoratom unmittelbar an einem Benzol-, Naphthalin-usw.-kern, also am aromatischen Ringsystem enthalten. Dieses Verfahren ist auf der trockenen Zersetzung von Diazoniumsalzen der Borfluorwasserstoffsäure gegründet und läßt sich als zweistufige Reaktionsfolge durch folgende Formelreihe wiedergeben:

$$\text{Aryl}-\text{NH}_2 \rightarrow \text{Aryl}-\text{N}\equiv\text{N}\Big]^{+} \underset{\text{1. Stufe}}{\rightarrow} \underset{\text{(I)}}{\text{Aryl}-\text{N}\equiv\text{N}}\Big]^{+}\overset{-}{\text{BF}_4} \underset{\text{2. Stufe}}{\rightarrow} \underset{\text{(II)}}{\text{Aryl}-\text{F}} + \text{N}_2 + \text{BF}_3$$

Das Fluor tritt also anstelle der diazotierbaren Aminogruppe.

Der erste Schritt ist die Diazotierung eines aromatischen Amins vom Typ des Anilins oder seiner mannigfachen Substitutionsverbindungen. Insbesondere sind Homologe wie Toluidine, Xylidine, Halogenaniline, Alkoxyaniline wie Anisidin, Phenetidine, ferner Amine von mehrkernigen Kohlenwasserstoffen wie Aminodiphenyle, Naphthylamine usw. geeignet. Auch ein Benzanthronylamin, das mit Erfolg dem Borfluoridverfahren unterworfen wurde, sei als Beispiel eines höhergliedrigen Ringsystems erwähnt. Ferner sind Aminoverbindungen von heterocyklischen Grundstoffen verwendbar, wenn sie zu wasserlöslichen Diazoniumsalzen diazotierbar sind, z. B. Aminopyridin.

Neben der Vielseitigkeit der Ausgangsverbindungen ist günstig, daß sowohl die Herstellung der Diazoniumborfluoride (1. Stufe) als auch ihre Zersetzung (2. Stufe) in laboratoriumsüblichen Glasgeräten unter Verwendung von Si-Neutralglas, Glasschliffen, Korken und Schlauchverbindungen durchgeführt werden kann. Auch die Kosten der anorganischen Ausgangsprodukte, wässrige Flußsäure und Borsäure bzw. konzentrierte Borfluorwasserstoffsäure, sind klein. Sie lassen sich bei größeren Ansätzen durch Aufarbeitung des als Nebenprodukt anfallenden Bortrifluorids auf Natriumborfluorid noch herabsetzen.

Über die Einzelheiten des Verfahrens seien folgende Angaben gemacht, die im wesentlichen einer 1934 erschienenen Arbeit des Verfassers entstammen. Auf diese und die S. 102 angegebene Arbeit von A. Roe wird für weitere Einzelheiten verwiesen.

Man diazotiert im allgemeinen in salzsaurer, möglichst konzentrierter Lösung und fällt die klare, nötigenfalls filtrierte Diazoniumsalzlösung mit überschüssiger konzentrierter, d. h. etwa 40 %iger Borfluorwasserstoffsäure. Der Gehalt der im Handel befindlichen Säure an Kieselfluorwasserstoffsäure stört im allgemeinen die präparative Darstellung der Fluorverbindungen nicht. Dagegen sollen die Ausgangsamine möglichst rein sein.

Die Ausbeuten an den Diazoniumborfluoriden (I) werden durch ihre Löslichkeit bestimmt. Diese ist am geringsten bei p-substituierten, am größten bei o-substituierten Aryldiazoniumborfluoriden. Freie OH-Gruppen oder Carboxylgruppen am Kern erhöhen im allgemeinen die Löslichkeit der Diazoniumborfluoride so, daß sie sich nicht ausscheiden. So können Aminophenole oder Aminobenzosäuren nicht unmittelbar dem Borfluoridverfahren unterworfen werden. Aber man kann durch Verätherung oder Veresterung auch hier zum Ziele kommen und beispielsweise zur Darstellung von Fluorphenolen Anisidine oder Phenetidine, zur Gewinnung von Fluorbenzoesäuren Aminobenzoesäureester diazotieren und die auf diesem Wege gewonnenen fluorierten Phenoläther oder Säureester nachträglich verseifen; denn dabei wird das Fluor infolge seiner großen Haftfestigkeit am aromatischen Ring nicht abgespalten.

Die Diazoniumborfluoride lassen sich leicht trocknen und sind so beständig, daß sie beispielsweise auch in der Naphthol AS-Färberei als „Echtsalze" verwendbar sind. Da sie gegen Schlag und Stoß, auch gegen gelindes Erwärmen unempfindlich sind, lassen sich selbst große Mengen gefahrlos handhaben. Einzelne können sogar aus warmem Wasser, die meisten aus Azeton umkristallisiert werden; nur wenige zersetzen sich ohne ersichtlichen Grund nach einiger Zeit von selbst. Geringfügige Selbstzersetzung tritt allgemein durch Licht, insbesondere Sonnenbestrahlung ein.

Für die trockene Zersetzung füllt man das Diazoniumborfluorid in Destillierkolben, deren Kugel bis zu $^9/_{10}$ ihres Inhalts mit dem trockenen Salz angefüllt wird. Je nach dem Siedepunkt der darzustellenden Fluorverbindung (II) wird die Höhe des Ansatzrohres verschieden gewählt.

Bei um 100° siedenden Flüssigkeiten wie Fluorbenzol, seinen niederen Homologen und einfachen Halogenderivaten schaltet man einen oder zwei Schlangenkühler zwischen Zersetzungskolben und Auffanggefäß und kühlt das letztere gut. Für höher siedende Flüssigkeiten wie α-Fluornaphthalin, Fluorbenzosäureester u. ä. wird über das Ansatzrohr des Zersetzungskolbens als Auffanggefäß ein zweiter Destillierkolben unmittelbar übergeschoben und nur mit Wasser gekühlt. Bei festen, auch sublimierbaren Substanzen wie β-Fluornaphthalin, den Fluordiphenylen usw. bewährte sich dabei ein Zersetzungskolben mit weitem Ansatzrohr von etwa 2 cm Durchmesser. Stets werden die entweichenden Gase durch Absorptionsgefäße geleitet, in denen das Bortrifluorid in Wasser oder nicht zu konzentrierter Alkalilauge aufgefangen wird. Auf Dichtigkeit der Apparatur muß sorgfältig geachtet werden; die Geschwindigkeit der Zersetzung wird so geregelt, daß die Gasblasen in den Waschflaschen eben noch zu zählen sind. Dies läßt sich durch vorsichtiges Erwärmen des Salzes von der Oberfläche her meist ohne besondere Mühe erreichen.

Die Ausbeuten an Fluorverbindungen beim trockenen Erwärmen der Diazoniumborfluoride, also in der letzten Stufe der oben angegebenen Reaktionsfolgen, sind abhängig vom Zersetzungspunkte dieser Salze. Je tiefer er liegt, desto glatter verläuft im allgemeinen ihre trockene Zersetzung. Bei gemischt halogenierten, auch mehrfach fluorierten Verbindungen ist bemerkenswert, daß zur Diazoniumgruppe o-ständiges Halogen, nicht nur Fluor, stets die Ausbeute an Diazoniumborfluorid, vor allem aber bei seiner Zersetzung wesentlich beeinträchtigt.

Einige Diazoniumborfluoride zersetzen sich beim Erwärmen zu heftig, besonders aus Nitroanilinen gewonnene. Um auch ihre Zersetzung für die Darstellung entsprechend substituierter, z. B. nitrierter Fluorverbindungen nutzbar zu machen, hat sich in einzelnen Fällen bewährt, die Diazoniumsalze vor der Zersetzung mit einer indifferenten Substanz wie Sand oder Soda zu vermischen. Auch Alkaliborfluorid oder Zersetzung unter vermindertem Druck waren erfolgreich. Dagegen bewährte sich nicht, die Zersetzung durch Eintragen des Diazoniumborfluorids in einen hoch siedenden und auf etwas über die Zersetzungstemperatur erwärmten Stoff wie Fluoren vorzunehmen. Eine Zersetzung in siedendem Dioxan führten M. A. Goldberg, E. P. Orders und G. Carsch mit dem Diazoniumborfluorid von 9-Aminophenanthren aus und gewannen dadurch 9-Fluor-phenanthren vom Sdp. (3 bis 4) 145 bis 155 ^{0}, Schmp. 49 bis 51 ^{0} bezw. 51/52 ^{0}.

Folgende Tabellen zeigen die Leistungsfähigkeit des Borfluoridverfahrens und gleichzeitig den Zusammenhang zwischen den Zersetzungstemperaturen und den Ausbeuten. Sie geben auch eine Übersicht über die Siedepunkte bzw. Schmelzpunkte einer größeren Anzahl von aromatischen Fluorverbindungen, als sie bereits im Kap. 32, S. 110 aufgeführt wurden. Die Literaturnachweise hierfür vergl. in den erwähnten Arbeiten des Verfassers und besonders von A. Roe.

Tabelle 15

Einfach fluorierte Kohlenwasserstoffe

Fluorverbindung	Kp. oder Fp.	Diazoniumborfluorid		Ausb. an Fluorverb. bei Zers.
		Zers.P.	Herst.-Ausb.	
Fluorbenzol	Kp. 85	122	70	80
o-Fluortoluol	Kp. (17) 19	106	82	90
m-Fluortoluol	Kp. 110	108	76	87
p-Fluortoluol	Kp. 117	110	67	97
4-Fluor-1.3-xylol	Kp. (749) 143	108	31	100
1-Fluornaphthalin	Kp. (11) 80	113	91	98
2-Fluornaphthalin	Fp. 60	108	90	69
2-Fluordiphenyl	Fp. 70	81	85	89
3-Fluordiphenyl	Fp. 30	91	85	50
4-Fluordiphenyl	Fp. 75	116	88	85
Bz-1-Fluorbenzanthron	Fp. 195	150	100	60

Tabelle 16

Fluor-Halogen-Kohlenwasserstoffe, auch mehrfach fluorierte Kohlenwasserstoffe

Fluorverbindung	Kp. oder Fp.	Diazonium-borfluorid		Ausb. an Fluor-verb. bei Zers.
		Zers.P.	Herst.-Ausb.	
o-Difluorbenzol	Kp. (751) 91/92	159	45	30
m-Difluorbenzol (aus Phenylendiamin)	Kp. (752) 82/83	206	88	44
p-Difluorbenzol (aus Fluoranilin)	Kp. 88	155	63	61
p-Difluorbenzol (aus Phenylendiamin)	„	186	82	33
1,2,4-Trifluorbenzol (aus Difluoranilin)	Kp. 88	145	42	17
1,2,4-Trifluorbenzol (aus Fluor-phenylendiamin)	„	150	29	55
o-Fluorbrombenzol	Kp. (756) 158	132	40	55
m-Fluorbrombenzol	Kp. (764) 150	141	86	78
p-Fluorbrombenzol	Kp. (746) 151	133	64	75
o-Fluorjodbenzol	Kp. (14) 74	89	75	44
m-Fluorjodbenzol	Kp. (19) 78	105	98	68
2,5-Difluortoluol	Kp. (755) 117	115	62	80
4-Fluor-3-jodtoluol	Kp. (30) 124	110	70	70
2,4-Difluor-5-chlor-3-jodtoluol	Kp. 244/246	218	65	85
1-Fluor-6-brom-2,4-xylol	Kp. (11) 87/89	161	60	100
4,6-Difluor-5-jod-1,3-dimethylbenzol	Fp. 43	235	65	75
1,4-Difluornaphthalin	Fp. 32	137	47	66
1,5-Difluornaphthalin	Fp. 71	180	92	54
1-Fluor-4-bromnaphthalin	Fp. 37	152	97	66
2-Fluor-1-bromnaphthalin	Fp. 49	99	23	
2,2'— Difluordiphenyl	Fp. 117,5	134	84	70
3,3'— Difluordiphenyl	Kp. (14) 130	106	98	50
4,4'— Difluordiphenyl	Fp. 95	138	95	85
4,4'— Difluor-3,3'— ditolyl	Fp. 59	127	64—70	
2,4,4'— Trifluordiphenyl	Fp. 83/84	88	95	85
2,4,4',5-Tetrafluordiphenyl	Fp. 139	102	83	90
4,4',6-Trifluor-3,3'— ditolyl	Kp. (12) 140	94	52	52

Tabelle 17

Fluorphenoläther und Fluorbenzoesäureester

Fluorverbindung	Kp. oder Fp.	Diazonium-borfluorid Zers.P.	Diazonium-borfluorid Herst.-Ausb.	Ausb. an Fluor-verb. bei Zers.
o-Fluoranisol	Kp. (17) 64	125	52	67
m-Fluoranisol	Kp. (15) 51	68	100	69
p-Fluoranisol	Kp. (19) 57	139	85	67
2-Fluor-4-bromanisol	Fp. 16	156	92	54
2-Fluor-4-nitroanisol	Fp. 104,6	173	85	13
6-Fluor-1,2-kresolmethyläther	Kp. (19) 59	88	68	62
2-Fluor-1,4-kresolmethyläther	Kp. (12) 72	122	82	48
1-Fluor-2,4-dimethyl-6-brom-5-methoxy-benzol	Kp. (15) 125	105	70	80
3-Fluor-4-methoxy-diphenyl-äther		145	100	gering
o-Fluorphenetol	Kp. (11) 64	135	69	35
m-Fluorphenetol	Kp. (15 65	70	75	47
p-Fluorphenetol	Kp. (18) 71	105	75	50
2-Fluor-4-nitro-phenetol	Fp. 77	179	90	6
o-Fluorbenzoesäureäthylester	Kp. (12) 102	106	90	87
p-Fluorbenzoesäureäthylester	Kp. (25) 105	94	96	89
4-Fluor-o-phthalsäure-diäthylester	Kp. (25) 165/170	125	98	50

Tabelle 18

Fluorverbindungen aus „Sand"- oder Vacuum-Zersetzungen, besonders Fluornitroverbindungen

Fluorverbindung	Kp. oder Fp.	Diazonium-borfluorid Zers.P.	Diazonium-borfluorid Herst.-Ausb.	Ausb. an Fluor-verb. bei Zers.
o-Fluornitrobenzol	Kp. (11) 87	135	74	18
m-Fluornitrobenzol	Kp. (19) 86	178	79	53
p-Fluornitrobenzol	Kp. (28) 97	156	96	47
2-Fluor-3-nitrotoluol	Kp. (12) 110/111	143	50	23
2,4-Dimethyl-1-fluor-5-nitrobenzol	Kp. (30) 133	130	53	53
4,4'— Difluor-2-nitro-diphenyl	Fp. 94,6	128	95	10
4,4'— Difluor-6-nitro-3,3'— ditolyl	Fp. 89,5	98	98	10
2-Fluor-5-chlor-4-nitrotoluol	Fp. 19	153	61	50
3,5-Dimethyl-2-fluor-1-brom-6-nitrobenzol	Fp. 51	195	67	45
p-Fluor-N-dimethyl-anilin	Fp. 35	151	56	17
p-Fluor-N-diäthyl-anilin	Kp. (12) 92,5	113	83	20

Im Anschluß an die obigen Zusammenstellungen über das Borfluoridverfahren sowie im Zusammenhange mit den allgemeinen Vorbemerkungen über die Gewinnung aromatischer Fluorverbindungen sei ein Beispiel dafür gegeben, welche Möglichkeiten zur Herstellung einer bestimmten einfachen Fluorverbindung bestehen.

Hierfür sei Fluorbenzoesäure gewählt. Für deren Darstellung stehen folgende Möglichkeiten zur Verfügung:

1) Aminobenzosäure wird in konz. Salzsäure diazotiert und das Diazoniumchlorid mit rauchender Flußsäure umgesetzt.

2) Auf Aminobenzosäureester wird das Borfluoridverfahren angewendet nach: $C_2H_5OOC.C_6H_4NH_2 \rightarrow C_2H_5OOC.C_6H_4N_2.BF_4 \rightarrow$

$$C_2H_5OOC.C_6H_4F \rightarrow HOOC.C_6H_4F.$$

Die Herstellung von p-Fluorbenzoesäure wurde von G. Schiemann und W. Winkelmüller ausgearbeitet und mit W. W. Hartmann, J. R. Byers und J. B. Dickey beschrieben.

3) Durch Chlorierung im Sonnenlicht werden die Fluortoluole in Fluorbenzotrichloride übergeführt und diese, beispielsweise durch Kalk ($CaCO_3$) und nachherige Säurebehandlung verseift nach:

$$FC_6H_4.CH_3 \rightarrow FC_6H_4.CCl_3 \rightarrow FC_6H_4.COOH.$$

Die Herstellung von o-Fluorbenzoesäure auf diesem Wege beschrieben G. Schiemann und H. G. Baumgarten. Bei der Chlorierung wurde hier eine Ausbeute von 87 %, bei der Verseifung 90 % erreicht.

4) Die Oxydation von Fluortoluolen, z, B. mit Chromschwefelsäure oder mit Permanganat liefert keine befriedigenden Ausbeuten. Offenbar wird der Vorgang: $FC_6H_4.CH_3 + 3\ O \rightarrow FC_6H_4.COOH + H_2O$ infolge der Substitution des Benzolkernes durch das stark negative Element Fluor gestört, sodaß in nennenswerter, z. T. überwiegender Menge ein oxydativer Abbau des Benzolkernes selbst erfolgt.

5) Die Fluorbrombenzole, von denen die p-Verbindung sehr leicht durch Bromierung von Fluorbenzol, die Isomeren aus den entsprechenden Bromanilinen nach dem Borfluoridverfahren zugänglich sind, können grignardiert werden, d. h. sie lassen sich in Fluorphenylmagnesium-halogenide überführen, und die erhaltenen Grignardlösungen ergeben mit Kohlensäure die Fluorbenzoesäuren nach:

$$FC_6H_4Br \rightarrow FC_6H_4.MgBr + CO_2 \rightarrow FC_6H_4COOH.$$

Für die p-Verbindung erhielten L. S. Fosdick und E. E. Campaigne dabei eine Ausbeute von 41 %.

6) Schließlich kann man Fluorbenzol in Gegenwart von Aluminiumchlorid mit Essigsäureanhydrid zu p-Fluorazetophenon umsetzen und dieses mit Bichromat zur p-Fluorbenzoesäure oxydieren nach:

$$FC_6H_5 + O(OC \, . \, CH_3)_2 \rightarrow FC_6H_5—CO—CH_3 \rightarrow FC_6H_4COOH.$$

Die unter 5) genannten Forscher gaben hierfür Ausbeuten von 55 % bei der ersten Reaktion, 80 % bei der Oxydation, also gesamt 44 % an.

Am günstigsten ist in bezug auf glatten Verlauf der Umsetzung, einfachste Handhabung, allgemeine Anwendbarkeit für alle drei Isomeren und eine größere Zahl von Substitutionsprodukten sowie auf erzielte Ausbeute das Verfahren der Chlorierung und folgenden Verseifung nach 3).

Ähnlich läßt sich aufgrund der jetzt vorliegenden Versuchserfahrungen für viele aromatische Fluorverbindungen der beste Weg zu ihrer Herstellung, wenigstens im Laboratoriumsmaßstabe, aber auch für größere Mengen angeben. Hierfür mögen die Ausführungen dieses und der vorangegangenen Kapitel die erforderlichen Hinweise geben.

So können die im II. Hauptteil mitgeteilten Tatsachen die Ergebnisse der mit praktisch-technischer Zielsetzung erreichten Erfolge der Chemie der organischen Fluorverbindungen in mancherlei Hinsicht erweitern. Die durch die bessere Darstellungsmöglichkeit der Vertreter dieser Körperklasse zustande gekommene Durchforschung des Gebietes ist zu einem gewissen Abschluß gekommen. Dieser findet seinen Ausdruck in der den Hauptinhalt dieses Buches bildenden industriellen Herstellung und Benützung einiger organischer Fluorverbindungen. Es ist aber zu erwarten, daß ihre Anwendungsgebiete mit dem bis jetzt Erreichten noch nicht erschöpft sind und eine zukünftige Entwicklung ihre Bedeutung noch steigern wird.

III. HAUPTTEIL

1. Patentverzeichnis

1. Patente über organische Fluorverbindungen

Lfde. Nr.	Patent-Nr.	Patentinhaber	Patent-Überschrift	Patentbeginn oder Priorität	Ref. im Chem. Zentralbl.
	Deutsche Patente				
1	96 153	Valentiner & Schwartz	Verf. zur Darst. im Kern fluorierter aromat. Verbdgn.	17. 7. 96	98, I, 1224 Angew. 12, 1158 (1899)
2	105 916	„	Verf. zur Darst. von Fluoroform	5. 1. 99	00, I, 525 Frdl. 5, 715 Frdl. 5, 716
3	106 513	„	Verf. zur Darst. luftfreien Fluoroforms	26. 2. 99	00, I, 886
4	186 005	„	Verf. z. Darst. aromat. Fluorverbdgn. aus Diazo- u. Tetrazoverbdgn.	1. 10. 05	07, II, 956
5	262 505	H. B. Bishop	Verf. z. Herst von HF aus einem Fluorid und einer Mineralsre.	2. 7. 12	13, II, 632
6	477 242	W. Steinkopf	Darst. von aromatischen Sulfofluoriden	22. 2. 27	30, II, 983
7	492 345	F. Hofmann u. W. Stegemann	Verf. zur Herst. von Cumaronharz	23. 5. 28	30, II, 316
8	504 886	I. G.	Verf. zum Schützen von Wolle u. dgl. gegen Mottenfraß	14. 9. 27	30, II, 2331
9	521 340	K. Fredenhagen u. B. Helferich	Darst. von Polyglucosanen	14. 7. 29	31, I, 3170
10	524 220	K. Fredenhagen	Verf. zur Polymeris. von Styrol und seinen Homol.	2. 8. 30	31, II, 1085
11	551 787	K. Fredenhagen	Verf. z. Polymeris. von Fettsäureglyceriden	1. 8. 30	32, II, 1545
12	551 882	I. G.	Verf. zur Herst. von in Wasser unlösl. Azofarbst.	11. 10. 30	32, I, 1446 Frdl. 19, 1625
13	552 919	Kinetic k*)	Herst. von F-Verbdgn. aliphatischer KWKW. A.	20. 9. 30	32, II, 1832
14	553 501	Rütgerswerke A. G.	Verarbtg. von SiO_2 in größeren Mengen enthaltendem Flußspat und anderen Fluoriden	16. 2. 27	32, II, 1218
15	558 132	I. G.	Entkieselung von über 40 %iger Flußsäure	31. 1. 30	32, II, 2702
16 Zus. zu 14	558 293	Rütgerswerke A. G.	Verarbeiten von kiesels.-haltigen Fluoriden	1. 3. 27	32, II, 3134

*) Die mit „k" bezeichneten Patente stehen im Zusammenhang mit der Verwendung organischer Fluorverbindungen als Kältemittel; vergleiche S. 49.

Nr.	Patent	Inhaber		Gegenstand	Datum	Zitat
17	558 294	Rütgerswerke		wie 14	25. 4. 28	32, II, 3134
18	575 593	I. G.		Herst. aromat., in der Seitenkette fluorierter KW.	10. 11. 33	33, II, 609
19	587 932	W. Ursum		Füllungen für Feuerlöscher	1. 7. 31	34, I, 94
20	588 781	I. G.		Herst. von Azofarbstoffen	25. 11. 31	34, I, 1114 Frdl. 20, 1099
21	590 255 Zus. zu 12	I. G.		Wasserunl. Azofarbst.	12. 4. 32	34, I, 295
22	600 706	I. G.		Herst. aromat., im Kern fluorierter Verbdgn.	24. 3. 33	34, II, 2448 Frdl. 21, 315
23	610 891	I. G.		Herst. von wasserunlösl. Azofarbst.	24. 6. 33	35, I, 3602
24	621 862	G. Schiemann W. Winkelmüller W. Roselius übertr. an I. G.		Darst. von Kondensationsprodukten kernfluoriert. Arylaldehyde	1. 7. 32	36, I, 1458
25	621 977	I. G.		Herst. von fluorierten organischen Verbdgn.	25. 2. 35	36, I, 1310 Frdl. 22, 1360
26	623 322	Frigidaire Corp.	k	Kältemittel	9. 2. 30	36, II, 2414
27	629 257	I. G.		Darst. von Aminotrifluormethylarylsulfonsäur.	4. 10. 34	36, II, 1066
28 Zus. zu 26	630 828	Frigidaire Corp.	k	Kältemittel	2. 7. 30	36, II, 2414
29	641 878	I. G.		Fluorkohlenwasserstoffe	7. 6. 34	37, I, 3714 Frdl. 23, 80
30	642 950	W. Peschke übertr. an I. G.		Schädlingsbekämpfung	7. 10. 32	37, II, 2252 Frdl. 22, 1735
31	651 049	I. G. erloschen		Fluorieren organischer Verbindungen	27. 2. 34	35, II, 3829
32	657 068	Kinetic	k	Fluorierung aliph. u. araliphat. halogenierter KWKW.	A. 10./31. 8. 32	35, I, 2255
33	660 532	I. G.		Verf. z. Herst. aromat., in d. Seitenkette fluorierter Verbdgn.	9. 8. 35	37, I, 4863 Frdl. 24, 140
34	668 033	I. G.		Halogenverbdgn. des o-Dimethylbenzols	25. 10. 35	37, II, 3077
35	670 130	I. G.	k	Aliphatische Fluorverbdgn.	29. 11. 34	36, II, 864 Frdl. 23, 33
36	670 833	I. G.		Trifluormethylbenzaldehyde	26. 10. 35	39, I, 4843
37	677 071	I. G.		Polymerisieren von Vinylhalogeniden	7. 10. 34	36, II, 2024
38	679 498	I. G.		Pflanzenschutzmittel	18. 2. 34	39, II, 4324

Lfde. Nr.	Patent-Nr.	Patentinhaber	Patent-Überschrift	Patentbeginn oder Priorität	Ref. im Chem. Zentralbl.
39	682 144	Alkaliwerke Westeregeln	Bekämpfung von Pflanzenschädlingen	8. 11. 33	39, II, 4323
40	699 144	I. G.	Monoazofarbstoffe	20. 10. 37	39, II, 4100
41	700 097	I. G.	Verf. z. Herst. von o- u. p-Nitrophenyltrifluormethylsulfonen	5. 10. 37	39, II, 946
42	707 710	Edeleanu GmbH.	Zerlegung von KW-ölen mittels fluorhaltiger KW-verbdgn.	4. 4. 39	41, II, 2643
43	710 129	B. Helferich u. A. Gnüchtel	Verf. z. Herst. fluorierter aliphatischer KWKW.	24. 12. 36	42, I, 419
44	713 745	I. G.	Trifluormethylgruppen enthaltende Anthrachinone	15. 2. 40	42, I, 1307
45	721 180	I. G.	Herst. von fluorierten aliphatischen Verbindgn.	23. 12. 33	42, II, 1290
46	737 276	I. G.	Herst. von Polymerisaten von 2-Fluor-3-chlorbutadien (1, 3)	9. 4. 37	43, II, 1597
47	741 780	Knoll A. G.	Herst. von Fluoroxyphenylessigsäure	18. 6. 42	44, I, 891
	D. R. P.-Anmeldungen				
48	H 150 046	B. Helferich u. A. Gnüchtel	Verf. z. Herst. aliph. Fluor-KWKW.	23. 6. 36	zurückgez.
49	I 69 986	I. G.	Herst. von Trifluoraethylalkohol	26. 6. 41	—
50	I 71 135	I. G.	Wärmeüberträger bei tiefen Temperaturen	7. 12. 41	—
51	I 72 171	I. G.	Insektenvertilgungsmittel	4. 5. 42	—
52	I 74 550	I. G.	Herst. von Tetrafluorhexachlorbutan	9. 3. 43	—
53	I 74 628	I. G.	Herst. von fluorierten Diaryltrifluoraethanen	19. 3. 43	—
54	K 167 374	Knoll A. G.	Herst. kernsubstituierter Phenylessigsäuren	2. 2. 43	—
	Amerikanische Patente				
55	1 634 794	Larvex Co.	Mottenbeständige Artikel	17. 5. 25	28, I, 942
56	1 842 092	Harshaw Chem. Co.	Herst. von Flußsäure	19. 2. 25	32, I, 1813
57	1 851 652	I. G.	Trennen v. Fluorwasserstoff u. Silicumfluorid	28. 5. 31 D. 31. 1. 28	32, I, 2480

Nr.	Patent	Inhaber		Gegenstand		Datum	Referat
58	1 883 676	K. Fredenhagen u. B. Helferich		Abbau von Polysacchariden wie Cellul. Stärke usw.	D.	14. 3. 28 14. 3. 27	33, I, 340
59	1 883 677	„		Abbau von Polysacchariden wie Cellul. Stärke usw.	D.	14. 3. 28 14. 3. 27	33, I, 340
60	1 915 965	Frigidaire Corp.		Feststellen von Leckstellen in Kühlleitgn.		29. 5. 31	33, II, 1731
61	1 916 327	Du Pont		Herst. aromatischer Fluorverbindungen		15. 6. 31	33, II, 2456
62	1 929 328	F. Müller		Wasserunlösliche Azofarbstoffe	D.	5. 4. 33 12. 4. 32	34, I, 295
63	1 946 195	Kinetic	k	Reinigung fluorierter aliphatischer KWKW.		10. 8. 32	34, I, 3799
64	1 946 199	Kinetic	k	Reinigung fluorierter aliphatischer KWKW.		28. 6. 32	34, I, 3799
65	1 958 249	General Electric Co.		Kühlsystem		20. 5. 33	35, I, 2054
66	1 967 244	Kinetic		Herst. aromatischer Fluorverbindungen		31. 8. 32	34, II, 3842
67	1 970 562	Frigidaire Corp.	k	Darst. von Halogenfluorsubstitutionsprodukten aliphatischer KWKW.		10. 4. 31	33, II, 1583
68	1 978 840	General Motors Corp.	k	Herst. von Halogenfluorkohlenwasserstoffen		30. 1. 31	35, I, 1934
69	1 981 123	American Tar Products Co.		Desinfektionsmittel		26. 2. 31	35, II, 557
70	1 982 661	Du Pont		Fluorierte Arylamide		27. 7. 33	35, I, 347
71	1 984 480	General Motors Corp.		Herst. von Halogenverbdgn. des fünfwertigen Antimons		5. 6. 31	35, I, 2867
72	1 990 692	„	k	Fluorierung aliphatischer Halogen-KWKW		30. 1. 31	35, II, 435
73	1 994 035	Kinetic	k	Herst. halogenierter KWKW.		18. 8. 32	35, II, 2580
74	1 999 185	Du Pont		Herst. von Azofarbstoffen		17. 8. 33	36, I, 1125
75	2 004 931	Kinetic	k	Fluorieren organischer Verbindungen		20. 3. 31	36, I, 875
76	2 004 932	„		Fluorieren S-haltiger organischer Verbdgn.		24. 3. 31	36, I, 875
77	2 005 707	„	k	Fluorieren organischer Verbindungen		31. 8. 32	36, I, 876
78	2 005 708	„	k	Herst. hochfluorierter Aethanverbindungen		24. 8. 33	36, I, 876
79	2 005 709	„	k	Herst. organischer Fluorverbindungen		7. 1. 33	36, I, 2630
80	2 005 710	„	k	Herst. fluorierter organischer Verbindungen	Can.	26. 3. 34 20. 5. 31	36, I, 1501
81	2 005 711	„	k	Fluorieren von Methan	Can.	15. 6. 34 20. 5. 31	36, I, 876
82	2 005 712	„		Fluorieren araliphatischer Verbindungen		31. 8. 32	36, I, 876

Lfde. Nr.	Patent-Nr.	Patentinhaber		Patent-Überschrift	Patentbeginn oder Priorität	Ref. im Chem. Zentralbl.
83	2 005 713	Kinetic	k	Fluorieren aliphatischer Verbindungen	2. 2. 33	36, I, 876
84	2 006 010	Standard Oil of Indiana				nicht ref.
85	2 009 454	Edeleanu G.m.b.H.		Abscheidung v. festem Paraffin aus KWKW-ölen D.	3. 11. 31 4. 11. 30	32, II, 1400
86	2 013 030	Du Pont		Fluorieren organischer Verbindungen (erloschen)	10. 9. 32	36, I, 2629
87	2 013 035	Du Pont		Fluorieren aliphatischer wie aromatischer Verbindungen	9. 6. 33	36, I, 2629
88	2 013 050	General Motors Corp.	k	Herst. aliphatischer Fluorhalogenverbdgn.	26. 6. 31	36, I, 2630
89	2 013 062	Frigidaire Corp.	k	Herst. aliphatischer Fluorhalogenverbdgn.	26. 2. 31	36, I, 2826
90	2 016 495	I. G.		Herst. von wasserunlöslichen Azofarbstoffen D.	23. 6. 33 24. 6. 33	35, I, 3602
91	2 018 397	Du Pont		Herst. von wasserfreiem Fluorwasserstoff	13. 8. 33	36, I, 1477
92	2 023 590	Du Pont		Herst. von wasserunlösl. Azofarbstoffen	27. 7. 33	36, I, 2839
93	2 023 591	Du Pont		Herst. von wasserunlösl. Azofarbstoffen	4. 8. 33	36, I, 2339
94	2 024 008	General Motors Corp.		Herst. von Antimontrifluorid	26. 2. 31	36, I, 4345
95	2 024 095	Kinetic	k	Fluorieren azyklischer, halogenierter KWKW.	20. 6. 33	36, I, 4211
96	2 031 651	Du Pont		Herst. von Azofarbstoffen	27 7. 33	36, I, 4626
97	2 035 541	General Motors Corp.	k	Absorptionsflüssigkeiten	20. 5. 31	36, II, 1215
98 bis 103	2 040 894 bis 2 040 899	G. F. Zellhöfer	k	Kältemischung	11. 12. 34	36, II, 1215
103	2 040 899	„	k	Kältemischung	11. 12. 34	36, II, 1215
104	2 040 900	„	k	Kältemischung	18. 4. 35	36, II, 1215
bis 108	bis 2 040 904		k	Kältemischung	18. 4. 35	36, II, 1215
109 bis 114	2 040 906 bis 2 040 911	„	k	Kältemischung	3. 5. 35	36, II, 1215
114	2 040 911	„	k	Kältemischung	3. 5. 35	36, II, 1215
115	2 040 912	„	k	Kältemischung	29. 7. 35	36, II, 1215

116	2 050 075	Abbott Laboratories		Quecksilberverbdgn. von Benzotrifluorid oder dessen Substit.-produkten	18. 10. 33	37, I, 1192
117	2 056 787	General Motors Corp.		Herst. von Zellulosederivatzubereitungen	30. 1. 31	37, I, 1332
118	2 058 453	Kinetic	k	Fluorieren von aliphatischen KWKW.	7. 10. 33	37, I, 3714
119	2 061 186	Du Pont		Fluorhaltige indigoide Küpenfarbstoffe	6. 12. 33	37, I, 2878
120	2 061 200	Du Pont		Fluorsubstituierte indigoide Farbstoffe	3. 4. 33	37, I, 2879
121	2 062 743	Kinetic	k	Fluorieren organischer Verbindungen	12. 6. 35	37, I, 4557
122	2 063 979	Westinghouse Electric & Mfg. Co.		Elektrischer Isolierstoff	23. 3. 35	37, I, 4837
123	2 066 905	„	k	Halogenieren von Dimethyläther	23. 3. 35	37, I, 3529
124	2 082 161	General Motors Corp.	k	Aliphatische Fluorkohlenwasserstoffe	30. 1. 31	37, II, 2432
125	2 084 950	Du Pont	k	Fluorierte Kohlenwasserstoffverbindungen	26. 3. 35	37, II, 3077
126	2 085 736	Du Pont		Triarylmethanfarbstoffe u. Thiazinfarbstoffe und Zwischenprodukte	6. 12. 33	37, II, 4110
127	2 088 048	H. B. Bishop		Wasserfreie Flußsäure	30. 7. 32	37, II, 3932
128	2 090 772	Standard Oil Development Co.	k	Fluorierte organische Verbindungen	17. 3. 33	37, II, 4269
129	2 110 369	I. C. I.	k	Fluorverbdgn. niedrigmolekularer aliphatischer KWKW.	21. 12. 36	38, II, 174
130	2 118 901	I. G.	k	Fluorkohlenwasserstoffe (s. Nr. 29) D.	6. 6. 34	37, I, 3714 Frdl. 23, 80
131	2 120 559	Philadelphia & Reading Coal & Iron Co.	k	Kältemischung	20. 4. 37	38, II, 3436
132	2 163 104	Du Pont		Insektizides Mittel	17. 12. 36	40, I, 1932
133	2 174 518	Kinetic		Isolierflüssigkeit	24. 11. 33	40, I, 2041
134	2 179 605	V. Leonard		Herst. von Pikrylfluorid	2. 2. 37	40, I, 2112
135	2 186 916	Standard Oil Development Co.	k	Schmierölverbesserungsmittel	11. 1. 34	40, II, 1100
136	2 186 917	„	k	Schmierölverbesserungsmittel	11. 1. 34	40, II, 1100
137	2 192 143	Kinetic	k	Fluorierungsverfahren	7. 5. 38	42, I, 418
138	2 194 927	Du Pont		Monoazofarbstoffe	31. 12. 37	42, I, 1307
139	2 213 740	Eastman Kodak Co.		Azofarbstoffe	18. 7. 39	41, I, 2727

Lfde. Nr.	Patent-Nr.	Patentinhaber	Patent-Überschrift	Patentbeginn oder Priorität	Ref. im Chem. Zentralbl.
140	2 220 713	Universal Oil Products Co.	Alkylfluoride und Cykloalkylfluoride	25. 2. 38	41, I, 3286
141	2 230 654	Kinetic	Tetrafluoraethylen-polymerisat	1. 7. 39	41, II, 2146
142	2 238 242	Du Pont	Araliphatische Fluorverbindungen	24. 6. 39	42, I, 2328
143	2 254 469	Ditto Inc.	Nichtbrennbare Lösungsmittel	5. 12. 38	42, II,
144	2 393 967	Du Pont	Polytetrafluoraethylen	5. 2. 46	47, 392
145	2 394 243	„	Tetrafluoraethylen-Verformung	?	47, 392
146	2 396 076	„	Trifluoressigsäure	15. 8. 46	
147	2 400 001	„	Poly-tetrafluoraethylenverformung	20. 9. 44	47, 398
148	2 400 094	„	Poly-tetrafluoraethylenverformung	2. 3. 44	47, 399
149	2 400 099	„	Poly-tetrafluoraethylenverformung	25. 10. 43	47, 399
150	2 400 520	Socony Vacuum Oil Co., Inc.	Katalytische Polymerisation von Monoolefinen, besonders Propylen	24. 4. 44	47, I, 114
151	2 400 521	„	Katalytische Polymerisation von Olefinen mit mehr als 3 C-Atomen	24. 4. 44	47, I, 114
152	2 400 874	Standard Oil Corp.	Abtrennung von HF oder BF_3 bei der katalytischen Kohlenwasserstoffumwandlung	6. 1. 43	47, 1061
153	2 400 875	„	Abtrennung von HF oder BF_3 bei der katalytischen Kohlenwasserstoffumwandlung	6. 1. 43	47, 1061
154	2 400 885	„	Entsalzen v. Petroleumölen mit Fluorwasserstoff	14. 7. 45	47, I, 160
155	2 400 986	„	Entsalzen v. Petroleumölen mit Fluorwasserstoff	14. 7. 45	47, I, 160
156	2 401 850	Du Pont	Herst. von Fluorkohlenwasserstoffen	1. 11. 44	47, 379
157	2 401 897	Kinetic	Herst. von Tetrafluoraethylen	4. 4. 40	47, 379
158	2 403 207	Du Pont	Polyfluorverbindungen mit Sulfonylgruppen	8. 3. 43	47, 153
159	2 403 476	Kinetic	Poly-tetrafluoraethylen	9. 7. 46	47,
160	2 403 576	American Cyanamid Co.	Herst. von Fluorazetamid	18. 4. 45	47, 382
161	2 403 714	Phillips Petroleum Co.	Entfernung der organischen Fluorverbindungen aus Kohlenwasserstoffen	11. 6. 42	47, 781

162	2 404 374	Du Pont		Herst. von vollständig halogenierten Polyfluorzykloparaffinen	23. 4. 43	47, 929
163	2 404 706	„		Fluorieren ungesättigter organischer Verbindungen mittels organischer Fluorierungsmittel	4. 10. 43	47, 379
164	2 404 817	„		Emulsionsmischpolymerisationen von asymmetrischen Dihalogen-äthylenen	19. 8. 41	47, 1714
165	2 405 008	„		Härtung von Polyvinylfluorid	21. 9. 43	47, 685
166	2 405 962	„		Polymerisieren von Äthylen, u. a. auch zusammen mit Tetrafluoräthylen	14. 3. 42	47, 276
167	2 406 127	„		Poly-tetrafluoräthylenverformung	25. 4. 44	47, 392
168	2 406 153	„		Depolymerisation von Polytetrafluoräthylen	23. 6. 44	47, 379
169	2 406 319	Sprague Electric Co.		Herstellung polymerer Halogenstyrole	19. 11. 43	47, 1799
170	2 406 339	Socony Vacuum Oil, Co.		Herst. von Phenolformaldehydharzen	30. 10. 42	47, 533
171	2 406 714	Phillips Petroleum Co.		Entfernung von Fluorverbindungen aus Kohlenwasserstoffen	11. 6. 42	46, II, 780
172	2 406 717	Monsanto Chem. Co.		Mischpolymerisate aus Vinylfluorid und Vinylestern von besonderer Lichtechtheit	8. 10. 40	47, 798
173	2 406 794	Kinetic	k	Trennung von pyrolytischen Spaltungsprodukten von Difluorchlormethan	14. 2. 45	47, 379
174	2 406 837	Du Pont		Stabilisatoren für Polyvinylfluorid	19. 11. 43	47, 798
175	2 407 129	Kinetic	k	Herst. von halogenierten aliphatischen KWKW.	14. 3. 44	47, 379
176	2 407 292	Du Pont	k	Herst. von ω-Polyhalogen-alkenyl-thiocyanaten	18. 12. 43	47, 928
177	2 407 246	Kinetic		Herst. von Fluor-chlorkohlenwasserstoffen	16. 7. 43	47, 648
178	2 407 405	Du Pont		Stabilisieren von Tetrafluoraethylen	15. 2. 43	47, 648
179	2 408 173	Phillips Petroleum Co.		Entfernung von fluorhaltigen organischen Verbindungen aus alkylierten aromatischen KWKW	26. 5. 43	47, 1729
180	2 409 274	Du Pont		Herstellung von organischen Polyfluoraethern	23. 4. 47	47, 924
181	2 409 315	„		Herst. von Fluorazetamiden	23. 4. 43	47, 383
182	2 409 372	Phillips Petroleum Co.		Entfernung von Fluorverbindungen aus Kohlenwasserstoffen	3. 1. 44	47, 781
183	2 409 859	American Cyanamid Co.		Herst. von 2-Aethyl-hexyl-fluorazetat	29. 12. 44	47, 382
184	2 409 948	Du Pont		Mischpolymerisate aus Tetrafluoraethylen und Vinylfluorid oder -chlorid	1. 3. 45	47, 798

Lfde. Nr.	Patent-Nr.	Patentinhaber	Patent-Überschrift	Patentbeginn oder Priorität	Ref. im Chem. Zentralbl.
185	2 410 775	Wingfoot Corp.	Polyvinylfluorid-Harz	22. 6. 45	47, 396
186	2 411 158	Du Pont	Herst. von gesättigten Polyfluoraethylkarbonylverbindungen		47, 1438
187	2 411 159	„	Stabiles fluorhaltiges Schmieröl	22. 7. 43	47, 1438
188	2 411 722	„	Herst. von polyhalogenierten Olefinen	10. 4. 42	47, 1031
189	2 412 220	Phillips Petroleum Co.	Entfernung v. fluorhaltigen Verbindungen aus Kohlenwasserstoffen	3. 1. 44	47, 781
190	2 412 726	„	Entfernung von Fluorwasserstoff aus Kohlenwasserstoffgemischen	16. 10. 44	47, 1061
191	2 412 960	Du Pont	Mischpolymerisate von Tetrafluoraethylen und Aethylen	19. 3. 45	47, 798
192	2 413 498	„	Formen von Polytetrafluoraethylen	6. 3. 44	47, 1419
193	2 414 706	Hooker Electrochemical Co.	Alkalitrifluorazetate	21. 1. 47	48, I, 169
194	2 414 999	Standard Oil Co. of Indiana	Veresterungsverfahren	28. 1. 47	47, 1705
195	2 415 000	„	Ester	28. 1. 47	47, 1705
196	2 416 456	Du Pont	Fluorbutadienkautschuk	27. 5. 44	47, 1044
197	2 416 607	American Cyanamid Co.	Herst. von Fluorazetamid	19. 1. 45	47, 1239
198	2 417 059	General Chemical Co.	Difluordichlormethan	11. 3. 42	48, I, 630
199	2 417 875	Phillips Petroleum Co.	Entfernung von Fluorwasserstoff	25. 3. 47	48, I, 949
200	2 418 023	„	Katalyt. Isomerisierung v. KWKW.	22. 4. 47	48, I, 949
201	2 419 008	Du Pont	Polymerisation von Vinylfluorid	19. 11. 43	47, 1127
202	2 419 009	„	Polymerisation von Vinylfluorid	19. 11. 43	47, 1127
203	2 419 010	„	Polymerisation von Vinylfluorid	19. 11. 43	47, 1127
204	2 419 185	Reichold Chemicals Inc.	Polymerisieren von Kolophonium	20. 6. 45	47, 1506
205	2 419 423	Phillips Petroleum Co.	Isomerisierung von KWKW.	22. 4. 47	48, I, 949
206	2 419 558	„	Rückgewinnung von Fluorwasserstoff	29. 4. 47	48, II,

207	2 420 222	Du Pont	Pyrolyse von polymerem Trifluorchloraethylen	6. 5. 47	48, I, 757
208	2 421 950	Universal Oil Products Co.	Polymerisation von Olefinen mit mindestens 3 C-Atomen	10. 6. 47	48, I, 957
209	2 421 951	„	Polymerisation von Olefinen	10. 6. 47	48, I 956
210	2 423 470	Du Pont	Alkylierungen mittels HF	8. 7. 47	49, I, 931
211	2 426 841	Socony Vacuum Oil Co., Inc.	Rückgewinnung von Fluorwasserstoff	2. 9. 47	48, II, 111
212	2 427 293	„	Alkylierungen von KWKW.	9. 9. 47	48, II, 444
213	2 428 741	„	Umwandlung von KWKW.	7. 10. 47	48, II,
214	2 434 040	„	Wiedergewinnung von Fluorwasserstoff	6. 1. 48	48, II, 894
215	2 436 143	Du Pont	Herst. von Fluoralkanen	16. 7. 46	49, I, 1296
216	2 436 357	Hooker Elektrochemical Co.	Fluorierung von Hexachlorbutadien	14. 5. 45	49, I, 1295
217	2 436 777	The Dow Chemical Co.	Organofluorsilane	30. 5. 45	48, II, 773
218	2 437 148	Du Pont	Fluorwasserstoffanlagerung an Azetylene	1. 11. 44	49, I, 12
219	2 438 565	Universal Oil Products Co.	Reinigung von KWKW.	26. 10. 45	49, I, 929
220	2 439 299	Phillips Petroleum Co.	Herst. von Fluorhalogen-KWKW.	26. 7. 46	49, I, 243
221	2 439 505	American Viscose Corp.	Perfluorierte Acrylonitrile	28. 6. 46	49, I, 7334
222	2 440 090	Du Pont	Herst. und Polymerisation von Acryl- und Methacrylsre.-fluoriden	10. 5. 44	48, II, 1460
223	2 440 222	Du Pont	Depolymerisation von Trifluorchloraethylen	6. 5. 47	48, II, 1820
224	2 440 477	Universal Oil Products Co.	Synthetische trocknende Öle	29. 11. 43	49, I, 1175
225	2 442 993	Du Pont	Dehydrofluorierung von Polyfluoralkanen	5. 9. 46	49, I, 1037
226	2 442 995	Du Pont	Herst. von Difluoressigsäure	7. 3. 46	49, I, 1040
227	2 443 003	Du Pont	Organ. Fluor-Schwefel-verbdgn.	11. 12. 44	48, II, 712
228	2 443 630	Purdue Research Foundation	Fluorierung von Tetrachlorkohlenstoff	10. 8. 43	48, II, 1126
229	2 446 251	U. S. Atomic Energy Comm.	Rohrverbindungsmasse für Fluorleitungsrohre	13. 5. 42	49, II, 346
230	2 448 620	Phillips Petroleum Co.	Wiedergewinnung von Fluorwasserstoff	17. 7. 44	49, I, 929
231	2 448 978	Du Pont	Mischpolymerisationen (Teflon)	14. 12. 44	49, I, 1059

Lfde. Nr.	Patent-Nr.	Patentinhaber	Patent-Überschrift	Patentbeginn oder Priorität	Ref. im Chem. Zentralbl.
232	2 449 114	Gebauer Chemical Co.	Schmiermittel	25. 10. 44	49, I, 1439
233	2 449 233	Hooker Electrochemical Co.	Fluorierung zyklischer KWKW.	8. 1. 46	49, II, 184
234	2 449 463	Standard Oil	Alkylierungen	29. 6. 45	49, I, 822
235	2 449 671	Kinetic	Pyrethrumpräparate	30. 7. 43	49, I, 828
236	2 452 944	Purdue Research Foundation	Herst. von Fluoräthern	28. 11. 44	49, II, 356
	Belgisches Patent				
237	417 441	I. G.	Organische, Fluor enthaltende Verbindungen D.	14. 9. 36 20. 9. 35	37, II, 3952
	Canadische Patente				
238	286 179	K. Fredenhagen und B. Helferich	Abbau von Polysacchariden	14. 3. 28	32, I, 1439
239	353 775	Canadian Industries Ltd. k	Herst. von azyklischen Fluorkohlenwasserstoffen F.	22. 7. 31	33, II, 605
240	368 355	Canadian General Electric Co.	Elektrischer Isolierstoff	18. 9. 35	38, I, 677
241	380 798	Aluminium Comp. of America	Insektizid	25. 2. 37	39, II, 2369
242	449 650	Dominium Rubber Co.	Wiedergewinnung von Fluorsulfonsäure	6. 5. 48	49, I, 1006
243	449 652	„ „	Herst. von Bis-(Chlorphenyl)-trichloraethan	2. 6. 48	49, I,
	Dänisches Patent				
244	46 254	Frigidaire Corp. k	Kälteerzeugung A.	1. 7. 30 8. 2. 30	34, I, 1682
	Englische Patente				
245	284 643	Schering-Kahlbaum A. G.	Das Wachstum von Hefe und Bakterien hindernde Mittel D.	1. 2. 28 2. 2. 27	30, II, 1112

246	361 097	I. G.		Herst. von in Wasser unlösl. Azofarbstoffen		7. 11. 30	32, I, 1445 Frdl. 19, 1625
247	365 165	I. C. I.		Herst. von Fluoraminoanthrachinonen		16. 10. 30	33, I, 3499
248	373 424	I. G.		Herst. wasserfreier Flußsäure		24. 9. 30	32, II, 385
249	373 538	Edeleanu G.m.b.H.		Abscheidung von festem Paraffin aus KW-ölen	D.	4. 11. 31 4. 11. 30	32, II, 1400
250	378 324	Frigidaire Corp.	k	Darst. von Halogenfluorsubstitutionsprodukten aliphatischer KWKW.	A.	25. 1. 32 30. 1. 31	33, II, 1583
251	387 614	I. G.		Gewinnung von reinem Fluorwasserstoff	D.	31. 8. 32 2. 9. 31	33, I, 3229
252	389 619	Frigidaire Corp.	k	Fluorieren	A.	29. 1. 32 30. 1. 31	33, II, 131
253	390 191	Du Pont	k	Herst. von azyklischen Fluor-KWKW.	A.	22. 7. 31 23. 7. 30	33, II, 605
254	404 794	I. G.		Herst. von Azofarbstoffen	D.	25. 11. 31	34, I, 1114
255	405 144	I. G.		Herst. wasserunlösl. Azofarbstoffe	D.	12. 4. 32	34, I, 295 Frdl. 20, 1099
256	406 284	Du Pont		Herst. von Alkylfluoriden		19. 8. 32	34, II, 132
257	425 324	Westinghouse Electric & Mfg. Co.	k	Isolier- und Kühlflüssigkeit	A.	30. 9. 33 8. 10. 32	35, II, 1228
258	428 361	Kinetic	k	Fluorierung aliphatischer und araliphat. halogenierter Kohlenwasserstoffe	A.	9. 8. 33 10./21. 8. 32	35, I, 2255
259	429 521	Du Pont	k	Fluorieren organischer Verbindungen		10. 9. 32	36, I, 2629
260	429 591	„	k	Herst. organischer Fluorverbindungen	A.	28. 8. 33 10. 9. 32	35, II, 3579
261	440 207	I. G.		Herst. von wasserunlöslichen Azofarbstoffen	D.	23. 6. 34 23. 6. 33	35, I, 3602
262	441 543	Canadian Industries Ltd.		Elektrische Isolierung		20. 5. 47	48, I, 261
263	443 340	British Thomson-Houston Co. Ltd.		Herst. von fluoriertem Paraffinwachs	A.	29. 7. 35 28. 7. 34	36, II, 663
264	452 579	I. G.		Herst. von fluorierten organischen Verbdgn.	D.	25. 2. 35 25. 2. 34	36, I, 1310 Frdl. 22, 1360

Lfde. Nr.	Patent-Nr.	Patentinhaber		Patent-Überschrift	Patentbeginn oder Priorität	Ref. im Chem. Zentralbl.
265	452 656	I. G.		Fluorieren organischer Verbindungen D.	25. 2. 35 27. 2. 34	35, II, 3829
266	459 881	I. G.		Aromatische Säureamide mit Trichlormethylgruppe D.	27. 4. 36 27. 4. 35	37, I, 3411
267	459 890	I. G.		Die Trifluormethylgruppen enthalten aromat. Amine	18. 7. 35	37, II, 863
268	463 970	I. C. I.	k	Fluorierte Methane	8. 10. 35	37, II, 1445
269	465 885	I. G.		Halogenverbdgn. des o-Dimethylbenzols D.	15. 11. 35 25. 10. 35	37, II, 3076
270	466 007	I. G.		Trifluormethylbenzaldehyde D.	20. 11. 35 25. 10. 35	38, II, 2350
271	466 509	I. G.	k	Aliphatische Fluorverbindungen D.	29. 11. 35 30. 11. 34	36, II, 864 Frdl. 23, 33
272	468 447	I. C. I.	k	Fluorverbindungen aliphatischer KWKW.	3. 1. 36	37, II, 2900
273	469 421	I. G.	k	Fluorkohlenwasserstoffe D. 20. 10./17. 11.	1. 10. 34 33/6. 6. 34	37, I, 3714 Frdl. 23, 80
274	473 974					
275	505 084	I. G.		Monoazofarbstoffe D.	27. 10. 37 19. 10. 37	39, II, 4100
276	527 042	Westinghouse Electric & Mfg. Co.		Schalter mit Lichtbogenlöschung durch strömendes Druckgas A.	29. 3. 39 29. 3. 38	42, II, 1276
277	537 010	V. Leonard		Herst. von Pikrylfluorid A.	2. 10. 39 2. 2. 37	40, I, 2112
278	570 941	American Vis.		Vinyliden-fluorid-chlorid	30. 7. 45	48, I, 953
279	581 666	I. C. I.		Antimontrifluorid-Herst.	21. 10. 46	47, 1692
280	583 874	Du Pont		Gesättigte Polyfluorverbindungen	1. 1. 47	48, I, 275
281	585 396	Du Pont		Teflonanwendung	6. 2. 47	48, II,
282	589 197	Du Pont		Vinylfluoracetate und deren Polymere	13. 6. 47	48, II, 1460
283	600 296	I. C. I.		Vinylfluoride	5. 4. 48	49, I, 1037
284	601 556	I. C. I.		Halogenierung organ. Fluorvbdn.	10. 5. 48	49, I, 1296
285	603 855	I. C. I.		Vinylfluoride, 2-Fluor-1,3-butadien und 1,1-Difluoraethan	24. 6. 48	49, II, 365

Französische Patente

286 Zus. zu 294	43 399	I. G.		Wasserunlösliche Azofarbstoffe D.	10. 4. 33 12. 4. 32	34, I, 295
287 Zus. zu 292	43 972	Kinetic	k	Fluorierung aliphat. und araliph. halogenierter KWKW. A.	9. 8. 33 10./21. 8. 32	35, I, 2255
288 Zus. zu 292	46 349	Kinetic	k	Herst. hochfluorierter aliphatischer KWKW.	17. 6. 35	36, II, 3358
289	701 324	Frigidaire Corp.	k	Herst. von fluorierten KWKW. A.	30. 7. 30 5. 4. 30	31, II, 120
290	708 139	I. G.		Herst. von kieselsäurearmer Fluorwasserstoffsäure	19. 12. 30	31, II, 1734
291	711 393	I. G.		Verzuckerung von Holz D.	17. 2. 31 17. 3. 30	31, II, 3678
292	720 474	Kinetic	k	Herst. v. Fluorverbdgn. aliphatischer KWKW. A.	11. 7. 31 20. 9. 30	32, II, 1832 Frdl. 19, 958
293	720 589	„	k	Herst. von Antimontrifluorid A.	24. 7. 31 18. 2. 31	32, I, 2879
294	723 861	I. G.		Herst. in Wasser unlösl. Azofarbstoffe E.	10. 10. 31 7. 11. 30	32, I, 1445
295	726 032	Edeleanu G.m.b.H.		Abscheidung von festem Paraffin aus KW-ölen D.	4. 11. 31 4. 11. 30	32, II, 1400
296	730 370	Frigidaire Corp.	k	Darst. v. Halogenfluorsubstitutionsprodukten aliphatischer KWKW. A.	23. 1. 32 30. 1./10. 4. 31	33, II, 1583
297	730 874	Du Pont	k	Herst. einer Sb, F und ein anderes Halg. enth.	25. 1. 32	33, II, 605
298	732 320	Frigidaire		Herst. v. azyklischen Fluorkohlenwasserstoffen A. Verbdg. A. 29. 1./9. 2./5. 6. 31	22. 7. 31 23. 7. 30	32, II, 3457
299	735 020	O. Th. Krefft		Einführung der Aminogruppe D.	12. 4. 32 4. 5. 31	33, I, 1515
300	741 966	I. G.		Gewinnung von reinem Fluorwasserstoff D.	1. 9. 32 2. 9. 31	33, I, 3229
301	745 293	I. G.		Darst. von ω-Trifluormethylsubstitutionsprodd. aromat KWKW. und ihrer Derivate D.	9. 11. 32 9. 11. 31	33, II, 2061

Lfde. Nr.	Patent Nr.	Patentinhaber	Patent-Überschrift	Patent-beginn oder Priorität	Ref. im Chem. Zentralbl.
302	746 410	I. G.	Herst. von Azofarbstoffen D.	25. 11. 32 25. 11. 31	34, I, 1114
303	761 505	Westinghouse Electric & Mfg. Co.	Isolier- und Kühlflüssigkeit für elektrische Apparate A.	3. 10. 33 8. 10. 32	35, I, 120
304	774 910	I. G.	Herst. von wasserunlöslichen Azofarbstoffen D.	23. 6. 34 23. 6. 33	35, I, 3602
305	780 057	I. G.	Herst. von Halogenalkylen aus Olefinen D. 20. 10./17. 11. 33/6. 6. 34	17. 10. 34	35, II, 1444
306	782 140	A. C. Malzac	Feuerlöschmittel	24. 2. 34	35, II, 3806
307	784 364	I. G.	Herst. von wasserunlöslichen Azofarbstoffen D.	19. 1. 35 19. 1. 34	36, I, 1125
308	786 112	I. G.	Herst. von fluorierten organischen Verbindgn. D.	25. 2. 34 25. 2. 35	36, I, 1310
309	786 123	I. G.	Fluorieren organischer Verbindungen D.	25. 2. 35 26. 2. 34	35, II, 3829 Frdl. 24, 141
310	792 265	Comp. Franc. p. l'Exploitation des Procédés Thomson-Houston	Elektrisches Isoliermittel A.	9. 7. 35 28. 7. 34	36, I, 2985
311	795 922	I. G.	Darst. von Aminotrifluormethylarylsulfonsäur. D.	3. 10. 35 3. 10. 34	36, II, 1066
312	796 026	I. G.	Polymerisieren von Vinylhalogeniden D.	7. 10. 35 6. 10. 34	36, II, 2024
313	798 421	I. G. k	Aliphatische Fluorverbindungen D.	29. 11. 35 29. 11. 34	36, II, 864
314	799 432	I. G. k	Herst. florierter organischer Verbindungen	13. 3. 35	36, II, 3194
315	800 303	I. G.	Pflanzenschutzmittel	9. 4. 35	37, I, 1512
316	800 343	I. G.	Nitroverbdgn. substituierter Benzotrifluoride D.	3. 1. 36 3. 1. 35	36, II, 2612
317	802 173	I. G.	Herst. in Wasser unlöslicher Azofarbstoffe D.	11. 10. 30	32, I, 1445 Frdl. 19, 1625

Nr.	Patent	Inhaber	Titel	Datum	Zitat
318	805 492	I. G.	Die Trichlormethylgruppe enthalt. aromat. Säureamide D.	27. 4. 36 27. 4. 35	37. I, 3411
319	805 704	I. G.	Trifluormethylierte aromatische Amine	27. 4. 36	37, I, 4560
320	806 576	Edeleanu GmbH.	Behandlung von Mineralölen mit Lösungsmitteln A.	18. 5. 36 22. 5. 35	37, I, 3260
321	806 702	„	Raffinieren von Mineralölen mit Fluorverbindungen A.	23. 5. 36 23. 5. 35	37, I, 3260
322	807 671	Carrier Continentale	Kälteerzeugung	16. 6. 36	37, II, 828
323	807 769	I. G.	Dialkylaminophosphorfluoride D.	1. 7. 36 2. 7. 35	37, I, 4550
324	809 301	I. G.	Herst. aromat., in der Seitenkette fluorierter Verbindungen D.	8. 8. 36 8. 8. 35	37, I, 4863 Frdl. 24, 140
325	809 641	I. G.	Trifluormethyl-phenyl-sulfonsäuren D.	17. 8. 36 17. 8. 35	37, I, 4561
326	812 531	I. G.	Halogenverbindungen des o-Dimethylbenzols D.	26. 10. 36 25. 10. 35	37, II, 3076
327	812 532	I. G.	Trifluormethylbenzaldehyde D.	26. 10. 36 25. 10. 35	38, II, 2350
328	820 795	I. G.	Trifluormethylgruppen enthaltende Benzolcarbonsäurefluoride D.	19. 4. 37 18. 4. 36	38, I, 1661
329	820 796	I. G.	Trifluormethylphenylsulfone D.	19. 4. 37 18. 4. 36	38, I, 1876
330	844 916	I. G.	Monoazofarbstoffe D.	19. 10. 38 19. 10. 37	39, II, 4100
331	846 406	I. G.	Schützen von Kunstseide und Zellwolle gegen Insektenfraß D.	21. 11. 38 25. 11. 37	41, I, 2473
	Italienische Patente				
332	343 035	Soc. Anon. Processi Privative Industriali	Fluorieren organischer Oxyverbindungen	15. 6. 36	37, II, 2432
333	350 412	„	Wasserfreies Berylliumfluorid	17. 4. 37	39, II, 1735
334	386 239	C. Randaccio	Herstellung von Fluoriden	22. 11. 40	42, II, 2189
335	389 391	I. G.	Wasserlösl. Derivate der Leukoverbindungen von 3,3′-Di-trifluormethyl-anthrachinon-1.2; 1′-azin D.	28. 7. 41 30. 7. 40	43, I, 215

Lfde. Nr.	Patent-Nr.	Patentinhaber		Patent-Überschrift	Patentbeginn oder Priorität	Ref. im Chem. Zentralbl.
	Österreichische Patente					
336	129 735	I. G.		Herst. in Wasser unlöslicher Azofarbstoffe D.	10. 10. 31 11. 10. 30	32, I, 1445
337 Zus. zu 336	136 379	I. G.		Wasserunlösliche Azofarbstoffe D.	11. 4. 33 12. 4. 32	34, I, 295
	Russische Patente					
338	30 268	W. S. Jatlow		Zerlegung des bei der Behandlung von Flußspat mit $H_2S\ O_4$ erhaltenen Gasgemisches aus HF und SiF_4	29. 5. 32	34, I, 747
339	36 392	I. G. Riss und W. S. Jatlow		Trennen von Fluorwasserstoff und Siliziumfluorid	20. 10. 33	35, II, 1762
340	43 468	A. N. Katschulkow		Reinigung von Fluorwasserstoffgas	14. 12. 33	36, I, 1078
341	45 596	T. D. Awerbuch u. N. I. Chaidukow		Fluorwasserstoff	7. 10. 35	36, II, 523
342	51 582	A. G. Oschujew u. O. W. Illinskaja	k	Darst. von Difluordichlormethan	26. 10. 36	38, II, 412
343 Zus. zu 342	51 583	A. G. Oschujew	k	Darst. von organischen Fluorverbindungen	14. 2. 37	38, II, 412
	Schwedisches Patent					
344	70 253	I. G.		Herst. von Umwandlungsprodukten aus Polysacchariden D.	14. 3. 28 14. 3. 27	32, II, 1990
	Schweizer Patente					
345	155 781	I. G.		Herst. in Wasser unlöslicher Azofarbstoffe D.	3. 11. 30 11. 10. 30	32, I, 1445
346	159 314	I. G.		„ „	„	„

347	159 315	I. G.	„ „	„	„
348	159 316	I. G.	„ „	„	„
349	159 317	I. G.	„ „	„	„
350	159 318	I. G.	„ „	„	„
351	159 319	I. G.	„ „	„	„
352	159 320	I. G.	„ „	„	„
353	159 321	I. G.	„ „	„	„
354	163 897	I. G.	Herst. von Azofarbstoffen	24. 11. 32 D. 25. 11. 31	34, I, 1114
355	166 660	I. G.	„ „	„	„
356	166 661	I. G.	„ „	„	„
357	166 662	I. G.	„ „	„	„
358	166 663	I. G.	„ „	„	„
359	167 388	I. G.	„ „	„	„
360	167 389	I. G.	„ „	„	„
361	172 361	I. G.	Herst. von o-Aminoarylalkylsulfonen	25. 8. 33 D. 24. 8. 32	35, I, 1935
362	174 653	I. G.	Herst. von wasserunlösl. Azofarbstoffen	24. 6. 34 D. 24. 6. 33	35, I, 3602
363 Zus. zu 313	177 819	I. G.	Herst. des 4-Trifluormethyl-2-aminophenyl-methylsulfons	7. 8. 33 D. 24. 8. 32	36, I, 3409
364	178 948	I. G.	Herst. von wasserunlösl. Azofarbstoffen	23. 6. 34 D. 24. 6. 33	35, I, 3602
365	178 949	I. G.	Herst. von wasserunlösl. Azofarbstoffen	23. 6. 34 D. 24. 6. 33	35, I, 3602
366	182 720	Ciba	Herst. eines Azofarbstoffes	22. 5. 35	36, II, 3202
367	183 448	I. G.	Fluorieren organischer Verbindungen	25. 2. 35 D. 27. 2. 34	35, II, 3829

Tschechische Patente

368	47 940	I. G.	Herst. von o-Aminoarylalkylsulfonen	24. 2. 33 D. 24. 8. 32	35, I, 1935
369	51 220	V. Horak	Trifluordiphenyl zur Holzimprägnierung	29. 4. 32	35, II, 3864

2. Wissenschaftliches Schrifttum

a) Bücher

Bockemüller, W., Organische Fluorverbindungen. Sammlung chem.-techn. Vorträge. Neue Folge, Heft 28 (Stuttgart 1936).

Plank, R. und J. Kuprianoff, Haushaltkältemaschinen und kleingewerbliche Kühlanlagen, 3. Aufl. (Berlin 1942).

Pohlmann, W., Taschenbuch für Kältetechniker, 11. Aufl. (Berlin 1939).

Ruff, O., Die Chemie des Fluors (Berlin 1920).

Sartori, M., Die Chemie der Kampfstoffe. Aus d. Italien. übersetzt von H. Klumb (Braunschweig 1940).

Schiemann, G., Die Chemie der natürlichen und künstlichen organischen Farbstoffe. (Leipzig 1936).

Swietoslawski, W., Thermochemie. Handb. d. allgem. Chemie, Band 7 (Leipzig 1928)

b) Zusammenfassende Arbeiten

Bigelow, L. A., Die Einwirkung von elementarem Fluor auf organische Verbindungen. Chem. Reviews **40**, 51 (1948), C **1948**, II, 580.

Bockemüller, W., Die Einführung von Fluor in organische Körper. Angew. Chem. **53**, 419 (1940).

Gundersen, E., Ueber organische Fluorverbindungen. Tidskr. Kjemi, Bergoes. Metallurgi **7**, 124 (1947), C **1948**, II, 1281.

Mayor, Y., Die organischen Fluorverbindungen. Rev. chim. ind. **49**, 2, 30, 64 (1940).

Plank, R., Die Fluor-Chlor-Derivate gesättigter Kohlenwasserstoffe und ihre technische Verwendbarkeit. Beih.Z.V.D.Ch. **44** (1942).

Scherer, O., Ueber organische Fluorverbindungen. Angew. Chem. **52**, 457 (1939).

Schiemann, G., Die aromatischen Fluorverbindungen. Habil. Schrift (Hannover 1929). Auszugsw. Chem. Ztg. **54**, 269, 291 (1930).

—.— Das Borfluoridverfahren zur Darstellung aromatischer Fluorverbindungen. J. prakt. Chem. (2) **140**, 97 (1934). Vergl. auch A. Roe, Anm. S. 102.

Seger, G., Die thermischen Eigenschaften aller Fluor-Chlor-Derivate des Methans. Beih.Z.V.D.Ch. **43** (1942).

Swarts, F., Beitrag zur Kenntnis der organischen Fluorverbindungen. Mem. cour. autr. mem. publ. Acad. roy. Belg. **61**, 1 (1901), C. **1903**, I, 11.

—.— Das Fluor in seinen organischen Verbindungen. Bull. Soc. Chim. Belg. **21**, 278 (1907), C **1907**, II, 1488.

—.— Ueber einige aromatische Fluorverbindungen. Bull. Acad. roy. Belg. Cl. sci. **1913**, 241, C. **1913**, II, 760.

—.— Ueber die katalytische Hydrierung organischer Fluorderivate. Bull. Acad. roy. Belg. Cl. sci. **1920**, 399, C. **1921**, III, 32.

Wiechert, K., Organisch-chemische Umsetzungen in wasserfreiem Fluorwasserstoff. Mitt. Bez. Verb. Berlin V. D. Ch. **1942**, Nr. 5.

—.— Verwendung von Fluorwasserstoff für organisch-chemische Reaktionen. Angew. Chem. (neue Folge) **56**, 333 (1949).

„C" bedeutet: Referiert im Chem. Zbl.

c) Medizinische Arbeiten über pharmazeutisch verwendete Fluorverbindungen

Briess, A., Wien. med. Presse **1907**, Nr. 8.
Casterra, H., Dtsch. Gesundh.wesen **2**, Nr. 22, 704 (1947).
Fischl, Ber. Ver. dtsch. Aerzte (Prag 1900).
Freudenberg, Frauenarzt **1899**, H. 6.
Fürst, L., Wien. med. Presse **1902**, Nr. 47.
Heim, M., Berlin. klin. Wschr. **1899**, Nr. 50.
Hodenberg, v., Dtsch. med. Wschr. **67**, 706 (1941).
Kraft, K., Z. physiol. Chem. **245**, 58 (1936).
Krauss, H., Aerztl. Rdsch. **1912**, Nr. 20.
Krauss, E. und A. Bass, Allg. Wien. med. Ztg. **44**, 1 (1900).
Litzka, G., Klin. Wschr. **15**, 1568 (1936); Dtsch. med. Wschr. **1937**, 1037; Arch. exper. Path. **183**, 427 (1936); Z. ges. exper. Med. **99**, 518 (1936); Z. klin. Med. **131**, 791 (1937).
May, W., Klin. Wschr. **16**, 562 (1937); Verh. dtsch. Ges. inn. Med. **1937**, 347.
Meitner, W., Reichsmed. Anz. **1902**, Nr. 24/25; **1903**, Nr. 14; Allg. med. Ztg. **1902**, Nr. 87.
Niedner, K., Z. Krebsforschung **51**, 159 (1941).
Timm, P., Dermatol. Z. **1897**, H. 5.
Tischer, W. und A. Beddies, Aerztl. Rdsch. **1898**, Nr. 48/49.
Vehmeyer, Allg. med. Ztg. **1899**, Nr. 66.
Wilson, R. H. und F. de Eds, Endocrinology **26**, 851 (1940).
Wolffberg, Wschr. Ther. Hygien. (Augen) **1899**, Nr. 50.

d) Chemische Einzelarbeiten zu den Kapiteln des Textes

Zur Einleitung:

Anderson, H. H., Am. Soc. **69**, 2495 (1947) C **1948**, II, 584. Phosphorfluor-isozyanat u. Phosphor-difluor-isozyanat aus Phosphortriisozyanat mit Antimontrifluorid unter Erhitzen. Die farblosen Flüssigkeiten zeigen stechenden Geruch und reizen zu Tränen.
Mc. Bee, E. T. und J. H. Simons, Ind. engin. Chem. **39**, 241 (1947). Nomenklaturvorschläge.
Grimm, H. G. und H. Wolff, Handbuch der Physik, 2. Aufl. Bd. **24**, II, 1003 (1933). C-Halg.-Trennungsarbeit.
Grosse, A. V. und G. H. Cady, Ind. engin. Chem. **39, 367 (1947).**
Jones, R. G., Am. Soc. **69, 2346** (1947), C **1949**, I, 376. Erklärung der tiefen Schmelzpunkte in o-trifluormethyl-substituierten Phenolen und Anilinen durch H-Brückenbildung.
Klemm, Li., W. Klemm und G. Schiemann, Z. physik. Chem. (A) **165**, 380 (1933) Atomvolumina.

Zu Kapitel 2 und 3:

Brown, J. H. und W. B. Whalley, J. Soc. Chem. Ind. **67**, 331 (1948), C **1949**, I, 1234. Unkatalysierte Fluorierungen mit Fluorwasserstoff in besonderer Apparatur.
Pearlson, W. H., T. J. Brice und J. H. Simons, Am. Soc. **67**, **1769** (1945), C **1947**, 187. Organische Fluorsilane.

Zu Kapitel 4:

Babcock, J. H., W. S. Beanblossom und B. H. Wojcik, Ind. engin. Chem. **39**, 314 (1947), C **1947**, 584. Fluorierte n-Heptane.

Henne, A. L. und Th. Midgley, Am. Soc. **58,** 884 (1936), C **1936,** II, 2523. HgF_2 als Fluorierungsmittel.

Moles, E. und T. Batuecas, J. Chim. physique **17,** 54 (1916); **29, 53, 69** (1932); Nature **128,** 966 (1939). Methylfluoriddarstellung.

Patterson, H. S., R. Whytlow-Gray und W. Cawood, Nature **129,** 245 (1932); Soc. London **1932,** 2180. Vergl. B **66,** A, (1933). Methylfluoriddarstellung.

Ray, P. C., P. B. Barker und Anit Ray, Nature **132,** 173 (1933); **132,** 749 (1934), C **1934,** I, 1031; II, 3373. Thalliumfluorid als Fluorüberträger.

Zu Kapitel 6:

Booth, H. S. und P. E. Burchfield, Am. Soc. **57,** 2070 (1935), C **1936,** I, 2073. Trifluorazeton, F_3C-CO-CH_3.

Henne, A. L. und D. M. Hubbard, Am. Soc. **58,** 404 (1936) C. **1936, I,** 1642.

—.— und E. C. Ladd, Am. Soc. **58,** 402 (1936), C **1936,** I, 4141. SbF_3 für Aethan- und Aethylen-fluorverbindungen.

Zu Kapitel 7:

Booth, H. S. und C. F. Swinehart, Am. Soc. **57,** 1333 (1935); aus C. **1935,** II, 2348 sind die wiedergegebenen Auffassungen nicht ersichtlich; vergl. auch Am. Soc. **54,** 4751 (1932).

Ruff, O. und A. Bahlau, B **42,** 4021 (1909). Antimondoppelhalogenide. B **51,** 1752 (1918). Vergl. auch Ruff, O., Graf, H., Heller, W. und M. Knoch, B **39,** 4323 (1909). $SbF_3 . SbF_5$ als Doppelsalz.

Swarts, F., Bull. Acad. Roy. Belg. **24,** 309 (1892). Vergl. B **26,** R 291 (1893). Antimontrifluorid mit Katalysator Brom oder Antimonpentahalogenid.

Zu Kapitel 8:

Fowler, R. D., Burford, W. B., Anderson, H. C., Hamilton, J. M. und C. E. Weber, Ind. Engin. Chem. **39,** 266 (1947), C **1947,** 631. Fluorherstellung und -handhabung; Vergl. auch die Zusammenstellung von 4 weiteren Arbeiten 13 verschiedener amerikanischer Autoren zur Fluorherstellung, Ind. engin. Chem. **39,** 243, 244—272, 281 (1947) sowie weiterer 3 Arbeiten 9 amerikanischer Autoren zur Reinigung und Aufbewahrung, ebenda S. 273—280.

Fredenhagen, K. und G. Cadenbach, B **67,** 928 (1934). Vergl. auch Nelles, J., Angew. Chem. **54,** 78 (1941), C **1947,** 584. Polyfluortrichlor-aethylen.

Henne, A. L., Am. Soc. **60,** 96 (1938); Vergl. auch Am. Soc. **58,** 1585 (1936); **67,** 1639 (1945), C **1947,** 327. Fluor und Bleidioxyd.

Miller, W. T., Am. Soc. **62,** 341 (1940), C **1940,** I, 3644. Fluor und Tetrachloräthylen bei —78 °.

—.— Calfee, J. D. und L. A. Bigelow, Am. Soc. **59,** 199 (1937), C **1937,** I, 3474. Fluor und Tetrachloräthylen bei 130 °.

—.— Dittmann, A. L., Ehrenfeld, E. L. und M. Prober, Ind. engin. Chem. **39,** 333 (1947), C **1947,** 584. Poly-fluor-trichlor-äthylen.

Osborne, S. G. und M. M. Brandegee, Ind. engin. Chem. **39,** 273 (1947), C **1947,** 287 und 2 weitere Arbeiten 6 amerikanischer Autoren — 288. Komprimierung von elementarem Fluor.

Zu Kapitel 9:

Grosse, A. v. und C. D. Linn, J. organ. Chem. **3,** 26 (1939), C **1939,** II, 833. Alkylfluoride aus Fluorwasserstoff und Olefinen.

Zu Kapitel 10:

Booth, N. S. und P. Herbert, Am. Soc. **68**, 2650 (1947), C **1948**, I, 803. Fluoräthylsilane.

Newkirk, A. E., Am. Soc. **68**, 2650 (1947), C **1947**, I, 803. Fluormethylsilane.

Steinkopf, W., Buchheim, K., Beythin, K., Dudek, H., Eisold J., Gall, J., Jaeger, P., Reumuth, H., Seemenow, A. und A. Wemme, J. prakt. Chem. (2) **117**, 1—82 (1927), C **1927**, II, 1940—1946. Fluorierte Schwefelverbindungen.

Zu Kapitel 11:

Butler, E. B., Miles, C. B., Kuhn jr., C. S., Ind. engin. Chem. **38**, 147 (1946), C **1947**, 296. Fluorwasserstoff-Paraffin-Systeme.

Fredenhagen, K., Angew. Chem. **46**, 113 (1933). Fluorwasserstoff-Zellulоselösung.

Gerhold, C. G., Iverson, A. D., Nebeck, R. C. und H. S. Newman, Trans. Am. Inst. chem. Eng. **39**, 793 (1943), C **1945**, II, 1012. Flugzeugbenzine durch Alkylierungen mittels Fluorwasserstoff.

Gibson, J. D., Cole, R. C. und M. P. Matuszak, Am. Soc. **68**, 2728 (1946). C **1948**, I, 802. Isoparaffinalkylierung mit HF

Simons, H. J., Ind. engin. Chem. **39**, 239 (1947) C **1947**, 579. Fluorwasserstoff als Kondensationsmittel und meist gebrauchtes Chemikal der organischen Chemie.

—.— und R. E. Mc Arthur, Ind. engin. Chem. **39**, 364 (1947), C **1947**, 581. Sauerstoff-Oxydationen in flüssigem Fluorwasserstoff.

—.— und Mitarb., Am. Soc. **63**, 608 (1941), C **1941**, II, 470; Vergl. auch Chem. Ztg. **1942**, 26. Fluorwasserstoff und Schwefelsäure zur Sulfonierung. Zur Nitrierung: C **1941**, II, 1384. Fluoralkyl-Untersuchungen.

Zu Kapitel 12:

Bartlett, G. R. und E. S. Guzmann Barron, J. biol. Chem. **170**, 67 (1948), C **1948**, II, 413. Einfluß von Fluoressigsäure und -azetat auf Enzyme und Gewebestoffwechsel.

Bernardi, A., Am. chim. applic. **31**, 177 (1941). Fluoride und Pflanzenwachstum.

Gryszkiewicz-Trochinoski, M. E. und J. Wnuk, Rec. trav. chim. Pays Bas **65**, 412 (1947); Zit. nach Angew. Chem. **61**, 108 (1949). Tiervergiftung mit Fluoressigsäure.

Redemann, C. E., Chaikin, S. W., Fearina, R. B., Rotariu G. J., Savis, J. und D. van Hoesen, Am. Soc. **70**, 3604 (1948), C **1949**, II, 32. Dampfdrucke von 40 organischen Fluorverbindungen.

Zu Kapitel 13:

Plank, R., Chemfa **14**, 307 (1941). Ungiftigkeit von Fluoroform.

Zu Tabelle 5:

Benning, A. F. und R. C. Mc Harness, C **1941**, II, 1844; C **1940**, I, 2145; C **1941**, I, 1534; Ind. engin. Chem. **32**, 497 (1941), C **1941**, II, 1844. Fluorierte Methanderivate.

Booth, H. S. und E. M. Bixby, Ind. engin. Chem. **24**, 637 (1932). F 21, 22, 23.

Füsser, V., Dissert. Karlsruhe 1947; C **1948**, II, 859. F 114.

Haaser, J., Froid **1942**, Nr. 16, S. 11, C **1943**, II, 754. F 115.

Locke, E. G., Brode, W. R. und A. L. Henne, Am. Soc. **56,** 1727 (1934), C **1934,** II, 2205.

Markwood jr., W. H. und W. J. Smith, Ind. engin. Chem. **32,** 976 (1941), C **1941,** I, 1534.

Osborne, D. W., Garner, G. S., Doescher, R. N. und D. M. Yost, Am. Soc. **63,** 3496 (1941).

Petrik, K., Chemfa **14,** 307 (1941).

Plank, R., Z. ges. Kälte-Ind. **39,** 133, 154 (1932). F 13 für Tiefkühlschränke.

—.— V. D. Ch.-Z. Beiheft **44,** 10 (1942). **F 23.**

—.— Chemfa **14,** 429 (1941). Hexafluoraethan (F 116) vorgeschlagen.

—.— V. D. I.-Z. **1938,** 5, 12, 14, 15, 18. F 124 und F 13 für Tiefkühlungen.

Riedel, L., Z. ges. Kälte-Ind. **48,** 9—13 (1941), C **1941,** I, 2098. Kältetechn. Anzeiger, s. C. **1941,** II, 1658; C **1942,** I, 331. Thermische Eigenschaften von F 13, F 13/F 12-Kombinationen.

—.— Z. ges. Kälte-Ind. **48,** 89 (1941).

Thompson, R. J., Ind. engin. Chem. **24,** 620 (1932). F 11.

Vaziri, M., Z. ges. Kälte-Ind. **50,** 17 (1943), C **1943,** II, 653. F 23.

Wende, W., Werft, Reederei, Hafen **1940,** H. 19. F 12 in Schiffskältemaschinen.

—.— Z. ges. Kälte-Ind. **47,** H. **2,** 4 (1940). Kaskadenschaltung mit F 11 / F 12.

Zu Kapitel 14:

Peters, G., Chem. Ztg. **64,** 485 (1940). Trifluoracetonitril in Schädlingsbekämpfungsmitteln.

Stötter, H., Chem. Ztg. **41,** 434 (1917). Mottenschutzstoffe.

Swarts, F., Bull. Belg. (5) **8,** 343 (1923), C 1923, I, 67. Herstellung von Trifluoracetonitril.

Zu Kapitel 15:

McBee, E. T., Schreyer, R. C., Barnhard, W. S., Evans, L. R., Van Dyken, A. R., Hass, H. B., Welch, Z. D., Burt, W. E., Rothrock, G. M., Hatton, R. E., Mezey, R., Taylor, T. S., Pearce, D. W., Alberts, A. A., Gochenour, C. I., Robb, R. M., Weimer, P. E., Burns, R. E., Clipp, W. V., Krantz, K. W., Silverberg, I. B. und R. Tekel, Ind. engin. Chem. **39,** 305 (1947), C **1947,** 584. Polyhalogenheptane, besonders Perfluorheptanherstellung.

—.— Hotten, B. W., Evans, L. R., Alberts, A. A., Welch, Z. D., Ligett, W. B., Schreyer, R. C. und K. W. Krantz, Ind. engin. Chem. **39,** 310 (1947), C **1947,** 584. Perfluorheptan und Perfluor-chlorheptan für die Uran-Isotopen-Trennung durch Gasdiffusion.

Zu Kapitel 16:

Charlton, E. E. und F. S. Cooper, Gen. Electric Rev. **40,** 438 (1937). Teflon.

Vigneron, H., La Nature **1938,** II, 305. Dielektrizitätskonstante von gasförmigen organischen Fluorverbindungen in Stickstoff.

Zu Kapitel 17:

Belmore, E. A., Ewald, W. M. und B. H. Wojcik, Ind. engin. Chem. **39,** 338 (1947), C **1947,** 584. Schmierölherstellung.

Dell, H. W., Iron Age **158,** Nr. 26, 46, 47 (1946). Chem. Abstr. **1947,** 1130. Teflon für Lackzwecke.

Miller, jr., W. T., Dittmann, A. L., Ehrenfeld, R. L. und M. Prober, Ind. engin. Chem. **39**, 333 (1947), 584. Perfluorbutadien-Fluor-Anlagerungsverbindungen als Schmieröle.

Renfew, M. M. und E. E. Lewis, Ind. engin. Chem. **38**, 870 (1946), C **1947**, 392. Modern Plastics **23**, 134 (1946). Mod. Plast. Encyclopedia **1947**, Bd. I, 154; s. auch Kunststst. **36**, 80 (1946). Teflon.

Winogradow, G. W., Petrol. Wirtsch. **26**, Nr. 5, 43 (1948), C **1949**, I, 1068. Schmierölvergleiche.

Zu Kapitel 18:

Aeberhard, R., Zur Kenntnis einiger in der Methylgruppe trifluorierter aromatischer Basen, Diss. (Zürich 1939).

Zu Kapitel 19:

Curtius, Th., J. pr. Chem. (2) **38**, 432 (1887). Mißlungene Darstellung von Fluoressigester aus Diazoessigester + HF (konz.).

Ingold, C. K. und E. H. Ingold, Soc. London **1928**, 2249. Benzylfluorid aus Trimethy-benzyl-ammonium-fluorid.

Ray, P. Ch., Goswami, H. Ch. und A. Ch. Ray, J. Indian chem. Soc. **12**, 93 (1935), C **1935**, II, 684. ω-Fluor-acetophenon.

Swarts, F., C **1914**. I. 1565. Benzalfluorid-Darstellung aus Benzalchlorid mittels SbF_3.

Tseng, Ch. L. und S. W. Mai, C **1936**, II, 3297. Mißlungene Darstellung von Benzylfluorid.

Tseng, Ch. S., Chia, P. T. und T. S. Ho, C **1936**, II, 295. Mißlungene Darstellung von Benzylfluorid.

Wittig, G. und H. Witt, B **74**, 1488 (1941). Benzylfluorid.

Zu Kapitel 20:

Gilman, H., Tolman, L., Yeaman, F., Woods, L. A., Shirley, D. A. und S. Avokian, Am. Soc. **68**, 426 (1946). Schwache oder keine Wirkung von araliphatischen Trifluormethyl-verbindungen auf die Vogelmalaria.

Lehmann, F., Arch. exp. Pathol. Pharmakol. **130**, 250 (1928), C **1928**, I, 3088. Giftigkeit von Trifluortoluol-Abkömmlingen.

Mc Bee, E. T., Bolt, R. O., Graham, P. J. und R. E. Tebbe, Am. Soc. **69**, 947 (1947). Trifluormethyl-substituierte Phenolaether.

—.—, —.— Ind. engin. Chem. **39**, 412 (1947), C **1947**, 721. In der aliphatischen Kette fluorierte Phenolaether.

Wertiporoch, E., A. **493**, 153 (1932). Chlorbenzotrichloride.

Zu Tabelle 7:

Gonze, H., Bull. Soc. chim. Belg. **43**, 504 (1934), C **1935**, II, 2359. ω-Trifluor-m-toluidin.

Swarts, F., Bull. Acad. Roy. Belg. **1922**, 343, C **1923**, I, 66. Oxydation von ω-Trifluor-m-toluidin.

Zu Kapitel 24:

Scherer, O., Vortr. G. D. Ch. (Frankfurt und Mainz **1949**). Angew. **61**, 434, 490 (1949).

Zu Kapitel 28:

Balz, G. und G. Schiemann, B **60**, 1186 (1927). Borfluoridverfahren.

Hofmann, K. A. und K. Arnoldi, B **39**, 3146 (1906). Diazoniumperchlorate.

Wilke-Dörfurt, E. und G. Balz, B **60**, 116 (1927). Diazoniumborfluoride. Z. anorgan. allgem. Chem. **159**, 197 (1927); Angew. Chem. **37**, 712 (1924). Anorganische Borfluoride.

Zu Kapitel 30:

Lang, K., Arch. exp. Patholog. Pharmakol. **152**, 361 (1930), C **1930**, II, 3435. Physiologische Wirkung von Fluorbenzol usw. auf Tiere.

Suter, C. M. und A. W. Weston, Am. Soc. **63**, 602 (1941), C **1941**, II, 1009. Physiologische Wirkung von Fluorphenylaethylaminen.

Zu Kapitel 31:

Bachman, G. B. und L. L. Lewis, Am. Soc. **69**, 2022 (1947), C **1948**, I, 548. Fluorstyrole und Polymerisation.

Bennett, E. L. und C. Niemann, Am. Soc. **70**, 2610 (1948), C **1949**, I, 1263. Enzymatische Synthese von Fluorphenylalanin-Verbdgn.

Bradlow, H. L. und C. A. Vanderwerf, Am. Soc. **69**, 1254 (1947), C **1948**, I, 1294. Reduktion von p-Fluor- und p,p'-Difluor-benzophenon nach Clemmensen zu entspr. Benzopinakonen (Dimeren Verbindungen) ebenso wie bei Chlorbenzophenonen.

Ferguson, L. N., Reiv, J. C. und M. Calvin, Am. Soc. **68**, 2502 (1946), C **1948**, I, 900. Kolbe-Synthesen.

Gottlieb, H. B., Am. Soc. **58**, 532 (1936), C **1936**, II, 1913. Darstellung von Fluor- 2, 4- dinitro-benzol und Hydrolyse durch Wasser bei 60 °.

Hodgson, H. H. und J. Nixon, Soc. London **1929**, 1632. Reimer-Thiemann-Synthesen.

—.— Soc. London **1941**, 793, C **1942**, II, 393. Fluoraustausch in Fluorhalogenverbindungen.

—.— und D. E. Nicholson, Soc. London **1941**, 766, C **1942**, II, 886. Nitrosierung usw. von m-Fluor-dimethyanilin.

—.— und G. Turner, Soc. London **1942**, 433, C **1943**, I, 1153. Azokupplungen von m-Fluorphenol.

Kindler, K. und T. Li, B **74**, 325 (1941). p-Fluor-propiophenon durch Friedl-Crafts-Synthese.

Marvel, C. S., Inskeek, G. E., Deanin, R., Juve, E. A., Schroeder, C. H. und M. M. Goff, Ind. engin. Chem. **39**, 1486 (1947), C **1948**, I, 1361. Mischpolymerisate von Butadien mit u. a. m- und p-Fluorstyrol.

—.— und D. W. Hein, Am. Soc. **70**, 1895 (1948), C **1949**, II, 304. Poly-Fluorstyrol.

Mc Bee, E. T., Wiseman, P. A. und G. B. Bachman, Ind. engin. Chem. **39**, 415, C **1947**, 722. Perfluoradipinsäure aus Perchlorbenzol mittels SbF_5.

Schiemann, G. und H. G. Baumgarten, B **70**, 1416 (1937). Reaktionshinderung durch ortho-ständiges Fluor.

—.—, Winkelmüller, W., Baesler, E. und E. Ley, J. prakt. Chem. (2) **143**, 26 (1935). Fluor-methoxy-diphenyl-aether.

Zu Kapitel 32:

Arkel, H. E. van und J. H. de Boer, Rec. trav. chim. Pays Bas **44**, 675 (1925). Siedepunktsregelmäßigkeiten.

Biltz, W., Sapper, A. und E. Wünnenberg, Z. anorg. allgem. Chem. **203**, 277 (1932). Nullpunktsvolumen Fluor = 9; vergl. auch W. Biltz und K. Jeep, ebenda **162**, 32 (1927); A. Sudgen, Soc. London **1927**, 1786: 10,3.

Schiemann, G., Z. physik. Chem. (A) **156**, 397 (1931). Atomrefraktion des Fluors; vergl. auch F. Swarts, J. chim. phys. **20**, 30 (1923); K. v. Auwers, Z. phys. Chem. (A) **158**, 418 (1932); G. Schiemann, ebenda **158**, 421 (1932).

Swietoslawski, W. und R. Robinska, J. chim. phys. **24**, 545/7, C **1927**, II, 2740. Korrekturwerte für Verbrennungswärmen, hauptsächlich nach Messungen von Swarts.

Zu Kapitel 33:

Schiemann, G. und E. Bolstad, B **61**, 1405, 1408 (1928). Erster Fluorazofarbstoff.

Zu Kapitel 34:

Dimroth, O. und W. Hilcken, B **54**, 3050 (1921). Fluorchinizarin.
Hahn, E. und H. Reid, Am. Soc. **46**, 1647 (1924), C **1924**, II, 1190. Fluoranthrachinone.

Zu Kapitel 38:

Bradlow, H. L. und C. A. Vanderwerf, Am. Soc. **70**, 654 (1948), C **1949**, II, 302. Fluorsubstitution in chemotherapeutisch wirksamen Molekülen.
—.—, a. a. O. p-Fluor-sulfanil-anilid.
Bradscher, Ch. K. und R. S. Kittila, Am. Soc. **69**, 780 (1947), C **1948**, II, 587. Chlorierung ohne Störung durch Fluor in der Seitenkette.
English, J. jr., Mead, J. F. und C. Niemann, Am. Soc. **62**, 350 (1940), C **1940**, I, 3784. Fluor-jod-tyrosine.
Niemann, C., Mead, J. F. und A. Benson, Am. Soc. **63**, 609, 2204 (1941), C **1941**, II, 1011; **1942**, I, 1371. Fluor-jod-thyronine.
Schiemann, G. und W. Winkelmüller, J. prakt. Chem. (2) **135**, 101, 109, 112, 123 (1932). Fluorthyronin; s. auch G. Schiemann, B **65**, 1435 (1932).
Suter, C. M. und A. W. Weston, Am. Soc. **62**, 604, C **1940**, II, 1283. Fluor-prontosile.
Wilkinson, J. H. und J. L. Finar, C **1948**, I, 1303, C **1948**, II, 1416; **1949**, I, 389. Fluorierte 5-Amino-acridine.

Zu Kapitel 39:

Bradlow, H. L. und C. A. Vanderwerf, C **1948**, II, 487. DFDT.
Minor, J. T., Hawkins, G. F., Vanderwerf, C. A. und A. Roe, Am. Soc. **71**, 1125 (1949), C **1949**, II, 65. 2- Fluor- (und 6- Fluor-) 3-methyl-pyridin nach Borfluoridverfahren.
Räth, C., A **486**, 95 (1931). 3-Fluor-pyridin.
Riemschneider, R., Die Pharmazie, 2. Beiheft, **1**. Erg. Bd., 93, 123, 126, 138, 140, 150 (1947). Difluordiphenyl-trichlormethylmethan (FC- oder DFDT-Wirkstoff) usw., vergl. auch Z. Naturforschg. **2 B**, 245 (1948), C **1948**, II, 531. DFDT und andere fluorierte Wirkstoffe.
Roe, A. und G. F. Hawkins, Am. Soc. **69**, 2443 (1948), C **1949**, I, 386. 2- und 3-Fluor-pyridine.
Tschitschibabin, A. und S. Rjasanzew, J. phys. chem. russ. Ges. **47**, 1575 (1916), C **1916**, II, 228. 2-Fluor-pyridin.

Zu Kapitel 40:

Gilman, H. und R. G. Jones, Am. Soc. **65**, 2037 (1943), C **1944**, I, 70; Am. Soc. **70**, 1281 (1948), C **1949**, II, 38. Trifluoraethanol.
Grosse, A. v. und C. B. Linn, Am. Soc. **64**, 2289 (1942), C **1943**, I, 20. Fluorwasserstoffanlagerung an Olefine und Zykloalkene.

Henne, A. L. und Earl G. de Witt, Am. Soc. **70**, 1548 (1948), C **1949**, II, 41. Difluormalonsäure aus Difluorpentadien.
—.—, Alm, R. M. und M. Smook, Am. Soc. **70**, 1968 (1948), C **1949**, II, 297. Trifluoraethanol durch Reduktion von Trifluoressigsäurechlorid oder -ester mit Li-Al-Hydrid in Aether.
—.— und R. C. Arnold, Am. Soc. **70**, 758 (1948), C **1949**, I, 868. Fluorwasserstoffanlagerung an Vinylhalogenid bei Gegenwart von Bortrifluorid.
—.— und R. P. Ruh, Am. Soc. **69**, 279 (1948), C **1948**, II, 379. Dimerisation von Polyfluoraethylen im Gegensatz zu Chlorverbindungen.
—.— und P. Trott, Am. Soc. **69**, 1820 (1947), C **1948**, II, 399. Trifluoressigsäure durch Oxydation.
—.— und T. Ph. Waalkes, Am. Soc. **68**, 496 (1946), C **1947**, 1838. Fluorpropan- und -propylen-verbindungen.
—.— und A. M. Whaley, Am. Soc. **64**, 1157 (1942), C **1945**, I, 17. Difluorchlorpropan und Trifluorpropan.
—.— und W. J. Zimmerschied, Am. Soc. **69**, 281 (1947), C **1948**, I, 443. Fluorwasserstoffanlagerung an Tetrolsäure-phenylester.
Jones, R. G., Am. Soc. **70**, 143 (1948), C **1949**, I, 1239. Trifluormethylketone und -amine.
Knunjanz, J. L., Kildischewa, O. W. und E. G. Byschowskaja, Ber. Akad. Wiss. U. d. S. S. R. (NS) **55**, 227 (1947) **57**, 49—52 (1947), C **1948**, II, 1281, Advances in Chemistry **15**, 685. Fluorwasserstoffanlagerung an Olefinoxyde.
Mc Bee, E. T., Hass, H. B., Bittenbender, W. A., Weesner, W. E., Toland, W. G. jr., Hausch, W. R. und L. W. Frost, Ind. engin. Chem. **39**, 409 (1947), C **1947**, 720, Fluorchloraethane.
—.— Hass, H. B., Toland, W. G. jr. und A. Truchan, Ind. engin. Chem. **39**, 420 (1947), C **1947**, 721. Fluorbrom- und Fluorchlorbromalkane.
—.— und W. R. Hausch, Ind. engin. Chem. **39**, 418 (1947), C **1947**, 721. Fluorchlorbutane.
Park, J. D., Vail, D. K., Lea, K. R. und J. R. Lacher, Am. Soc. **70**, 1550 (1948), C **1949**, II, 38. Polyfluoralkylaether.
Price, Ch. C. und W. G. Jakson, Am, Soc. **69**, 1065 (1948), C **1948**, II, 949. Widerstandsfähigkeit von Fluoraethanol gegen Oxydation.
Renoll, M. W., Am. Soc. **64**, 1115 (1942), C **1945**, I, 16. Fluorwasserstoffanlagerung an Chlorolefine.

Zu Kapitel 41:

Dann, A. T., Davies, W., Hambly, A. N., Paul, R. E. und G. S. C. Seminens, Soc. London **1933**, 15, C **1933**, I, 2093. Zinkfluorid zur Herstellung von Phthalylfluorid.
Davies, W. und J. H. Dick, Soc. London **1932**, 483, C **1932**, I, 2305 Sulfonsäure + Kaliumfluorid.
Fredenhagen, K. und G. Cadenbach, Z. physikal. Chem. (A) **164**, 201 (1933). Säurefluoride aus Säurechloriden.
Goswami, H. C. und P. B. Sarkar, J. Indian Chem. Soc. **10**, 537 (1933), C **1934**, I, 689. Thalliumfluorid zur Herstellung von Säurefluoriden.
Nesmejanow, A. N. und E. J. Kahn, B **67**, 370 (1934). Kaliumfluorid + Säurechloride; B **67**, 372 (1934). Formylfluorid-Darstellung.
Ruff, O. und E. Braun, B **47**, 652 (1914). Fluorsulfonsäure-Herstellung.

Zu Kapitel 42:

Heal, H. G., Nature **158**, 672 (1946), C **1947**, 23; vergl. auch D. F. Pepparo, W. G. Brown, W. C. Johnson, Am. Soc. **68**, 76 (1946). Aethoxyfluorsilane aus Aethoxy-chlor-silanen.

Henne, A. L., Am. Soc. **59**, 1200, 1400, 2434 (1937). $CH_2Cl_2 \rightarrow CH_2FCl + CH_2F_2$.

—.— Whaley, A. M. und J. K. Stevenson, Am. Soc. **63**, 3478 (1942), C **1942**, II, 1445. Hexachlorpropylen + Antimonfluorid.

—.— und W. J. Zimmerschied, Am. Soc. **67**, 1235 (1945), C **1947**, 27. Einwirkung von Antimonfluorid + Chlor auf Zyklopenten bei 10 Atm.

Midgley, Th. und A. L. Henne, Ind. engin. Chem. **22**, 542 (1930), C **1930**, I, 1430. Antimontrifluorid + Brom als Fluorierungsmittel.

Zu Kapitel 43:

Mc Bee, E. T. und L. D. Bechtol, Ind. engin. Chem. **39**, 380 (1947), C **1947**, 588. AgF_2 als Fluorierungsmittel, z. B. für Petroleumöle.

Fredenhagen, K., Z. Elektrochem. **37**, 684 (1931). Fluorwasserstoff als Lösungsmittel bei AgF-Fluorierungen.

Helferich, B., B **62**, 2505 (1929). Azetonitril als Lösungsmittel bei AgF-Fluorierungen.

Henne, A. L. und M. W. Renoll, Am. Soc. **60**, 1060 (1938), C **1939**, I, 919. Mercurifluorid-Darstellung und Umsetzungen damit.

—.— und Th. Midgley jr., Am. Soc. **58**, 884 (1936), C **1936**, II, 2523 (s. o.) Mercurifluorid-Darstellung mit Fluor oder mit Chlor.

Ruff, O., Die Chemie des Fluors (Berlin 1920), S. 35/36 Mercurifluorid-Darstellung mit Brom.

—.— und A. Bahlau, a. a. O. Mercurifluorid-Darstellung durch Erhitzen von Mercurofluorid.

Zu Tabelle 14:

Chabrié, M., C. r. **111**, 747, 1203; Bull. (3) **7**, 24 (1892)

Cosslet, A., Z. anorg. allgem. Chem. **201**, 75 (1931).

Desreux, V., Bull. Belg. **1934**, 457, C **1934**, II, 2515; Bull. (4) **44**, 1 (1935), C **1935**, I, 2520. Butylfluorid.

Meslans, C. r. **111**, 882 (1890), Ann. chim. (7) **1**, 374 (1894). Allyfluorid; Ann. chim. (7) **1**, 363 (1894). Propylfluorid.

Mieleitner, K., Z. Krystallogr. **55**, 64, Anm. (1915). Difluordiphenyl.

Moissan, A., C. r. **107**, 260 (1888). Aethylfluorid.

—.— und Meslans, C. r. **107**, 99 (1888), Jahresber. über die Fortschr. der Chemie **1888**, 931; vergl. auch Soc. London **39**, 489 (1881).

Rathsburg, A., B **51**, 669 (1918). Tetrafluormethan a. Tetrabrommethan.

Ruff, O., Bretschneider, O., Luchsinger, W. und G. Miltschitsky, B **69**, 299 (1936).

Swarts, F., Bull. (4) **25**, 326 (1894). Fluoressigsäure.

Valentiner, F., Angew. Chem. **12**, 1160 (1899).

Zu Kapitel 44:

Ray, P. Ch. und C. E. Albertson, Am. Soc. **70**, 1954 (1949), C **1949**, II, 202. 9,9-Difluor-fluoren.

Zu Kapitel 45:

Benner, R. G., Benning, A. F., Downing, F. B., Irwin, C. F., Johnson, K. C., Linch, A. L., Parmelle, H. M. und W. V. Wirth, Ind. engin. Chem. **39,** 329 (1947), C **1947,** 583. Perfluorheptan und perfluorierte methylierte Zyklohexane.

Bockemüller, W., B. **64,** 516 (1931). Bleitetrafluorid.

Burford III, W. B., Hamilton, J. M. jr., Weber, C. E. und R. G. Sweet, Ind. engin. Chem. **39,** 323 (1947), C **1947,** 685. Perfluorierungen mittels Cobaltifluorid.

Couper, M., Downing, F. B., Lulek, R. N., Perkins, M. A., Stilmar, F. B. und W. S. Struve, Ind. engin. Ind. **39,** 346 (1947), C **1947,** 585. Perfluorierungen mittels Cobaltifluorid.

Dumas, A. und Péligot, A **15,** 59 (1835). Dimethylsulfat + Kaliumfluorid.

Fowler, R. D., Burford III, W. B., Hamilton, J. M. jr., Sweet, R. G., Weber, C. E., Kasper, J. S. und Litant, I., Ind. engin. Chem. **39,** 292 (1947), C **1947,** 582. Cobaltifluorid zur Chloroformfluorierung.

—.— Anderson, H. C., Hamilton, J. M. jr., Burford III, W. B., Spadetti, A., Bitterlich, S. B. und I. Litant, Ind. engin. Ind. **39,** 343 (1947), C **1947,** 580. Mangan- oder Cerfluorid als Fluorierungsmittel.

Hoffmann, F. W., Am. Soc. **70,** 2596 (1948), C **1949,** I, 977. Kaliumfluorid als Fluorierungsmittel.

Irwin, C. F., Benner, R. G., Benning, A. F., Downing, F. B., Parmelle, H. M. und W. V. Wirth, Ind. engin. Chem. **39,** 350 (1947), C **1947,** 687. Cobaltifluorid zur Herstellung von fluorierten Petroleumölen.

Mc Combi, H., und B. C. Saunders, Nature **158,** 382 (1946). Fluoressigsäure-fluoraethylester.

Ruff, O., B **69,** 300 (1936). Zinkfluorid, Kupferfluorid oder Cobaltifluorid für Fluoroform-Darstellung nicht geeignet; vergl. auch oben zu S. 145.

Swarts, F., C **1937,** I, 854, 4082. Jodzusatz zu Merkurofluorid.

Zu Kapitel 46:

Bigelow, L. A., Chemical Reviews **40,** 51—116 (1948), C **1948,** II, 580. Die Einwirkung von elementarem Fluor auf organische Verbindungen (mit über 100 Zitaten).

—.—, Pearson, J. H., Cook, L. B. und W. T. Miller jr., Am. Soc. **55,** 4614 (1933). Fluorierung von Toluol, Naphtalin usw. in der Gasphase.

—.— und J. H. Pearson, Am. Soc. **56,** 2773 (1935), C **1935,** I, 1700. Fluoreinwirkung auf Hexachlorbenzol in Tetrachlorkohlenstoff.

—.— Thompson, R. Y. und G. Tarrant, Ind. engin. Chem. **39,** 360 (1947), C **1947,** 580. Fluorierung von Methylbenzolen; siehe auch dieselben, Am. Soc. **68,** 2187 (1946), C **1948,** I, 43.

Cade, G. H., Grosse, A. V., Barber, E. J., Burger, L. L. und Z. D. Sheldon, Ind. engin. Chem. **39,** 290 (1947), C **1947,** 581. Fluorierung von KWKW-Gasen über Kupferkontakt.

Calfee, R. K. und L. A. Bigelow, Am Soc. **62,** 2210 (1940), C **1948,** II, 580. Darstellung von Hexafluoraethan aus Aethan.

Dimroth, O. und W. Bockemüller, A **506,** 20 (1933). Zyklohexylfluorid aus Zyklohexan usw.

Fukuhara, N. und S. Bigelow, Am. Soc. **63**, 2792 (1941), C **1942**, I, 2763. Benzolfluorierung.

—.— Am. Soc. **63**, 788 (1941), C **1941**, II, 3177. Acetonfluorierung.

Hadley, E. H. und L. A. Bigelow, Am. Soc. **62**, 3302 (1940), C **1941**, II, 3177. Einwirkung von 2 Mol Fluor auf 1 Mol Methan.

Humiston, A., J. phys. Chim. **23**, 572 (1919). Einwirkung von mit Stickstoff oder Kohlendioxyd verdünntem Fluor auf Methan.

Lebeau, A. und L. Damiens, C.r. **182**, 1340 (1926). Fluoreinwirkung auf verschiedene Arten Kohlenstoff.

Rüdorff, W., Z. anorgan. allgem. Chem. **254**, 319 (1948), B **80**, 413 (1948), C **1948**, I, 200, 1284. Graphit + Fluor in Fluorwasserstoff.

Ruff, O. und F. Keim, Z. anorgan. allgem. Chem. **192**, 249 (1930),

Simons, J. H. und Block, Am. Soc. **59**, 1407 (1937), C **1938**, I, 1106. Fluoreinwirkung auf Kohle.

Zu Kapitel 47:

Bockemüller, W., A **506**, 20 (1933). Fluoreinwirkung auf Tetrachloraethylen in Dampfphase bei 130 °.

Fowler, R. D., Burford III, W. B., Anderson, H. C., Hamilton, J. M. jr. und C. E. Weber, Ind. engin. Chem. **39**, 266 (1947), C **1947**, 631. Fluor-Elektrolysierzelle aus Nickel.

Henne, A. L., Am. Soc. **67**, 1639 (1945), C **1947**, 327. C=C + Fluor.

—.— Am. Soc. **71**, 159 (1949), C **1949**, II, 820. Bleitetrafluorid als Fluorierungsmittel; vergl. auch W. Bockemüller, B **64**, 516 (1931). Einwirkung von Toluyljodidfluorid auf Anthrazen unter Bildung von 9,10-Dihydroanthrazen; W. Bockemüller, B **64**, 522 (1931) erhielt nur fluorhaltige Harze und Öle.

Miller, W. T., Calfee, R. K. und L. A. Bigelow, Am. Soc. **59**, 199 (1937), C **1937**, I, 3474. Fluoreinwirkung auf Tetrachloraethylen in Dampfphase bei 130°.

Zu Kapitel 48:

Booth, H. S., Elsey, H. M. und P. E. Burchfield, Am. Soc. **57**, 2066 (1935), C **1936**, I, 2073. Chlorierte und fluorierte Benzotrifluoride.

Desirant, A., C **1930**, I, 1460. Ketonspaltung von Difluorazetessigester.

Mc Bee, E. T., Lindgren, V. V. und W. B. Ligett, Ind. engin. Chem. **39**, 378 (1947); C **1947**, 385. Perfluorierte Benzole, Chlorbenzole, Toluole und Chlortoluole.

—.— und O. R. Pierce, Ind. engin. Chem. **39**, 397, C **1947**, 397. Fluorierte p-Aethyl-toluole.

—.—, —.—, Ind. engin. Chem. **39**, 399 (1947), C **1947**, 587. Fluorierte i-Propyl-benzole und -toluole sowie Chlorbenzole und Chlortoluole.

—.—, Hass, H. B., Leech, R. E., Hodnett, E. M., Frederik, M. R. und W. A. Bonner, Ind. engin. Chem. **39**, 395 (1947), C **1947**, 587. In den Seitenketten fluorierte Diaethylbenzole und Chlordiaethylbenzole; vergl. auch: E. T. Mc Bee, H. B. Hass, P. E. Weimer, W. E. Burt, Z. D. Welch, R. M. Robb, F. Speyer, Ind. engin. Chem. **39**, 387 (1947), C **1947**, 586. Chlorierte Bis-trifluormethylbenzole.

—.— Hass, H. B. u. E. M. Hodnett, Ind. engin. Chem. **39**, 389 (1947), C **1947**, 588. In den Seitenketten fluorierte oder chlorierte Methyl- oder Dimethyl-pyridine.

—.—, Pierce, O. R. und R. O. Bolt, Ind. engin. Chem. **39**, 391 (1947), C **1947**, 589. Fluorierte und fluoriert-chlorierte 2,4,6-Trimethyl-1,3,5-triazine.

S o p e r , Q. F., W h i t e h e a d , C. W., B e h r e n s , O. K., C o r s e , J. W. und R. G. J o n e s , Am. Soc. **70,** 2849, C **1949,** I, 609. m-Trifluormethyl-phenyl-merkapto-essigsäure u. m-Trifluormethyl-thiophenol.

S w a r t s , F., Bull. Acad. Roy. Belg. **1923,** 346, C **1924,** I, 418. Methylzyklohexan.

—.—, Bull. Acad. Roy. Belg. **1900,** 414, C **1900,** II, 667. Reduktion von ω-Chlor-benzalfluorid.

—.—, Bull. Acad. Roy. Belg. **1926,** 679, 692, 721 (1926), C **1927,** I, 1286. Trifluorazetessigester und Hansagelbfarbstoffe daraus.

Zu Kapitel 49:

H a n t z s c h , A. und J. W. B l a d g e n , B **33,** 2555 (1900). Vergebliche Fluoreinführung über Diazotierung.

—.— und R. V o c k , B **36,** 2059 (1903). Vergebliche Fluoreinführung über Diazotierung.

S a n d m e y e r , T., B **17,** 1635 (1884). Vergebliche Fluoreinführung über Diazotierung.

W a l l a c h , O. und F. H e u s l e r , A **243,** 219 (1888). Diazopiperididmethode.

Zu Kapitel 50:

Zu Tabelle 15:

B o o t h , H. S., E l s e y , H. M. und P. E. B u r c h f i e l d , Am. Soc. **57,** 2064 (1935); C **1936,** I, 2073. m-Fluor-chlorbenzol.

G o l d b e r g , M. A., O r d e r s , E. P. und G. C a r s c h , Am. Soc. **69,** 260 (1947), C **1948,** I, 562. 9-Fluor-phenanthren.

L ü t t r i n g h a u s , A. und A. N e r e s h e i m e r , A **473,** 286 (1929). Bz-1-Fluorbenzanthron.

Zu Tabelle 17:

B l i c k e , F. F. und F. D. S m i t h , Am. Soc. **51,** 1865 (1929). Fluorphthalsäureester.

Zu Tabelle 18:

S c h i e m a n n , G. und W. W i n k e l m ü l l e r , B **66,** 731 (1933).

F o s d i c k , L. S. und E. E. C a m p a i g n e , Am. Soc. **63,** 974 (1941), C **1941,** II, 1846. Fluorbenzoesäure aus Fluorbrom-benzol oder Fluoracetophenon.
Vergl. auch: F. B. S t i l m a r , W. S. S t r u v e , M. V. W i r t h , Ind. engin. Chem. **39,** 348 (1947), C **1947,** 588 zur Herstellung von beispielsweise Fluor-chlor- und Perfluorterphenylen.

S c h i e m a n n , G., W i n k e l m ü l l e r , W., H a r t m a n , W. W., B y e r s , J. R. und J. B. D i c k e y , Organic Syntheses XIII, 52 (1933). Fluorbenzoesäuredarstellung.

—.—, Chem. Z. **54,** 270 (1930). Oxydation von Fluortoluol.

—.— und H. G. B a u m g a r t e n , a. a. O. Hinderung durch o-ständiges Fluor.

NAMENVERZEICHNIS

Ein „P“ bedeutet, daß der Name auch in der Patentliste S. 166 ff. vorkommt.

SACHVERZEICHNIS

(x) an der Ziffer bedeutet, daß die Verbindung in einer Tabelle auf der betreffenden Seite steht.

Technische Fortschrittsberichte

Fortschritte der chem. Technologie in Einzeldarstellungen

Herausgegeben von Prof. Dr. **B. Rassow** (Leipzig)

Bd. 1: **Keramik.** Von Dipl.-Ing. E. P. Bauer †. XII, 143 S., 31 Abb. (1923) DM 3,60 / geb. DM 4,70 (Vergriffen).

Bd. 2: **Die technische Chloralkali-Elektrolyse.** Von Prof. Dr. J. Billiter - Wien. VIII, 80 S., 20 Abb. (1924). DM 2,25 / geb. DM 3,30 (Vergriffen).

Bd. 3: **Textilindustrie.** Von Prof. Dr. P. Krais - Dresden †. VIII, 156 S. (1924). DM 4,- / geb. DM 5,-.

Bd. 4: **Allgemeine technische Mikrobiologie.** Von Prof Dr. Alex. Janke - Wien. Teil I: Die Mikroorganismen. XII, 342 S., 16 Abb. (1924). DM 10,80 / geb. DM 12,- (Vergriffen).

Bd. 5: **Stickstoffindustrie.** Von Dr.-Ing. B. Waeser - Berlin. VIII, 128 S. (1924). DM 3,60 / geb. DM 4,70.

Bd. 6: **Optische Messungen des Chemikers und des Mediziners.** Von Dr. F. Loewe - Jena. 5. Aufl. XVI, 323 S., 125 Abb. u. 4 Taf. (1949). DM 10,50 / geb. DM 12,50.

Bd. 7: **Mineralöle.** Von Dr. E. Eichwald - Hamburg. VIII, 151 S., 9 Abb. (1925). DM 5,40 / geb. DM 6,50 (Vergriffen).

Bd. 8: **Industrie der Fette und Seifen.** Von Dr. O. Steiner. VIII, 83 S. (1925). DM 3,60 / geb. DM 3,70 (Vergriffen).

Bd. 9: **Bleiweiß und andere Bleifarben.** Von Dr. E. Zimmer - Freiweinheim †. VIII, 126 S. (1926). DM 5,40 / geb. DM 6,50.

Bd. 10: **Die photographisch-chemische Industrie.** Von Dr.-Ing. F. Wentzel - New York. XVI, 363 S., 43 Abb. (1926). DM 15,- / geb. DM 16,50.

Bd. 11: **Braunkohle und ihre chemische Verwertung.** Von Prof. Dr. A. Fürth †. VIII, 135 S., 8 Abb. (1926). DM 6,30 / geb. DM 7,40 (Vergriffen). (Neuauflage in Vorbereitung).

Bd. 12: **Schwefelsäure, Sulfat, Salzsäure.** Von Dr.-Ing. B. Waeser - Berlin. VIII, 128 S., 24 Abb. (1927). DM 6,30 / geb. DM 7,40 (Vergriffen).

Bd. 13: **Fortschritte in der Kautschuk-Technologie.** Von Dr. F. Kirchhof - Harburg. XII, 201 S., 66 Abb. (1927). DM 9,- / geb. DM 10,50 (Vergriffen).

Bd. 14: **Die neueren Milchindustrien.** Von Dr. L. Eberlein - Leipzig. 2. Aufl. VIII, 152 S., 35 Abb. (1936). DM 5,50 / geb. DM 6,50 (Vergriffen).

Bd. 15: **Industrie der Holzdestillationsprodukte.** Von Dr. G Bugge - Konstanz. 2. Aufl. VIII, 206 S., 31 Abb. (1927). DM 13,50 / geb. DM 14,85 (Vergriffen).

Bd. 16: **Schieß- und Sprengstoffe.** Von Dr. Ph. Naoum †. XII, 199 S., 12. Abb. (1927). DM 11,25 / geb. DM 12,60 (Vergriffen).

Bd. 17: **Fortschritte in der Kali-Industrie.** Von Dr. C. Hermann - Berlin. VIII, 117 S., 31 Abb. (1927). DM 6,- / geb. DM 7,20.

Bd. 18: **Das Wasserdichtmachen von Textilien.** Von Pearson - Krais. VIII, 74 S., 20 Abb. (1928). DM 5,40 / geb. DM 6,50 (Vergriffen).

Bd. 19: **Die natürlichen und künstlichen Asphalte und Peche.** Von E. J. Fischer †. X, 114 S. (1928). DM 7,20 / geb. DM 8,50 (Vergriffen).

Bd. 20: **Anorganische und organische Entfärbungsmittel.** Von Dr. L. Singer - Wien. XII, 251 S. (1929). DM 18,- / geb. DM 19,50 (Vergriffen).

Bd. 21: **Kokereiwesen.** Von Prof. Dr. H. Hock - Clausthal. VIII, 172 S., 32 Abb. (1930). DM 12,60 / geb. DM 14,- (Vergriffen).

Bd. 22: **Katalytische Reaktionen in der organisch-chemischen Industrie.** Von Dr.-Ing. H. Brückner - Mühlheim-Ruhr. (I. Teil). VIII, 168 S., 9 Abb. (1930). DM 13,- / geb. DM 14,40 (Vergriffen).

Bd. 23: **Schmiermittel.** Von Dipl -Ing. C. Walther - Hamburg. X, 144 S., 14 Abb. (1930). DM 10,- / geb. DM 11,25 (Vergriffen).

Bd. 24: **Glas.** Von Dr. F. H. Zschacke - Berlin. XIV, 208 S., 23 Abb. (1930). DM 10,80 / geb. DM 12,-.

Bd. 25: **Zement.** Von Dipl.-Ing. F. Wecke † u. W. A. Kaminsky-Nienburg S., 3. Aufl. XII, 230 S., 93 Abb. (1950) DM 12,— / geb. DM 13,—

Bd. 26: **Alkalien und Erdalkalien.** Von Dr.-Ing. B. Waeser - Berlin. VIII, 196 S. (1931) DM 12,- / geb DM 13,50.

GPSR Compliance

The European Union's (EU) General Product Safety Regulation (GPSR) is a set of rules that requires consumer products to be safe and our obligations to ensure this.

If you have any concerns about our products, you can contact us on ProductSafety@springernature.com

In case Publisher is established outside the EU, the EU authorized representative is:

Springer Nature Customer Service Center GmbH
Europaplatz 3
69115 Heidelberg, Germany

Batch number: 10577896

Printed by Printforce, the Netherlands